L'utilisation du numérique dans la lutte contre la COVID

Collection « Droit, Société et Risque »

Sous la direction scientifique du Centre de Recherche sur les Relations entre le Risque et le Droit (C3RD), Faculté Libre de Droit, Université Catholique de Lille.

Ont vocation à être publiés dans cette collection, des ouvrages essentiellement universitaires, traitant des réactions de la société contemporaine face aux diverses sortes de risques. Ils peuvent appartenir aux disciplines juridiques, mais aussi économiques, de science politique, voire psychologiques.
Les risques envisagés peuvent être naturels ou technologiques, mais aussi sociaux, économiques, juridiques, politiques ou autres. Ils entraînent, selon leur nature, des réactions juridiques et sociales diverses allant du principe de précaution à la répression pénale, des mécanismes de stabilisation des marchés boursiers aux validations législatives, pour ne prendre que quelques exemples non exhaustifs.
Les ouvrages sont sélectionnés en fonction de leur originalité, de leur qualité scientifique, et de leur contribution au débat d'idées sur la place et le traitement du risque dans la société contemporaine. Dans le cas des thèses de doctorat, il sera exigé que le jury en ait autorisé la publication.

Les manuscrits seront adressés aux Professeurs Placide M. MABAKA et Françoise DEKEUWER-DEFOSSEZ, Laboratoire C3RD, Faculté libre de Droit, 60 Boulevard Vauban, B.P. 109- 59016 Lille Cedex.

Dernières parutions

Eric OLSZAK, *Le marketing stratégique des universités. Universités catholiques, universités privées et universités publiques,* 2021.
François MABILLE (ed), *Covid-19. Toward a World Risk Society,* 2021.
François MABILLE (dir.), *Covid-19. Vers la société internationale du risque,* 2020.
Alicia MÂZOUZ, *Le prix du corps humain,* 2020

Sous la direction de
Yves Poullet et David Doat

L'UTILISATION DU NUMERIQUE DANS LA LUTTE CONTRE LA COVID

Enjeux techniques, éthiques et juridiques

L'Harmattan

Dernières publications des directeurs

D. DOAT, B. CHOLVY, P. MARIN, T-M. POULIQUEN, N. WALLENHORST (dir.), *L'avenir : critique, résistance, utopie*, Brussels, Peter Lang, 2022, p. 177-190.

D. DOAT, L. RIZZERIO (dir.), *Accueillir la vulnérabilité aujourd'hui. Approches pratiques et questions philosophiques*, Paris, Erès, 2020.

D. DOAT, J.-L. DAVET, M. R. FARLEY, et al., *Technology Governance in a Time of Crisis – Covid-19 Related Decision Support*, Human Technology Foundation, 2020.

Y. POULLET, *La société et les droits fondamentaux aux risques du numérique – Plaidoyer pour un régime légal strict de l'état d'exception*, in S. PARSA et F.TULKENS (dir.), *État de droit, état d'exception et libertés publiques*, Anthemis, 2022, p. 165-205.

Y. POULLET, *Le robot face au juge – de quelques questions de droit civil*, in F. DAMOUR et D.DOAT (dir.), *Quand le transhumanisme interroge*, Presses Universitaires de Namur (Coll. « Philosophies, Religions et Sociétés »), 2021, p. 283- 301.

Y. POULLET, « *Ethique et droits de l'homme dans notre société du numérique* », Bruxelles, Académie Royale de Belgique, 2020.

Nous remercions l'Université Catholique de Lille
et la Région Hauts-de-France pour le soutien apporté à cette publication,
Monsieur Michel Poullet pour sa relecture attentive du manuscrit,
et le C3RD pour l'accueil de l'ouvrage dans sa collection

5-7, rue de l'École-Polytechnique ; 75005 Paris

http://www.editions-harmattan.fr

ISBN : 978-2-14-026220-3

EAN : 9782140262203

Sommaire

Introduction[1]

David Doat et Yves Poullet

Le 4 février 2021, lors d'un colloque international organisé à l'Université Catholique de Lille sur « L'utilisation du numérique dans la lutte contre le COVID - Enjeux techniques éthiques et juridiques », nous pensions pouvoir tirer les conclusions d'une aventure passée. Aujourd'hui, plus d'un an après, la COVID reste présente sous des formes différentes : Delta a succédé à Alpha, pour être lui-même supplanté par Omicron et ses sous-variants successifs. Les risques ont changé. Si les variants actuels sont plus contagieux, ils sont aussi moins dangereux. Certains moyens de lutte, eux aussi, ont évolué. Les confinements ont laissé leur place à des politiques de vaccination massive et à l'instauration de pass sanitaires, puis vaccinaux. D'autres mesures ont survécu à travers les vagues pandémiques : mesures de distanciation sociale, règles d'hygiène (lavage des mains), port du masque. Des mesures en faveur de l'aération des espaces clos sont apparues et se sont renforcées au cours du temps. Le traçage numérique, sujet de vifs débats dans les débuts de la pandémie, est passé au second-plan, faute de succès, quand s'amplifiait le traçage plus classique.

Au regard des évolutions de ces derniers mois, est-il pertinent de publier aujourd'hui des réflexions nées des trois premières vagues de COVID ? L'historien n'en doutera point : se préparer à l'avenir, c'est le faire à la lumière des acquis, à reprendre, et des erreurs du passé, à éviter. Il est donc essentiel de disposer des traces de ce qui s'est vécu et de ce qui s'est fait ainsi que d'analyses et interprétations de première main, au plus proche des événements. Mais l'observateur du monde politique, le philosophe, le juriste, l'homme de science ou l'ingénieur, tout citoyen en

[1] La présente introduction, rédigée en mars 2022, n'engage que la responsabilité de ses auteurs, David Doat et Yves Poullet, directeurs du présent ouvrage.

recherche d'intelligibilité, trouveront aussi ici de quoi penser le temps présent : en effet, les choix politiques, sociaux et techniques mis en œuvre à l'occasion de la première vague de COVID ont laissé transparaître des options préférentielles, un certain état d'esprit des démocraties occidentales qui s'est traduit dans nos réactions aux vagues successives, dans nos langages, dans nos imaginaires de la crise et dans nos choix des outils technologiques de lutte contre la COVID durant ces deux dernières années.

À travers l'analyse des technologies numériques mises en œuvre lors de la première vague de COVID, les différentes contributions du présent ouvrage abordent quelques-uns des traits de cet état d'esprit, caractérisé notamment par

– un certain doute quant à la capacité d'un régime démocratique à pouvoir faire face, avec les outils classiques de santé publique, aux défis d'une gestion de crise pandémique ;

– un grand espoir dans la capacité des technologies (traçage numérique, télémédecine, IA, Big Data et modélisations informatiques, vaccins à ARN messager, etc.) à constituer un moyen de gestion efficace de la pandémie, voire de résolution de cette dernière (solutionnisme technologique) ;

– un intérêt pour la gouvernance des foules par les nombres et l'exercice du pouvoir par ordonnances exécutives ;

– une appréhension biomédicale de la santé plutôt comme « absence de maladie », et moins comme « état complet de bien-être physique, mental et social [qui] ne consiste pas seulement en une absence de maladie ou d'infirmité » (définition de la santé de l'OMS) ;

– et, enfin, une prévalence du devoir de protection confié à l'État, ainsi que des valeurs de sécurité et de solidarité, en temps de pandémie, sur les droits et les libertés fondamentales.

Mais l'ouvrage est aussi l'occasion pour chacun de repenser à ce passé commun qui fut nôtre, non seulement dans sa proximité avec notre présent, ou son étonnante capacité à nous interroger sur l'avenir, mais aussi dans son imprédictibilité et sa singularité historiques propres. Passé, pas si lointain, d'une crise dont on retiendra moins le bilan des morts que la révélation de la fragilité de notre société, tout d'un coup se déclarant en guerre contre un virus méconnu, découvrant ses infrastructures hospitalières incapables de faire face, ne sachant à quel expert se raccrocher, déconcertée par l'improvisation gouvernementale, traversée par une opinion publique attisée par la peur et polarisée en clans opposés s'exprimant sur les réseaux sociaux sans retenue et parfois déraisonnablement. Que retiendra-t-on de cette situation pour le moins inédite ?

Le président Emmanuel Macron affirmait le 16 mars 2020 : « Il nous faudra tirer les leçons du moment que nous traversons, s'interroger sur le modèle de développement dans lequel s'est engagé notre monde depuis des décennies et qui dévoile ses failles au grand jour. » Malgré cet appel, qu'avons-nous appris de la crise ? Aujourd'hui, les avions décollent à nouveau, sans considération des conséquences environnementales. Les mouvements de solidarité de la première vague envers les acteurs de la première ligne, soignants et travailleurs du *care*, se sont estompés. La restructuration et le refinancement des soins de santé attendent toujours. Les promesses d'un monde d'après se sont évanouies sous la loi d'airain de la relance économique. Dans nos journaux, la guerre en Ukraine a pris la place des chiffres de la pandémie, et risque de faire reporter ou vaciller la mise en œuvre des politiques du Green Deal européen.

Les premiers temps de la crise portaient pourtant en eux l'espoir du partage d'un rêve alors exprimé, celui d'une reconstruction sociétale sur de nouvelles bases, plus humaines, plus saines et plus respectueuses de l'environnement. De nombreuses voix espéraient de l'État qu'il retrouve son rôle d'investisseur dans le service public et donne toute sa signification au droit à la santé, au droit à l'emploi, aux droits des personnes âgées, au droit à l'éducation. Que l'État puisse enfin imposer la loi démocratique et l'état de droit aux puissances économiques privées, qu'il s'agisse des Big Pharma ou des GAFAM, et surtout qu'il continue à accorder la priorité aux libertés individuelles et aux impératifs de justice sociale, sans céder à la tentation démagogique, en ces temps marqués par la peur, d'une société de surveillance et de conformisme.

Les contributions réunies dans l'ouvrage abordent, à la lumière de ces espoirs, mais aussi des risques qui menaçaient leur concrétisation, les enjeux soulevés par le recours aux outils numériques pendant les premières vagues de COVID. Les auteurs en soulignent les questions techniques, juridiques, philosophiques et éthiques. À travers la question technologique ou, précisément, la matérialité analysée de telle ou telle technique, c'est à chaque chapitre un ensemble de problématiques sociales, politiques, juridiques et éthiques qui se dévoile, et que le passage du temps n'a pas fait disparaître. Au contraire, ces problématiques sont plus vivantes aujourd'hui que jamais.

En souvenir du colloque du 4 février 2021 qui fut à l'origine du présent ouvrage, nous reproduisons, en son premier chapitre, l'allocution d'ouverture au colloque du Professeur Thierry MAGNIN, Président recteur délégué aux humanités de l'Université Catholique de Lille (France). Dans son intervention, Thierry Magnin attire d'emblée notre attention sur les raisons pour lesquelles l'UCLille a souhaité soutenir une réflexion sur les usages du numérique pendant la pandémie : premièrement, lutter contre la fracture numérique qui risque d'écarter une population, étudiante notamment, des bénéfices de l'outil face aux conséquences de la pandémie ; deuxièmement, réfléchir aux normes techniques, juridiques et éthiques qui garantissent à l'homme la maîtrise de l'outil numérique ; troisièmement, enfin, encourager la conception d'interfaces numériques qui rapprochent l'homme des produits de son travail, plus qu'elles ne l'en éloignent, et qui participent d'un rapport plus écologique et respectueux à la nature.

Après cette vibrante allocution générale, conclue par un plaidoyer en faveur d'une juste place à donner au numérique dans l'écologie des activités humaines, les chapitres suivants abordent les aspects techniques, éthiques et juridiques des technologies numériques pendant la première vague pandémique.

Dans le chapitre 2, Manuel MORALES, Professeur au département de mathématiques et statistiques de l'Université de Montréal (Québec), spécialiste en *machine learning*, illustre en quoi les choix technologiques sont loin d'être neutres en termes tant d'intérêt général que de libertés individuelles. En s'appuyant sur l'exemple du traçage automatique de la COVID-19 tel que conçu au Québec par le MILA et aux États-Unis par le MIT (Path Check), Morales illustre le défi de définir adéquatement la balance entre ces deux préoccupations. L'auteur souligne combien la préoccupation exagérément individualiste mise en avant tant par les entreprises propriétaires des *operating systems* de nos mobilophones (Google et Apple) que par les autorités de protection des données, ont pesé sur le débat public et privé nos sociétés d'un outil efficace de lutte contre la pandémie, et déforcé nos États dans la lutte contre la COVID.

Dans le 3e chapitre, David DOAT, maître de conférences en philosophie à l'Université Catholique de Lille (France), propose diverses lectures de l'action collective, de nos relations au virus et des technologies pour y faire face en temps de pandémie, à travers une analyse de cinq grands imaginaires de la crise pandémique : l'imaginaire des grandes épidémies meurtrières, l'imaginaire de la guerre, l'imaginaire de nos relations avec la nature, l'imaginaire des sociétés de surveillance et l'imaginaire du soin. Si chacun de ces imaginaires peut constituer une clé de lecture de la crise pandémique, chacun d'entre eux permet aussi de justifier pragmatiquement des programmes d'actions et des politiques de gouvernance des technologies en temps de crise.

L'auteur insiste à cet égard sur les risques relatifs aux imaginaires des grandes épidémies passées, de la guerre et des sociétés de surveillance, lorsqu'ils s'avèrent inadéquats aux caractéristiques de la réalité qu'ils sont censés éclairer, ou lorsqu'ils sont instrumentalisés par des tiers pour des motifs étrangers au bien commun. A contrario, David Doat montre que, parmi tous les imaginaires de la crise étudiés, l'imaginaire du soin comporte un degré d'adéquation indiscutable avec la nature de la crise pandémique et permet, sous certaines conditions, d'envisager un usage des technologies numériques éthiquement et socialement ajusté aux défis de la crise sanitaire. Dans les dernières sections de son étude, David Doat rejoint la philosophie UBUNTU, chère à la pensée africaine : « Je suis ce que je suis parce que vous êtes ce que vous êtes », ou d'une manière plus littérale : « Je suis ce que je suis grâce à ce que nous sommes tous ». L'imaginaire du soin renvoie en effet à la considération à accorder aux métiers du *care*, au sens large, à une compréhension de la santé qui va bien au-delà de sa seule acceptation biomédicale et qui demande de lutter contre les inégalités sociales face à la maladie. En conclusion, l'auteur plaide pour une éthique du juste milieu entre le respect de l'autonomie individuelle et la reconnaissance des valeurs sociales comme l'interdépendance humaine, la justice, la solidarité et le bien commun. Cette éthique implique une gouvernance participative des technologies, et un contrôle des dérives par des instances indépendantes des institutions gouvernementales et des entreprises privées, représentatives de la société civile et du bien commun.

À ce discours du philosophe succède, dans le 4ème chapitre, celui du juriste. Le professeur Yves POULLET, de l'Université de Namur (Belgique), part du constat que la lutte contre la pandémie a justifié non seulement des limites mais des restrictions voire une atteinte à l'essence même de certaines libertés (libertés d'association, de déplacement, d'expression,...) et droits individuels comme le droit à la vie privée ou à la protection des données, le droit des personnes âgées, le droit à l'éducation... Dans un état de droit, ces restrictions ne peuvent être justifiées, selon le Conseil de l'Europe, que dans le cadre d'un état d'exception proclamé, justifié et bien balisé. Cet état d'exception, pour ne pas glisser vers un état de non-droit, exige le maintien de contrepouvoirs et d'un contrôle social accru, et doit être soumis aux principes de légalité et de proportionnalité. L'auteur illustre la signification de tels principes à propos des débats soulevés, d'une part, par les mesures anti Covid en matière de protection des données et par la lutte contre l'« infodémie », en matière de liberté d'expression.

Le 5e chapitre traite du droit à la santé. Érigé comme droit à l'égal du droit à la protection des données, le droit de la santé existe comme droit de l'homme, mais quelle en est la nature ? Peut-on y voir un droit subjectif au nom duquel chaque citoyen pourrait l'évoquer devant les tribunaux ? Les auteurs, Ioaniss PANOUSSIS et Lina WILLIATTE, professeurs de droit à l'Université Catholique de Lille (France), analysent les droits incontestables consacrés par les textes législatifs. Indiscutablement le droit à la santé ou plutôt le droit à la protection de la santé entraîne des obligations positives de la part de l'État : mettre en place un système de prévention, assurer l'égal accès aux soins, garantir un droit à la qualité et la sécurité des soins et, enfin, garantir la continuité des soins - auquel cas il s'agit plutôt d'un droit des personnes malades que d'un droit du citoyen. Il n'empêche que l'obligation de moyens mise à charge de l'État d'assurer la protection de la santé des citoyens a abouti à diverses mesures comme celle de la vaccination, du dépistage et de la protection des personnes vulnérables. Pourrait-on consacrer un droit des personnes à l'obtention de ces mesures ? Par ailleurs, le droit d'être soigné n'est-il pas mis en cause par les capacités limitées des hôpitaux et donc l'incapacité constatée de l'État d'assurer la protection de la santé de chacun ?

L'analyse des textes internationaux comme le PIDESC ou le protocole de San Salvador amène les auteurs à s'interroger sur les limites de l'obligation positive des États de se donner les moyens d'une protection réelle de la santé de la population en cas de pandémie. Les questions soulevées par la vaccination, la nécessité de protéger non seulement la santé physique mais également la santé mentale, etc., renvoient à la nécessité de combiner diverses préoccupations et perspectives de mesures, à des décisions d'opportunité politique et sociale. Enfin, les auteurs se penchent sur les dispositions prises en faveur du développement accéléré, mais sous-réglementé, de la télémédecine et du télé-soin pendant la pandémie. Si ces mesures ont permis d'assurer l'effectivité d'un droit à l'accès aux soins dans le contexte vécu, les auteurs se demandent si cet accès a bien garanti des soins de qualité.

Dans le 6e chapitre, Nathalie NEVEJANS, maître de conférences HDR en droit, titulaire de la Chaire IA Responsable (Droit et éthique de IA), Université d'Artois (France), consacre une étude très illustrée et documentée tant sur les plans français et international, aux aspects juridiques et éthiques de l'utilisation de l'intelligence artificielle comme outil de lutte contre la COVID-19. L'enquête conduite présente un double intérêt. À l'heure où la réglementation et l'éthique de l'IA sont l'objet d'âpres discussions au niveau tant international qu'européen, le texte illustre dans un domaine particulier, à savoir celui de la puissance de l'intelligence artificielle, à la fois ses dangers pour les libertés mais aussi ses bénéfices potentiels en termes de pouvoir de prédiction de la propagation d'une épidémie, d'aide au diagnostic sur ses causes, de prévention, de surveillance des personnes à risque, de lutte contre l'infodémie ou encore d'optimisation de la délivrance des soins. Au-delà, les analyses de l'auteur invitent à une réflexion éthique sur cet outil « polyvalent » qu'est l'IA, et dessinent quelques pistes d'une réglementation juridique au service de cette éthique. Sur tous ces aspects, le lecteur trouvera dans ce chapitre d'amples réflexions éthiques et juridiques.

Les questions de protection des données à caractère personnel se posent à ses divers endroits et nombre d'entre elles nécessitent l'interprétation de la Bible que constitue le RGPD. En particulier, les mécanismes de surveillance des personnes (drones, caméras thermiques et de vidéosurveillance, tracing,...) font l'objet de réflexions nourries par les délibérations de la CNIL et une jurisprudence hésitante. Le stockage et les traitements de données réalisés par des robots d'assistance médicale, qui se multiplient pour faire face à la pénurie de personnel soignant, devraient être mieux réglementés. Sur le plan de la recherche médicale, l'autrice plaide pour une « science ouverte » et cherche le point d'équilibre entre une lutte certes légitime contre la désinformation, notamment par une responsabilisation accrue des plateformes devenues censeurs privés de l'information médicale, et le respect de la liberté d'expression, comme valeur et condition essentielle du modèle démocratique. Enfin, Nathalie Nevejans s'inquiète de la « déshumanisation » de la médecine devenue télémédecine, où la décision des outils de l'intelligence artificielle, parfois peu testés, risque de remplacer l'intelligence humaine, et rappelle quelques dispositions du Règlement « Dispositifs médicaux » insuffisamment respecté.

Dans le 7e chapitre, Elodie LETOMBE, maître de conférences en droit à l'Université Catholique de Lille (France), se penche sur l'incidence de la pandémie sur les relations de travail et leur nécessaire évolution au regard de l'utilisation des technologies du numérique, en particulier touchant au télétravail. Que ce dernier puisse être imposé en temps de crise pandémique comme outil nécessaire pour assurer la continuité de la vie de l'entreprise, est désormais légalisé (Art.L 1222-11 du code du travail). Certes, sa mise en œuvre exige des balises, notamment la création du droit à la déconnexion, et une transparence des techniques de contrôle mises en place par l'employeur. À l'inverse, l'employé peut-il réclamer un droit au télétravail, nonobstant les mesures de protection proposées par l'employeur ; et que faire si la nature du travail rend ce télétravail impossible ? Toute mesure de protection peut-elle être prise ? Que dit le RGPD à cet égard ? L'autrice propose ainsi, à travers son enquête sur la situation française, un panorama remarquable des questions soulevées en entreprises et en droit du travail, par l'introduction, au nom de l'urgence sanitaire, du télétravail dans l'entreprise.

Dans le 8e et dernier chapitre, Adrien BASDEVANT, avocat au barreau de Paris, et Camille GOUTALAND, juriste, interrogent les libertés face à la COVID-19, et traitent du débat sur les choix des dispositifs technologiques en France. À l'aide de quelques exemples, les auteurs montrent combien « *une large partie des outils digitaux utilisés par les autorités pour gérer la crise a été mise en place par des décrets publiés au visa de la loi instaurant l'état d'urgence sanitaire ou de celles le prolongeant* ». Vis-à-vis de tous ces outils, on connaît la crainte affirmée par la Commission nationale de consultation des droits de l'homme : ne créent-ils pas « *une accoutumance dans le contexte de la protection de la santé publique, ouvrant à l'avenir l'usage de ce même type de mesures pour d'autres fins et justifiant une critiquable interconnexion élargie des fichiers* » ? Certes, dans le même temps, le recours aux outils a permis, en même temps qu'ils limitaient nos libertés, de maintenir des droits fondamentaux comme le droit à l'éducation, au travail et bien évidemment le droit à la santé. L'équilibre à trouver n'est pas simple ; à partir des exemples rencontrés pendant la crise pandémique, un débat est nécessaire dans l'espace public et la culture numérique doit être développée au sein de la population.

Au terme de leur lecture, les approches techniques, éthiques et juridiques proposées dans les 8 chapitres du livre, dessinent ainsi le paysage d'une société engagée dans un profond effort d'ajustement, institutionnel et symbolique, aux enjeux d'une pandémie dont elle n'avait pu anticiper tous les effets. Si certaines des voies dans lesquelles nous nous étions engagés jusqu'en début 2021 se sont avérées judicieuses, d'autres se sont avérées moins fructueuses, ou se sont vues remplacées par de nouvelles stratégies. Mais une tendance se dégage à travers l'évolution des politiques de lutte contre la pandémie de COVID : notre propension à croire dans l'innovation en matière de technologies numériques, et dans leur capacité à jouer un rôle majeur dans la résolution des problèmes de sécurité et de santé des populations.

Les différentes contributions de l'ouvrage montrent que les bénéfices de l'outil numérique sont indéniables, mais nombre d'entre elles soulignent aussi que leur coût démocratique l'est tout autant : les usages et les formes des technologies numériques en temps de pandémie peuvent en effet fragiliser un ensemble de droits et principes démocratiques, comme le droit à la vie privée, le droit à l'autodétermination décisionnelle, l'équité, la non-discrimination, la cohésion sociale et la justice, la démocratie elle-même. Face à ce risque auquel nos sociétés démocratiques libérales sont exposées, nous en appelons à l'engagement citoyen et à l'intelligence collective, pour que soient inventées les nouvelles modalités d'une gouvernance authentiquement démocratique des technologies, garante de la protection du bien commun et des valeurs et principes fondateurs de notre modèle de vie démocratique.

Mettre l'homme au cœur du numérique[1]

THIERRY MAGNIN
Président recteur délégué aux humanités de l'Université Catholique de Lille
Recteur honoraire de l'Université Catholique de Lyon

Bienvenue à chacune et chacun dans ce colloque qui peut avoir lieu, en ces temps de COVID-19, grâce aux moyens numériques dont nous allons parler durant cette journée, et avec lesquels nous apprenons à travailler de plus en plus depuis presque un an maintenant.

Bienvenue à tous ceux qui viennent de l'extérieur de l'Université Catholique de Lille (UCL), bienvenue aussi à l'ensemble des enseignants-chercheurs de l'UCL, notamment ceux qui travaillent les questions d'éthique dans notre Maison. Au passage, j'espère que chacun se porte bien et que nous n'oublions pas les malades du COVID et les soignants.

Je remercie les organisateurs, David Doat et Yves Poullet, du laboratoire ETHICS de notre Université catholique de Lille, de m'avoir invité à donner l'allocution d'ouverture de ce colloque qu'ils ont intitulé : *L'utilisation du numérique dans la lutte contre la COVID. Enjeux techniques, éthiques et juridiques.*

Reconnaissons tout d'abord que le numérique est utile pour lutter contre la pandémie

Pour nous, il permet d'assurer les cours et colloques scientifiques à distance et c'est une chance, y compris de maintenir le lien social dans certaines conditions.

[1] Date de soumission du texte : 3 avril 2021.

Plus largement, l'utilisation du numérique est importante pour lutter directement contre la COVID-19 : des résultats ont ainsi été obtenus en combinant l'outil du Big Data avec des données de géolocalisation et des SIG (systèmes d'informations géographiques) afin de traiter de manière efficace de nombreuses données localisées.

On cite ainsi : la visualisation rapide des informations épidémiques, le traçage spatial des cas avérés, la prévision de l'évolution de la transmission, à l'échelle régionale ou nationale, sans oublier l'équilibre et la gestion de l'offre et de la demande des ressources matérielles.

Au-delà de ces bénéfices incontestables, il est aussi important d'oser regarder de près les enjeux éthiques et juridiques qui sont alors soulevés durant cette crise, par l'utilisation du numérique. Le colloque ambitionne de parcourir les enjeux du traçage numérique, les enjeux de sécurité. Nous aborderons les questions du droit à la santé, des libertés face à la COVID ainsi que les questions de contrôle des citoyens via le numérique et de droit du travail, la question de l'IA et du droit, pour déboucher sur les questions de gouvernance du numérique que cette crise exacerbe.

Pourquoi ce colloque à l'Université Catholique de Lille ?

Tout d'abord parce que nos deux organisateurs, Yves Poullet et David Doat, ont largement participé ces derniers mois à un rapport international franco-belgo-canadien : *« Gouverner la technologie en temps de crise. Aide à la décision dans le cadre du COVID-19 »*, de la Human Technology Fundation.

Dans l'avant-propos du rapport, on peut lire : *« La crise du COVID-19 aura montré qu'elle peut aussi, de façon concrète et violente, désorganiser notre société et paralyser l'économie mondiale. Face à cette situation qui sollicite les décideurs politiques et les dirigeants d'entreprise, le recours à la technologie est assurément d'une aide précieuse, tant pour lutter contre la pandémie que pour réorganiser l'activité à moyen terme. La place prise par les dispositifs technologiques pose également des questions d'ordre éthique »*. C'est bien dans ce cadre que se situe le présent colloque.

En outre, les écoles et les facultés de l'UCL développent fortement le numérique, non seulement dans les sciences dites dures et informatiques, mais aussi dans les divers domaines de sciences humaines et sociales. Une école du numérique devrait se mettre en place, avec comme souci premier de *mettre l'humain au cœur du numérique.*

Mettre l'homme au cœur du numérique, qu'est-ce que cela peut recouvrir ?

On pense bien sûr, en premier lieu, aux questions relatives à **la fracture numérique.**

En cette période de confinement, Internet est devenu essentiel pour effectuer ses démarches administratives, mais aussi pour travailler, faire ses courses ou rester en contact avec ses proches. Une difficulté pour près de 17 % de la population française qui ne dispose pas des connaissances ou des équipements adéquats pour utiliser les outils numériques. Cet « illectronisme » touche notamment les populations les plus fragiles : des seniors, des personnes peu diplômées et des ménages aux revenus modestes. On ajoutera les questions de couverture Wifi et de sa qualité, qui privent les habitants de certaines zones de la France de pouvoir bénéficier des avantages que le numérique peut apporter à la lutte anti-COVID. !

Pour accompagner ces personnes éloignées du numérique, un centre d'aide « Solidarité numérique » a été mis en place par les acteurs de la médiation du numérique, la MedNum, avec le soutien du secrétariat d'État chargé du numérique. Voilà un exemple qui doit susciter notre créativité dans cette direction.

On est attentif, en deuxième lieu, au fait que **l'homme ne peut perdre la main devant le rôle majeur des machines numériques.**

La sécurité des systèmes, que ces systèmes soient des avions, des véhicules autonomes ou des centrales nucléaires, dépend dorénavant essentiellement de l'informatique, seule capable de gérer d'innombrables paramètres. Or, cette informatique devient trop sophistiquée pour l'homme en général, pour les moins bien formés en particulier.

Comment faire en sorte que l'homme puisse prendre sereinement des décisions dans un monde qui promet de devenir technologiquement de plus en plus complexe ? Comment peut-on *améliorer l'intelligibilité des dispositifs numériques* faisant communiquer l'humain et ses grands systèmes techniques, comme les interfaces homme-machine, cerveau-machine par exemple ? La réponse est simple en son expression mais combien difficile à réaliser en pratique : Il s'agit, dira-t-on, de *remettre les hommes au centre du système et non pas en obligeant les hommes à s'adapter aux systèmes !* C'est à la machine de comprendre l'homme - un changement radical de paradigme au regard de celui qui prévalait jusqu'à la fin du XXème siècle et encore souvent aujourd'hui, et pour lequel c'est à l'homme de s'adapter au langage de la machine - note ainsi Frederic Vanderhaegen du laboratoire Lamih de Valenciennes.

Troisième point : l'idée est ainsi **de concevoir les interfaces comme des « assistants de crise »** qui guideraient l'homme en cas d'urgence en se focalisant sur les commandes prioritaires du système, voire même des *interfaces anticipatives* de dangers.

Aujourd'hui les techniciens, conducteurs de trains, pilotes, aiguilleurs du ciel sont devenus presque exclusivement des gestionnaires de systèmes automatiques. Il y a bien sûr de la sécurité apportée par le contrôle informatique et c'est bénéfique. Mais cela peut générer aussi une perte de contact avec la réalité de leur travail, notamment quand surgit un incident ou une urgence. Françoise Anceaux, professeur de psychologie à l'Université de Valenciennes, souligne qu'on a fabriqué une superposition chaque fois plus importante de couches de logiciels et de robotique qui séparent le travailleur du produit de son travail, ce qui entraîne trois types de « distorsions cognitives ».

On souligne, dès lors, une dissociation entre le geste de l'opérateur sur l'interface et l'effet réel de celui-ci sur le monde, c'est-à-dire sur le système. Une dissociation entre son savoir-faire d'origine et ce qu'il fait réellement, à savoir piloter une interface, ce qui provoque une perte de ce savoir-faire. Et, enfin, on note un conflit entre la représentation du monde fournie par l'interface et sa propre intuition.

En fin de compte il y a perte de sens du travail qui se répercute sur la psychologie des individus et sur la capacité du système « homme-machine » à faire face aux situations de crise. Alors, « *mettre l'humain au centre du numérique* », ce pourra être ici renouer avec le savoir-faire du travail humain. Tel serait donc, in fine, le défi des interfaces du XXIème siècle ! C'est l'idée des ***interfaces dites écologiques***, en cours d'élaboration, et intégrant la possibilité pour l'opérateur de manipuler des objets physiques plus signifiants de son métier.

En conséquence, devant l'échec du « tout automatique », l'enjeu est désormais de renouer avec les gestes humains, de remettre le corps dans la machine, d'assister les opérateurs de la manière la plus naturelle et la plus intuitive pour qu'ils puissent affronter les situations de crise avec l'esprit clair et le plus sereinement possible. La prochaine rupture, nous disent ces spécialistes, ne sera pas tant technologique que cognitive. Le défi est maintenant que l'interface, et donc son concepteur, comprennent bien le système cognitif de l'opérateur, c'est-à-dire son écologie, pour l'aider à gérer ses ressources. La véritable sécurité du monde à venir passe par là !

Enfin, toujours dans la ligne de ces réflexions sur l'importance de mettre l'humain au cœur du numérique, je voudrais évoquer la **situation actuelle de nos étudiants**, situation qu'ils vivent difficilement au niveau psychologique. Nous nous réjouissons que les moyens numériques aient permis, grâce aux efforts des professeurs et des étudiants, de vivre une continuité des cours malgré deux confinements et une impossibilité de se rendre sur le campus universitaire. Comme pour nous ce matin, le numérique nous offre de participer à et de vivre ce colloque. Vive les technologies du numérique !

Mais, vous le savez déjà, nos étudiants, pourtant des *digital native*, ne supportent plus d'être ainsi branchés toute la journée sans pouvoir se retrouver en présentiel, réclamant à juste titre qu'on fasse tout pour qu'ils reviennent sur le campus car « rien ne vaut la relation directe », sans oublier que « sans faire la fête », sans se rencontrer, pas de vie sociale : ce n'est pas suffisant de se retrouver sur internet. Et à la longue, une situation d'anxiété voire de déprime est en train de s'installer.

Le « tout numérique » n'est pas fait pour l'homme !

Sans vouloir donner de leçons à nos gouvernants qui ont des décisions bien difficiles à prendre, je dirais que vouloir assurer la sécurité sanitaire en nous mettant en mode survie ne peut durer longtemps.

Parfois notre société actuelle focalise tout sur cette question de sécurité, et pas seulement dans le domaine sanitaire. On comprend le besoin de sécurité, celui que la machine numérique peut aussi nous apporter, mais comme le dit Mireille Delmas Marty, attention de ne pas remplacer la devise de notre République par « *Sécurité, Efficacité, Prédictibilité* » ! Car alors on survit peut-être en sécurité, mais on ne vit plus vraiment, notre existence devient fade, il manque ce degré de liberté qui rime avec risque de vie, goût de vivre !

Notre société technicienne, numérique, est pourtant séduite par ces trois mots de sécurité, d'efficacité et de prédictibilité. On ajoute que cette prédictibilité remplace parfois la recherche de vérité et l'on privilégie le

« prédire » par rapport au connaître, au nom d'une immédiateté, d'une efficacité et d'un désir impatient de performance. Mais la véritable performance ne peut se gagner aux dépens de ce qui fait l'humain dans sa grandeur et sa dignité, ainsi que le sens du temps qu'il a besoin d'expérimenter.

En regardant les questions technologiques, juridiques et éthiques durant cette journée, n'oublions jamais que l'important, parmi les futurs possibles, est de proposer les plus souhaitables. C'est le cœur de notre responsabilité éthique collective ! Donner de la perspective à nos concitoyens. **Le monde ne surgit**, dit Hanna Arendt, **que parce qu'il a des perspectives**. Notre société semble en manquer beaucoup en ce moment.

L'évolution des applications mobiles de traçage numérique de la COVID-19 : le cas des applications du MILA et du MIT[1]

Manuel Morales[2]
Professeur au département de mathématiques et statistiques de l'Université de Montréal (Québec)

Introduction

Dans les premières semaines du mois d'avril 2020, quand les initiatives de confinement comme moyen de contention de la pandémie étaient déjà généralisées au niveau mondial, la communauté de l'innovation et de la recherche en sciences de la technologie de l'information s'est rapidement mobilisée pour mettre à profit l'expertise combinée de ses membres dans la lutte contre la propagation du virus. En effet, tout comme la communauté de recherche en sciences médicales, épidémiologiques et de contrôle des maladies infectieuses s'est mobilisée pour étudier le nouveau virus et la maladie qu'il causait et pour commencer à dessiner une stratégie d'intervention et de contrôle à court terme, cette autre communauté des scientifiques, académiques et industriels du numérique a cherché à identifier des façons d'utiliser la technologie de l'information (données et objets connectés, données massives, infrastructure des réseaux de télécommunications et intelligence artificielle) dans la lutte globale contre la pandémie.

L'attention du public a été rapidement capturée et captivée par le développement des solutions numériques mobiles qui cherchaient à automatiser une des interventions standard en santé publique pour le

---

[1] Date de soumission du texte : 22 juin 2021

[2] L'auteur voudrait remercier Aurélie Hot, Ph.D., coordonnatrice de l'équipe de recherche RENARD sur le transfert des connaissances de l'Université de Montréal, pour ses commentaires et suggestions lors de la rédaction de cet article.

contrôle de maladies infectieuses : la tâche de traçage des contacts. La notion de traçage numérique est alors apparue.

Des initiatives académiques se sont multipliées avec l'objectif de développer des solutions et protocoles qui permettraient d'utiliser les appareils mobiles et leur interconnectivité pour identifier les contacts physiques entre leurs utilisateurs afin, ultimement, de collecter et traiter cette information en vue d'alerter (l'utilisateur ou une autorité centrale) de la possibilité d'une exposition au virus. La proximité entre ces appareils de mobilophonie serait utilisée comme proxy pour identifier des expositions à risque entre individus. L'information sur ce risque serait alors relayée aux bonnes instances afin de potentiellement briser la chaine de contagion de façon plus efficace que le traçage de contact opéré traditionnellement de manière manuelle.

Dans cet article, il n'est pas question de recenser l'ensemble de ces applications mais plutôt de se concentrer sur deux cas qui illustrent, un an après leur démarrage, deux différents parcours d'évolution de celles-ci. Ces parcours servent à illustrer les défis, les opportunités manquées, les petits succès mais aussi les leçons apprises par les équipes en charge et qui restent des contributions importantes devant être étudiées et intégrées dans notre base des connaissances collectives. Dans ce bref article, j'apporte quelques éléments de réflexion autour de questions, fruits de mon expérience personnelle menée dans la cadre de ma participation (périphérique et comme observateur) aux deux applications mobiles de notification d'exposition de contacts.

Comme chercheur de l'Observatoire international des impacts sociétaux de l'intelligence artificielle et du numérique (OBVIA), j'ai participé à la rédaction d'une étude faisant l'état des lieux des applications mobiles de notification de contacts.

Cette étude[3] a été produite en collaboration avec l'Institut de la technologie pour l'humain (OPTIC) et par l'Association internationale du droit de la technologie (ITechLaw). Elle portait en particulier sur le développement de l'application COVI Canada par l'Institut de l'intelligence artificielle du Québec (le MILA), en raison de l'utilisation potentielle de l'intelligence artificielle dans une application de notification des contacts[4].

---

[3] *Gouverner la technologie en temps de crise*, 2020. Human Technology Foundation.
[4] COVI White Paper, 2020. MILA.

Mes activités de recherche et mon réseau m'ont amené plus tard à devenir collaborateur de « The PathCheck Foundation », créée pour héberger l'application mobile de notification des contacts du MIT mais aussi pour donner une plateforme à une communauté construite autour de cette initiative. À l'origine, un groupe de développeurs et de scientifiques-cherchait à déployer une solution de notification de contacts. Ce projet s'est transformé en une plateforme qui a évolué pour servir, grâce au numérique, à d'autres interventions de gestion de la crise pandémique comme le dépistage et la vaccination[5].

À partir de cette expérience, nous tenterons de mettre en lumière certaines incohérences dans les débats autour de l'utilisation des applications mobiles. Ces applications serviraient certes à appuyer les efforts de contrôle de la propagation de la maladie, ceci dans le cadre de l'urgence sanitaire, mais ne convenait-il pas également de relever les opportunités manquées, à savoir l'utilisation de la technologie comme élément de génération de valeur sociale en temps de pandémie ?

La nouvelle réalité post-COVID qui se façonne en ce moment amènera des défis inédits et la technologie peut et doit jouer un rôle clé dans les années à venir qui seront de reconstruction, d'adaptation et de préparation à de nouveaux défis.

Pour illustrer notre point, cet article abordera le cas de deux solutions numériques à la lumière de ces éléments qui contribuent à expliquer le sort de deux projets d'envergure et potentiellement de haut impact dans la lutte contre la pandémie. Ainsi, l'application du MIT, appelée PathCheck, est aujourd'hui déployée dans dix états des États-Unis et deux pays à l'international. L'application du MILA, COVI Canada en revanche n'a pas pu être déployée à cause de préoccupations autour du partage des données personnelles et de leur confidentialité.

Traçage de contacts ou notification d'exposition de contacts

Dans la gestion des crises épidémiologiques, une préoccupation importante de santé publique est le traçage des contacts. Cet exercice cherche à identifier, pour chaque cas confirmé d'infection, la séquence des déplacements que l'individu infecté aurait pu suivre ainsi que l'identification des personnes qui auraient pu entrer en contact avec lui et

[5] Apps Gone Rogue : Maintaining Personal Privacy in an Epidemic, 2020. The PathCheck Foundation.

donc qui sont désormais à risque. Ce travail peut être effectué manuellement dans le cadre d'une entrevue avec la personne infectée. Cette entrevue permet en effet d'identifier des lieux et des personnes à contacter mais aussi de définir les interventions nécessaires pour contenir la propagation. Les personnes ayant été identifiées comme étant à risque sont à leur tour contactées, testées et interviewées pour continuer le traçage et l'isolement des personnes le long de la chaîne de contagion. Avec ces pratiques, les institutions de santé publique cherchent à limiter l'effet de propagation mais aussi à récolter des statistiques sur l'évolution de la pandémie.

Il est évident que ce processus manuel perd en efficacité au-delà d'un seuil de propagation dans une population, comme celui vécu avec la pandémie de COVID-19. Non seulement, cette méthode est difficile à mettre en œuvre à grande échelle mais la vitesse à laquelle ce processus peut identifier et isoler les cas à risque ne permet pas d'influencer les décisions individuelles et donc d'avoir une vraie influence au niveau collectif.

Les initiatives portant sur les traçages numériques ont été proposées comme un soutien voire un substitut à l'automatisation de cette intervention manuelle de santé publique. Elles cherchaient à utiliser l'infrastructure des réseaux de télécommunications mobiles déployée au fil des années. Les téléphones intelligents sont présents à haute densité au sein des populations de nos jours et leurs fonctionnalités offrent une infrastructure naturelle pour cet exercice. Ces téléphones mobiles communiquent avec les réseaux des données mais ils ont des capacités de communiquer entre eux via différents protocoles de support de certaines fonctionnalités de connectivité. Par exemple, la technologie Bluetooth permet à chaque appareil de repérer tout autre téléphone dans son entourage et d'échanger certaines informations avec celui-ci.

Ce principe permet d'envisager des mécanismes qui pourraient automatiser le traçage de contacts. Au moment où une personne a été identifiée comme infectée par le virus, il est technologiquement possible de repérer les autres appareils qui auraient pu être croisés par l'individu lors de ses déplacements et activités. Bien que l'idée semble être à première vue à fort impact positif, deux défis se sont présentés d'emblée : 1) technologiquement cela a nécessité des développements supplémentaires pour faire en sorte que ces fonctionnalités qui n'ont pas été conçues pour ce faire, puissent servir de fondations à un tel exercice ; 2) des questions sur le partage des données confidentielles ainsi sur l'efficacité *versus* les impacts sociétaux négatifs ont remis en cause la pertinence d'un tel déploiement. Nous invitons le lecteur à découvrir les études publiées par l'OBVIA en 2020[6]., qui donnent un portrait des enjeux et les discutent en détail.

Les deux enjeux et défis soulignés dans le dernier paragraphe ont façonné l'approche technologique des initiatives qui cherchaient à développer de tels outils. La préservation de la confidentialité des données privées et de la vie personnelle était centrale dans la conception et a guidé différents choix technologiques lors du développement. Comme discuté dans la section suivante, ces choix de conception et de fonctionnalités ont produit à la fin des solutions qu'on ne peut plus appeler de traçage des contacts mais plutôt de notifications d'exposition. En effet, ces solutions, développées autour de principes et de protocoles assurant la protection des données privées, ne peuvent plus, dans cette optique de protection des données, servir à l'identification des individus à risque. Elles ne sont plus des solutions qui automatisent le traçage des contacts mais constituent plutôt des outils numériques qui fournissent des informations personnalisées aux utilisateurs sur leur niveau de risque. Ce niveau de risque est mis à jour régulièrement à partir des données collectées par l'appareil (historique des contacts avec d'autres appareils) mais aussi des données qui peuvent être fournies directement par l'utilisateur lors de ses interactions avec l'outil (questionnaire d'évaluation de symptômes). Donc, l'objectif n'est plus d'identifier et d'isoler les individus pour rompre la chaîne de propagation mais plutôt d'influencer les comportements au niveau collectif à travers le partage régulier des éléments d'information avec l'utilisateur pour qu'il soit en mesure de prendre des décisions éclairées dans son quotidien.

Taxonomie des technologies sous-jacentes et les enjeux associés

L'infrastructure de télécommunication mobile existante permet en effet la conception d'applications qui pourraient monitorer les échanges entre appareils mobiles et servir de proxy pour surveiller la propagation du virus en temps réel ainsi que pour identifier des contacts à risque et/ou évaluer ce risque. Ces solutions peuvent être développées et mises en

[6] *Veille sur les outils numériques en santé dans le contexte de COVID-19*, 2020. Observatoire international des impacts sociétaux de l'intelligence artificielle et du numérique.

opération sous plus d'une forme ou configuration en fonction des objectifs ainsi que du niveau souhaité de confidentialité des données.

Par exemple, un système centralisé où l'historique complet d'activités d'un appareil mobile conservé permettrait de connaître pour chaque appareil individuel l'historique des rencontres du porteur du mobilophone avec d'autres utilisateurs (données de géolocalisation, temps et durée des interactions, identifiants des appareils croisés, etc.) pour, ainsi, avoir un portrait des cas à risque suite à la détection positive d'un individu infecté.

Un organisme de santé publique central pourrait donc non seulement avoir des indications sur la propagation au niveau géographique et individuel mais aussi prendre en charge les mesures nécessaires pour tracer et isoler les individus concernés.

Cette configuration soulève des questions d'ordre éthique et de confidentialité de la vie privée. Un portrait et une discussion de ces questions sont élaborés dans les rapports OBVIA et OPTIC déjà cités. En pratique, différentes versions de cette configuration sont possibles. Cette diversité permet de garder différents niveaux d'anonymisation. On ajoute que les mêmes questionnements éthiques se posent vu la structure centralisée des applications.

À l'autre extrême, une structure décentralisée conserve l'information et l'historique des échanges dans chaque appareil et non dans un serveur centralisé. L'appareil mobile communiquerait à des intervalles réguliers avec un serveur central seulement pour récupérer des mises à jour au niveau de contacts identifiés positifs. Chaque appareil pourrait ensuite calculer, à partir des informations stockées localement, le risque d'exposition. Dans cette configuration, aucune information sensible n'est collectée ou stockée en dehors de l'appareil. Ceci minimise les risques liés à la confidentialité et à la préservation de la vie privée mais la configuration reste vulnérable aux questionnements éthiques dans la mesure où la technologie pourrait exacerber des inégalités existantes dans nos sociétés[7,8].

---

[7] *Les angles morts des réponses technologiques à la pandémie de COVID-19 : disjonction entre les inégalités en santé et numériques structurantes de la marginalisation de certaines populations, 2020.* Observatoire international des impacts sociétaux de l'intelligence artificielle et du numérique (OBVIA).

[8] *Trois conditions pour des outils numériques plus responsables en contexte d'urgence sanitaire, 2020.* Observatoire international des impacts sociétaux de l'intelligence artificielle et du numérique.

Une troisième caractéristique permet de catégoriser les applications : la forme dans laquelle le message est communiqué à l'utilisateur. On peut parler des applications binaires et non binaires. Dans les applications binaires, le message est à deux dimensions : oui ou non. Positif, si le risque de contact a été identifié ou négatif, dans le cas contraire. Une application non binaire donne un message plus nuancé où différents degrés sont possibles. Ces messages sont mis à jour quotidiennement et ils ont pour objectif d'informer et d'influencer le comportement des utilisateurs en vue de minimiser le risque de propagation collectif.

On se réfère aux publications de l'OBVIA[9] pour des études détaillées sur les différents choix technologiques, les plateformes existantes et leur fonctionnement.

Débats de société et urgence sanitaire

Ces choix technologiques, décrits plus haut, doivent être analysés à la lumière de débats et réflexions autour de la préservation de la confidentialité des données privées ainsi que des impacts que le déploiement de ces solutions peut avoir sur la société. L'urgence et la vitesse à laquelle de tels projets se sont mis en marche ont préoccupé les experts. Plusieurs groupes se sont mobilisés au sein des universités, différents niveaux du gouvernement et des institutions civiles veillant sur les impacts sociétaux de la technologie, pour avertir des risques associés à des déploiements accélérés et non réfléchis. Ces différents groupes ont signalé le besoin d'entamer une réflexion profonde autour des risques et bénéfices du développement et déploiement de ces technologies dans la lutte contre la pandémie. Le débat s'est polarisé : la question centrale semble être celle de développer ou non ces outils, moins importantes étaient les questions qui guideraient la réflexion vers la meilleure manière de mettre à profit cette technologie dans la lutte contre la pandémie. Ces débats et réflexions, s'ils avaient eu lieu de façon nuancée, avec moins d'urgence, et si l'ouverture des débats, en particulier, s'était accompagnée d'une vulgarisation bien comprise des enjeux des choix technologiques, ces précautions auraient potentiellement, nous le pensons, permis d'éviter certaines incohérences. En effet, le débat n'a pas permis d'aller au-delà de

9 *Recension des solutions technologiques et typologie des apps de traçage – COVID-19, 2020*. Observatoire international des impacts sociétaux de l'intelligence artificielle et du numérique.

la position suivante : les utilisateurs sont prêts à donner leurs informations personnelles sur les réseaux sociaux en échange de fonctionnalités à valeur ajoutée nulle (ou presque) pour l'individu. C'est regrettable. Sur cette base, des outils qui, pourtant, avaient un fort potentiel pour aider à réduire les effets négatifs de la pandémie n'ont pas pu voir le jour au nom de la protection des données individuelles et ce, sans considération de l'intérêt collectif de lutter efficacement contre la pandémie. Bref, la crise a montré que les individus partagent sans hésiter leurs données personnelles sur des plateformes ludiques ou de divertissement mais refusent la mise en place de mécanismes efficaces à valeur ajoutée et le partage des données personnelles qui auraient pu s'imposer dans un contexte de santé publique.

Une leçon apprise suite à la crise de 2020 est qu'un débat collectif doit avoir lieu et que des recommandations doivent être produites en dehors d'un contexte d'urgence. Ce débat doit respecter des critères d'inclusion, de transparence et de portée suffisante. Des règlementations et des standards doivent être formulés et établis *in tempore non suspecto* de sorte que des prises de décisions en tout cas apparemment incohérentes ne se reproduisent pas.

La crise sanitaire a révélé de nombreuses lacunes et un manque de préparation au niveau mondial pour faire face à l'apparition d'une pandémie. Par exemple, l'inefficacité des organisations des secteurs privé (, nos secteurs économiques, les chaînes d'approvisionnement, etc.) et public (y compris le gouvernement, les établissements de santé, le secteur de l'éducation) a entraîné le retard et l'imperfection d'une réponse mondiale. En particulier, l'existence de systèmes de données rigides et déconnectés a entraîné une incapacité à produire, collecter, agréger et analyser rapidement les grands niveaux de données générés par les institutions mondiales. Cela a à son tour affaibli les efforts pour modéliser, prédire et analyser la progression de la maladie de la COVID-19. Ce manque de préparation a aussi été mis en évidence au niveau du débat public et l'existence des standards autour des données personnelles et leur partage et valorisation sur des plateformes numériques. Des standards existants, comme le cadre européen RGPD (Règlement général de protection des données)[10], sont concernés, principalement par la réappropriation par les individus de la valeur économique liée au partage

[10] *Règlement européen sur la protection des données personnelles.* Journal officiel de l'Union Européenne, 2016.

des données personnelles. Or dans un contexte pandémique, il s'agit, selon nous, de mettre en avant la valeur sociale des données sanitaires et de promouvoir une réflexion relative aux limites à tracer entre la valeur individuelle et la valeur collective des données sanitaires.

La croissance exponentielle de l'utilisation du numérique et la consécration de la donnée comme élément central du modèle de création de valeur commerciale (« *data as a new oil* ») ont transformé la perception du public de la valeur de la confidentialité mais sans doute dans des sens différents, suivant les contextes dans lesquels les données sont échangées. On évoque ainsi, dans un sens, le manque de compréhension de la valeur des données générées par les individus dans leur vie quotidienne, lorsqu'ils interagissent avec le monde numérique à travers plusieurs plateformes et applications mobiles les unes plus utiles que les autres. L'utilisation de telles plateformes s'opère sans hésitation. Il en va de même pour le partage des données confidentielles de la part des individus et ce, en échange d'un service, dans le meilleur des cas réel mais bien souvent sans réelle valeur ajoutée.

À l'inverse, l'utilisation des applications mobiles qui serviraient à appuyer les efforts de contrôle de la propagation de la maladie a suscité un débat certes nécessaire mais hostile autour du slogan de la protection de « nos » données. Ce débat, dont la pertinence se faisait sentir il y a déjà plusieurs années, a tourné autour du dogme de la confidentialité, de la préservation de la vie privée, de la valorisation des données et de leur réappropriation par les individus. Les questions du partage des données et de la valeur collective vs la valeur individuelle de ce partage ont été soulevées en pleine urgence sanitaire. Le résultat est : quelques opportunités manquées au niveau de l'utilisation de la technologie comme élément de génération d'informations de valeur sociale en temps de pandémie.

Dans la section suivante, nous parlerons de deux exemples d'applications qui ont connu deux sorts différents suite aux débats mentionnés.

Deux applications, deux résultats

Vers la fin avril 2020, l'Institut en intelligence artificielle du Québec (MILA) a lancé une initiative pour développer une application mobile de traçage numérique des contacts, baptisée COVI. Cet institut de renommée mondiale en intelligence artificielle a mobilisé près de cent professionnels des sciences de la technologie de l'information et des chercheurs en informatique et intelligence artificielle. L'objectif était de développer dans un temps record une application qui ne serait pas de traçage des contacts mais plutôt une application des notifications d'exposition qui donnerait aux utilisateurs des informations personnalisées, selon leur état de santé actuel et quelques paramètres généraux d'ordre démographique, lesquelles leur permettraient de prendre des décisions dans leur vie de tous les jours pour minimiser le risque de devenir des vecteurs de transmission.

Il s'agissait d'une solution qui collecterait des informations personnelles mises à jour, relatives à la santé des individus. Grâce à l'intelligence artificielle et aux sciences comportementales, le système générerait des alertes visant à influencer son utilisateur pour que ce dernier prenne les meilleures décisions selon son risque d'exposition. Cette application privilégiait un protocole décentralisé dans lequel il était presque impossible de retracer les informations personnelles de l'utilisateur ni de mettre en danger la confidentialité de la vie privée des individus l'utilisant. De ce fait, une telle solution décentralisée sans accès aux données, si ce n'est par l'individu lui-même, ne pouvait pas contribuer à la prise de décision au niveau de la stratégie publique. En effet, il n'est pas possible pour l'administration de connaitre les alertes générées ni les individus concernés. Dès lors, ces solutions ne peuvent pas remplacer l'exercice manuel de traçage de contacts qui normalement chercherait à identifier les individus à risque pour ensuite assurer leur isolement et suivi. Cette initiative a généré un débat public assez important au Canada au niveau de la gouvernance des données collectées et de leur utilisation lors d'un potentiel déploiement de l'application. Des enjeux éthiques ont été soulevés ainsi que de préoccupations quant à la sécurité des données personnelles collectées. Finalement le gouvernement canadien a choisi une autre application pour être déployée au niveau national. L'application COVI du MILA n'a jamais été déployée et une autre solution a été privilégiée et déployée au niveau national[11].

Aussi vers la fin avril, le MIT Media Lab a lancé sa propre initiative de traçage numérique. L'initiative, Safepaths a rapidement développé une application mobile décentralisée dans son principe mais, à la différence de la solution COVI, le système développé par le MIT Media Lab ne

[11] *Analyse sur l'application de notifications de contacts COVI, 2020.* Observatoire international des impacts sociétaux de l'intelligence artificielle et du numérique.

collectait pas des informations personnelles. Cette initiative, originalement à portée limitée, à cause de l'architecture décentralisée et sans le potentiel de personnalisation offert par l'intelligence artificielle, a pu se structurer autour de la création d'un organisme à but non lucratif : « The PathCheck Foundation ». L'intervention de cette association a permis le déploiement de l'application dans quatre états des États-Unis et deux pays (Chypre et Guam).

Malgré l'impact limité de ce système considéré comme intervention non pharmaceutique, les efforts se sont concentrés, dans un premier temps, sur l'opportunité qu'une telle application offre pour distribuer de l'information à la population en temps de crise et ainsi assister la prise de décision de chacun au niveau individuel. Dans un second temps, l'intention des opérateurs de la solution a changé. Désormais, il s'agissait de profiter de l'infrastructure numérique mise en place par le système pour ajouter/développer d'autres composantes numériques aidant cette fois la société à gérer la crise sanitaire. Ainsi d'autres initiatives et des solutions numériques pour assister les efforts logistiques des déploiements des tests et des vaccins sont nées. Les deux applications ont été développées autour des principes de préservation de la confidentialité des données privées.

Ce sont deux exemples d'initiatives qui cherchaient à utiliser la technologie au profit de la lutte contre la pandémie. Dans le cas de COVI Canada, le débat a fini par arrêter l'innovation. Dans le cas de PathCheck l'innovation s'est poursuivie au-delà de l'application initiale pour trouver une façon d'impacter d'autres étapes du processus de gestion de crise comme le dépistage et la vaccination. À la différence de COVI et de son degré pointu de personnalisation via l'intelligence artificielle, PathCheck a misé sur un développement horizontal face au risque d'opposition que le débat public représentait, pour élargir leurs fonctionnalités et objectifs en vue d'inclure d'autres aspects de la stratégie de mitigation de la propagation de la pandémie. On peut seulement constater que le débat a influencé l'innovation horizontale mais étouffé l'innovation verticale.

Conclusion

L'une des leçons majeures de la crise actuelle de la COVID-19 est le constat que le monde n'était toujours pas préparé à faire face à une maladie émergente ayant un impact à grande échelle. L'impact de la COVID touche de nombreux secteurs et acteurs de nos sociétés : gouvernement, établissements de santé et d'éducation, acteurs économiques y compris en tant qu'employeurs, chaînes d'approvisionnement. Tous n'étaient pas prêts à agir rapidement et efficacement, ou n'avaient pas la capacité de s'adapter et de soutenir les actions prises par les gouvernements et autorités publiques, lorsqu'il s'agissait de les mettre en œuvre à l'échelle locale. Ce manque de préparation était également évident au niveau de nos bases de données et de leurs échanges. Cette impréparation et inadéquation des ressources expliquent notre incapacité à générer, collecter, agréger, analyser et visualiser rapidement des données pour permettre des processus de prise de décision éclairés dans toute la société. Nous manquions également de capacités pour développer et déployer des systèmes capables d'exploiter les données et les technologies de l'information et de la communication de pointe pour aider efficacement à la prise de décision en tant qu'élément critique de l'épidémiologie.

Les exemples discutés brièvement ici servent à illustrer deux opportunités manquées. Le manque de préparation au niveau du débat public sur la valorisation sociale des données personnelles a certainement joué un rôle important dans la décision de ne pas déployer COVI alors même que l'utilisation de l'intelligence artificielle promettait de changer l'impact des applications de notification de contacts. De l'autre côté, PathCheck, a pu s'organiser pour innover dans d'autres étapes du processus de gestion de crise sanitaire et mettra à profit les différentes données qui auraient pu être collectées dans les différents points d'intervention (notification des contacts, dépistage et vaccination) pour améliorer leur efficacité dans leur ensemble.

Les dix dernières années ont vu l'apparition de nouveaux virus dont la propagation a mobilisé des ressources à l'échelle mondiale pour la surveillance et la diminution de la pandémie. La pandémie de la COVID-19 est la dernière dans cette liste mais elle ne sera pas la dernière. Nous devons rehausser notre niveau de préparation dans toutes les sphères organisationnelles de nos sociétés, y compris définir en temps opportun, c'est-à-dire dès demain, les cadres normatifs qui permettront, lorsque ce sera nécessaire, le temps de nouvelles crises sanitaires arrivant, de mobiliser la technologie et les données pour contrer ces dernières.

Les imaginaires de la pandémie et l'éthique du (traçage) numérique[1]

David Doat
Maître de conférences en Philosophie
Laboratoire ETHICS de l'Université Catholique de Lille

1. Introduction : la crise pandémique au prisme des imaginaires

Depuis le début de la crise liée au COVID-19, des débats de société ont eu lieu autour des outils numériques de traçage des contacts. Les polémiques ont principalement porté à la fois sur les limites techniques de l'efficacité du traçage numérique, sur sa proportionnalité au regard de la valeur ajoutée que cette solution pourrait constituer en matière de lutte contre le COVID-19, et sur les risques d'atteinte aux droits individuels qui y sont associés (respect de l'autonomie, de la vie privée, droit à l'anonymat).

De telles craintes sont renforcées par un imaginaire social particulièrement prégnant dans l'expérience sociale de la pandémie de COVID-19 : l'imaginaire des sociétés de surveillance. Cet imaginaire conduit à interpréter toute technologie de traçage comme un outil au service d'une conception plutôt négative de la surveillance et du contrôle populationnel, susceptible de détruire les droits et libertés individuels, d'affaiblir les fondements de l'État de droit, et de mettre en danger les principes et les valeurs fondamentales de la tradition anthropologique et morale sur laquelle doivent se fonder toute éthique et tout droit du numérique et de l'IA en démocratie.

Cependant, l'imaginaire des sociétés de surveillance n'est pas le seul imaginaire mobilisé dans la crise sanitaire liée à la pandémie de COVID-19. Depuis ses débuts, d'autres imaginaires se sont invités dans nos

[1] Date de soumission du texte : 10 septembre 2021

représentations collectives et nos grilles de lecture des rapports sociaux et des technologies en temps de crise pandémique : l'imaginaire des grandes épidémies meurtrières, l'imaginaire de la guerre, l'imaginaire du complotisme, l'imaginaire de nos relations avec la nature, l'imaginaire du soin, etc. En fonction des imaginaires mobilisés comme références collective, nos relations aux technologies, en particulier aux outils de traçage numérique comme moyen de lutte contre la pandémie, peuvent être interprétées, appréciées et régulées très différemment. Il est donc essentiel de pouvoir s'accorder sur un imaginaire partagé qui soit cohérent avec la nature de la crise actuelle, qui puisse faciliter la coordination des actions sociales et politiques, et qui permette de poser des bases symboliques, signifiantes et socialement dignes de confiance pour une régulation éthiquement acceptable des technologies de traçage en contexte de crise pandémique.

L'objet du présent texte, relevant non pas de l'analyse juridique mais de la réflexion philosophique et éthique, est d'étayer cette assertion en trois points. (1) Nous précisons tout d'abord la notion d'imaginaire, et sa fonction sociale. (2) Nous introduisons ensuite à quelques-uns des imaginaires de la crise pandémique (sans prétention à l'exhaustivité). (3) Nous montrons enfin l'importance et la valeur épistémique d'un imaginaire spécifique de la crise pandémique, l'imaginaire du soin, pour penser le sens et les conditions d'un cadre de régulation socialement et éthiquement acceptable des technologies de traçage en contexte pandémique. (4) Nous concluons en soulignant le déplacement des coordonnées anthropologiques et éthiques que l'imaginaire d'une société du soin invite à opérer en matière d'éthique du numérique.

2. La notion d'imaginaire et sa fonction sociale

Avant de proposer l'analyse de quelques-uns des imaginaires de la crise pandémique, il n'est pas inutile de commencer cette étude en précisant le statut de l'imagination et son sens dans l'existence sociale car la notion prête à de nombreuses acceptions et risquerait de rester vague et flottante faute de définition.

Qu'entendons par imagination ? On y reconnaît en général la faculté de former en soi ou de se représenter en esprit des notions abstraites ou des images, de produire, de reproduire ou de combiner de façon plus ou moins ressemblante, fidèle ou remaniée à l'envi, une quantité indéfinie de contenus de perceptions ou d'idées abstraites que nous délivrent nos sens ou nos intuitions abstraites.

La faculté d'imaginer est bien sûr essentielle à toute activité créative et artistique ; en puisant dans les images et les idées qu'elle permet de produire, les humains érigent des histoires et des mondes imaginaires, des visions du monde, capables de fédérer, d'émouvoir temporairement, ou d'affecter parfois profondément les significations attribuées aux existences et aux événements sociaux, aux expériences humaines et au monde. Les imaginaires se conservent, se cultivent et se partagent avec d'autres par la médiation d'un grand nombre de supports et de relais matériels de mémoire et de transmission, comme la voix, le livre, la radio, la télévision, le cinéma, nos téléphones, serveurs et disques durs, les médias sociaux et l'Internet mondialisé, etc.

Au fond, nous pourrions dire que le milieu d'existence naturel des humains est tissé d'idéalités, d'objets et d'histoires imaginaires. De là vient peut-être d'ailleurs la passion pour les mythes, les religions, la science, la littérature, le cinéma, toutes formes d'élaborations qui requièrent l'imagination et qui entretiennent avec la réalité et la question de la vérité des formes de relations à chaque fois différentes.

À ce stade, une remarque d'ordre épistémologique s'impose : il est fréquent d'opposer l'imagination et ses produits à ceux de la raison et de la science, comme on oppose idéalisme et réalisme, fait et fabulation, ou comme on distingue l'accessoire de l'essentiel ou le mensonge de la vérité. Cependant, en réduisant l'imagination à l'illusion ou la fantaisie, en ne voyant dans l'imagination qu'une faculté productrice de tromperie, cette forme de classification binaire entre représentation et réalité bute rapidement contre certaines limites. Quand on y regarde de près, il apparaît en effet assez clairement que ce que nous considérons comme réel, comme la vérité même, est toujours déjà traversé d'idéalité et de formes imaginaires portées par quelque communauté humaine. L'imagination peut être fabulatoire, productrice d'illusions et trompeuse. Mais sa fonction ne se réduit pas à ces possibles. L'imagination est aussi schématisante, productrice et génératrice d'idées, douée de véridicité.

Ainsi dans le domaine des sciences : pour cerner certaines dimensions du réel qui nous entourent, nos connaissances scientifiques les plus poussées ne peuvent se passer de modèles théoriques, ni de recourir à des idées abstraites qui n'ont jamais été observées comme des faits bruts dans la nature, telle une probabilité, une courbe statistique ou un nombre en mathématique. Il est certain que certaines abstractions, certaines représentations des choses, concordent mieux avec notre expérience que d'autres, et que toutes les théories au service de la recherche scientifique nées du concert de l'imagination et de l'intelligence humaine n'ont pas la même valeur épistémique. Il n'empêche que même en science, notre accès au réel est médiatisé par des représentations, des structures idéales ou des objets non matériels mais hautement signifiants, nés du concert de l'imagination et de l'intelligence humaines. Aucun discours scientifique n'échappe à certaines conceptions du réel, toujours susceptibles d'être contestées ou modifiées, au travers desquels nous interprétons les événements du monde, ou en découvrons de nouveaux.

De même, s'il ne pourrait y avoir de sciences sans imagination, production indéfinie de théories et représentations du monde, l'imagination tient également un rôle essentiel dans le champ social, institutionnel et politique, comme l'ont souligné entre autres, au cours du 20ème siècle, des philosophes majeurs comme John Searle, Paul Ricœur ou encore Cornelius Castoriadis.

Dans *The construction of social reality*[2], John Searle, pose ainsi la question suivante : comment expliquer qu'il puisse exister dans un monde fait de champs de force et d'entités physiques, dont certaines s'organisent en êtres vivants, des réalités telles que des États, de l'argent ou tribunaux de justice ? Searle soutient que la réponse est à chercher dans nos capacités cognitives de partager des intentions collectives, et d'accorder une existence à des objets immatériels, des représentations imaginaires ou des symboles abstraits, que nous instituons et reconnaissons comme structurants (telle l'idée de justice, par exemple) dans notre existence sociale. Searle distingue donc la réalité physique, en tant qu'elle est étudiée par les sciences naturelles, de la réalité sociale objective, telle qu'elle est instituée par l'homme. Les États, les personnes morales, tout système de règle juridique, culturel, moral ou religieux, l'argent, etc., toutes entités socialement construites qui structurent et organisent nos rapports humains, présupposent ainsi une capacité humaine de produire des imaginaires collectifs, de les transmettre, de les partager et d'attribuer à certains d'entre eux des propriétés instituantes de formes d'organisation sociale, juridique ou politique, qui n'existeraient pas sans les pouvoirs humains de l'imagination (employés par l'intelligence collective).

---

[2] J. Searle, *The Construction of Social Reality*, London, Allen Lane, The Penguin Press, 1995.

On retrouve des analyses analogues chez d'autres philosophes comme Cornelius Castoriadis ou Paul Ricœur. Pour Castoriadis[3], toute société humaine est une forme d'institution imaginaire, un produit de l'imagination collective de ses membres. Castoriadis y voit même une différence majeure par rapport aux sociétés animales : « *[...] le monde humain, écrit [...] Castoriadis, est caractérisé dès le départ par quelque chose qui crée un abîme avec la naturalité et l'animalité [...], c'est-à-dire l'apparition chez les humains de l'imaginaire aussi bien au niveau de l'être humain singulier (imagination) qu'au niveau social (imaginaire social ou imaginaire instituant)*[4] ». L'imagination participe de la constitution de toute réalité sociale. Moyen terme et opérateur de liaison entre signifiants et signifiés, elle apparaît pour Castoriadis au fondement de toute réalité symbolique.

La question de l'imaginaire social dans l'œuvre de Paul Ricœur, se construit pour sa part au décours de ses travaux sur l'idéologie et l'utopie. Dans son ouvrage du même nom, *L'idéologie et l'utopie*, Ricœur souligne comme Castoriadis que les imaginaires ne s'ajoutent pas à des réalités humaines qui les précéderaient, mais qu'ils participent de la constitution de ces réalités elles-mêmes. Autrement, il n'y aurait « *aucun moyen, écrit Ricœur, de comprendre comment nous vivons, faisons des choses et projetons ces activités dans des idées, pas de moyen de comprendre comment la réalité peut devenir une idée ou comment la vie réelle peut produire des illusions : elles ne seront toutes que des événements mystiques et incompréhensibles* »[5].

Ceci étant dit, comme en sciences, tous les imaginaires ne se valent épistémologiquement pas dans le monde social. Castoriadis et Ricœur ne sont pas dupes, à cet égard : les imaginaires sociaux peuvent être pervertis par des intérêts étrangers au bien commun ; ils peuvent être mobilisés et manipulés pour masquer certaines réalités, ou travestir le sens de certains vécus collectifs. Bien qu'étant constitutifs de toute vie en société, ils peuvent être en eux-mêmes (et non seulement du seul fait de leur instrumentalisation) générateurs de souffrances sociales, de méprises et d'injustice. Ils peuvent encore s'avérer incohérents, voire dévastateurs, quand les événements d'une époque ou d'une situation donnée soulignent

---

[3] C. Castoriadis, *L'Institution imaginaire de la société*, Paris, Seuil, 1975.

[4] C. Castoriadis, *Sujet et vérité dans le monde social-historique. Séminaires 1986-1987. La création humaine I*, Paris, Seuil, 1996, p. 20.

[5] P. Ricœur, *L'idéologie et l'utopie*, Paris, Seuil, 1997, p. 25-26.

leur inadéquation et appellent des changements de systèmes de règles, de modèles ou de visions du monde.

Bref, tant pour Ricœur que pour Castoriadis, les imaginaires sociaux et leurs usages ne sont pas immunisés de toute critique dans l'ordre de la science, ou de toute évaluation normative au plan éthique. La confrontation des imaginaires à l'extériorité (un monde de faits naturels et de faits sociaux, d'événements historiques, de relations causales, etc.), au débat critique et à l'intersubjectivité, apparaît donc essentielle pour juger de leur valeur de vérité.

Ainsi en est-il des imaginaires qui traversent les expériences collectives de la pandémie de COVID-19, et qui influencent le sens que nous attribuons aux technologies pour lutter contre l'expansion du virus. Si ces imaginaires sont pluriels et donnent (ou ont pu donner) sens, chacun dans leur registre, aux événements et aux expériences vécues pendant la pandémie, tous ne se valent pas d'un point de vue épistémique. C'est un point que nous argumenterons avec notre prochaine section, consacrée aux imaginaires de la crise pandémique et à leur impact sur nos représentations et évaluations des technologies de traçage numériques.

3. Les imaginaires de la crise pandémique

a) L'imaginaire des grandes épidémies meurtrières

La pandémie de COVID-19 est volontiers rattachée à l'histoire des grandes épidémies passées, pour trois raisons au moins. La première d'entre elles tient à son origine virale. Dans l'imaginaire collectif, les virus sont depuis toujours réputés nuisibles, résistants aux antibiotiques, imprévisibles, sources de variabilité génétique et d'évolutivité imprédictible. Leur comportement, à la frontière du vivant et du non-vivant, en fait des êtres ambivalents, hybrides, inquiétants, générateurs de fantasmes et d'angoisses sociales. La pandémie de COVID-19 partage à ce titre un même champ de significations avec d'autres maladies virales, à l'origine d'épidémies particulièrement meurtrières (grippe espagnole, grippe de Hong Kong, sida, variole, Ebola...). Les grands médias constituent dans ce registre de puissantes caisses de résonance, en focalisant l'attention publique sur les effets les plus rares, dramatiques ou impressionnants, de la pandémie. Quel que soit son niveau de gravité, les vagues successives de transmission virale contribuent à nourrir cet imaginaire, renforcé par la difficulté de les prévenir et de les endiguer.

Devant l'impuissance des technologies et des mesures à constituer à elles seules des barrières suffisantes contre la pandémie, celle-ci requiert par ailleurs des réactions de santé publique similaires aux politiques de lutte contre les grandes épidémies passées, qu'elles soient d'origine virale ou bactérienne : prise en charge spécifique des cas mis à jour, mises en quarantaine, mesures de prévention des infections, surveillance et recherche des contacts, traçage manuel des chaînes de propagation, mobilisation des laboratoires, conscientisation sociale aux gestes barrière, confinement populationnel, réorganisation des territoires en fonction de la stratégie de santé publique, etc. Cette similarité dans la réaction collective constitue une deuxième raison favorisant l'association de l'épidémie de COVID-19 à l'imaginaire des grandes épidémies passées.

La troisième raison de ce rapprochement tient au nombre des victimes de la pandémie de COVID-19 à l'échelle planétaire (4,4 millions en août 2021). Dès les débuts de l'expansion pandémique de COVID-19 en 2020 sur le continent européen, l'ouvrage *La peste* d'Albert Camus s'est rapidement trouvé en rupture de stock, et les références aux crises épidémiques meurtrières (peste, choléra, sida, Ebola, grippe espagnole...) qui nous ont marqués ces derniers siècles, se sont multipliées dans de nombreux articles et médias. Le nombre des victimes de SARS-COV-2 (nom du virus à l'origine de la COVID-19) à l'échelle planétaire est pourtant loin d'être comparable à la létalité des épidémies passées, qui partagent pour point commun d'être responsables de la disparition de pans entiers de populations. À titre d'exemple, au XIVème siècle, l'épidémie de peste noire en Europe emporte avec elle plus de 50 millions de vies, dont 25 sur le continent européen. À l'époque, 33 % de la population européenne disparaît en quelques années (1347-1351). Au XXème siècle, entre 1918 et 1919, l'Institut Pasteur[6] estime que la grippe espagnole causa entre 20 et 50 millions de décès. Quant au virus Ebola apparu ces dernières décennies, s'il est moins contagieux que SARS-COV-2, l'OMS[7] estime son taux de mortalité à environ 50 % (oscillant en général entre 25 et 90 % selon les régions recensées de l'épidémie), quand le taux de

---

[6] https://www.pasteur.fr/fr/centre-medical/fiches-maladies/grippe (consulté le 18 juin 2021)

[7] https://www.who.int/fr/news-room/fact-sheets/detail/ebola-virus-disease (consulté le 18 juin 2021)

létalité réel de la COVID-19 reste évalué aujourd'hui dans la littérature entre 0,5 et 3 %[8], l'OMS l'estimant pour sa part entre 0,5 et 1 %[9].

Sans en sous-estimer l'ampleur, ces quelques chiffres permettent de situer la létalité et la gravité de la pandémie de COVID-19 par rapport à d'autres épidémies passées, plus meurtrières. Son inscription dans l'histoire et la continuité des vagues épidémiques des décennies et siècles passés, permet de l'associer à un même foyer d'inquiétude sociale, et de justifier des mesures de santé publique analogues à celles que mirent en œuvre les générations passées face aux pathogènes transmissibles.

Cette inscription dans un imaginaire et une mémoire collective des épidémies passées, captivants et traumatiques, offre une clé d'intelligibilité, parmi bien d'autres nécessaires, de la réaction et des politiques des États face à la pandémie de COVID-19. On peut en effet s'interroger raisonnablement sur les différences en termes de perception d'urgence, de moyens et d'intensité, des actions et des mesures politiques prises ces dernières décennies pour endiguer d'autres causes bien connues de mortalité et d'infections létales à l'échelle nationale et planétaire (tabac, alcool, pollution de l'air en zones urbaines, pollutions des terres et des cultures, mauvaise alimentation et obésité...). Entre 2000 et 2019, le nombre annuel de décès dus aux affections respiratoires habituelles fut pourtant d'environ 5 à 6 millions à l'échelle mondiale. Les 10 principales sources de décès annuels d'origine pathologique dans le monde se situèrent toutes au-dessus de 1,5 million. Les plus létales d'entre elles atteignirent entre 9,5 et 10 millions de décès annuels[10]. Quant aux cancers et aux maladies cardiovasculaires, ils emportent avec eux respectivement 9,6[11] et 17,7 millions de victimes chaque année[12].

On ne peut comprendre, au regard de ces données, la réactivité fulgurante et l'ampleur des politiques de santé publique des États face à la pandémie de COVID-19, qu'en tenant compte (parmi d'autres facteurs

---

[8] https://theconversation.com/coronavirus-deux-mois-plus-tard-que-sait-on-du-taux-de-letalite-du-COVID-19-133584 (consulté le 13 juin 2021)

[9] https://apps.who.int/iris/bitstream/handle/10665/333842/WHO-2019-nCoV-Sci_Brief-Mortality-2020.1-fre.pdf (consulté le 3 juillet 2021)

[10] https://www.who.int/fr/news-room/fact-sheets/detail/the-top-10-causes-of-death (consulté le 3 juillet 2021)

[11] https://gco.iarc.fr/today/home (consulté le 3 juillet 2021)

[12] https://www.who.int/fr/news-room/fact-sheets/detail/cardiovascular-diseases-(cvds) (consulté le 3 juillet 2021)

explicatifs que nous n'analysons pas ici[13]), de son inscription dans un imaginaire qui légitime un type d'action publique réactif, rapide, et totalisant (affectant l'ensemble d'une société civile) : l'imaginaire des épidémies meurtrières.

Par rapport aux technologies de traçage numériques, l'imaginaire des grandes épidémies n'y réfère pas naturellement, du moins en Occident. Les technologies numériques sont absentes de cet imaginaire qui s'est constitué essentiellement en des époques pour la plupart vierges de moyens numériques de lutte contre les maladies.

Remobilisé par la pandémie de COVID-19, cet imaginaire n'est donc pas naturellement prédisposé à intégrer la signification de ces nouvelles technologies dans le registre des représentations qu'il véhicule. Ne pouvant se prévaloir de références historiques, la pauvreté du *curriculum vitae* de ces nouvelles technologies dans la lutte contre les grandes épidémies en Occident, leur confère par conséquent toute la charge de la preuve, et laisse planer un certain scepticisme *a priori* quant à leur compétence en la matière. Tant que des technologies de traçage numérique n'auront pas démontré leur efficacité réelle en matière de lutte épidémique (démonstration qui n'a pas encore été produite à ce jour), les attentes sociales à leur égard resteront caractérisées par la prudence, et la demande d'une preuve d'efficacité réelle.

b) L'imaginaire de la guerre

La crise pandémique a fait aussi réémerger les souvenirs des périodes de privation et de lutte en temps de guerre. Des hommes politiques de

---

[13] Parmi ces facteurs souvent évoqués, on peut souligner, entre autres, le souci pragmatique des États d'éviter l'étouffement du système hospitalier face à un afflux imprévu de malades dans les services de soins ; à l'origine de ce souci, le sous-financement chronique des institutions de santé depuis de nombreuses années ; le risque élevé d'une condamnation pour inactivisme des gouvernements par leur population face à l'émergence d'une nouvelle maladie d'origine virale, non assignable à de multiples facteurs collectifs (alimentation, modes de vie, tabac, économie carbonée, alcool…). A contrario, bien des causes de mortalité pathologique à l'échelle nationale ou internationale sont multifactorielles, difficiles à objectiver, ou impliquent une remise en question profonde des modes de vie des sociétés industrialisées. D'autres causes de létalité, comme l'alcool ou le tabac, font encore partie d'habitudes culturelles ou de politiques économiques (systèmes de taxation) profondément ancrées dans les populations et les États. La COVID-19 et son origine virale simple ne se rattachent pas à ces systèmes de dépendance socioculturels et économiques. Ils n'y contribuent pas, au contraire.

premier plan ont volontairement rapproché les deux situations, lors du premier confinement (mars 2020), pour renforcer l'unité nationale face à la COVID-19. Ainsi, le 16 mars 2020, lors d'une allocution solennelle, Emmanuel Macron annonçait aux Français que des mesures de confinement étaient nécessaires pour freiner la propagation de COVID-19, et déclarait : « Nous sommes en guerre »[14]. Le 8 mai 2020, jour anniversaire de la capitulation de l'Allemagne nazie, ce fut à Boris Johnson, Premier ministre britannique, de recourir au champ sémantique de la guerre. Dans une lettre publique adressée aux vétérans, il comparait la pandémie de coronavirus au « nouveau combat » qu'il s'agissait de mener avec « le même esprit d'effort national » que 75 ans plus tôt[15].

La convocation du vocabulaire martial et de l'imaginaire de la guerre s'appuie sur des similitudes indéniables entre les deux situations, en particulier à ses débuts et dans les périodes des confinements nationaux : l'état d'urgence, l'appel à l'unité nationale, la mobilisation des services de santé, la convocation de l'armée, la sollicitation de toutes les forces vives, le contrôle des mouvements de population (contrôle policier, suivi par les technologies), la course aux denrées de survie (pâtes, riz, lait, farine...), la fermeture des frontières, les réquisitions de matériel par la puissance publique, les mesures d'économie de guerre (réorientation et nationalisation de certaines activités du privé aux fins de la lutte contre COVID-19), etc. Le scénario de la crise pandémique ressemble, à bien des égards, à un état d'exception que l'on peut retrouver déployé en temps de guerre, avec des mesures contraignantes qui touchent l'ensemble d'un pays.

La tendance à recourir au vocabulaire de la guerre face à une pandémie est encore renforcée par l'usage bien connu de la métaphore dans le langage médical, comme le rappelle Bernadette Bensaude-Vincent, philosophe et historienne des sciences : « *La métaphore guerrière est depuis longtemps à l'honneur dans le monde médical. [...] Cette conception de la maladie présuppose une nette distinction entre [...] le soi et le non-soi qui s'applique de manière privilégiée au système immunitaire. D'où les descriptions très pédagogiques des défenses immunitaires comme une armée de soldats en lutte pour résister aux*

[14] https://www.lemonde.fr/politique/article/2020/03/17/nous-sommes-en-guerre-face-au-coronavirus-emmanuel-macron-sonne-la-mobilisation-generale_6033338_823448.html (consulté le 18 avril 2021)

[15] https://www.dailymail.co.uk/news/article-8298921/Boris-Johnson-praises-WWII-veterans-letter-mark-VE-Day-coronavirus-crisis.html (consulté le 18 avril 2021)

attaques de microbes. La médecine du XXe siècle, marquée par la découverte [...] des antibiotiques est l'âge d'or de cette médecine guerrière qui culmine avec le fameux slogan de "war on cancer" lancé par Richard Nixon en 1971.[16] »

Si l'usage courant du vocabulaire guerrier en médecine ainsi que les ressemblances entre le temps de la guerre et le temps de la pandémie de COVID-19 rendent possibles certaines comparaisons, le rapprochement voire la confusion entre les deux situations, ont inévitablement fait de l'imaginaire de la guerre un cadre d'interprétation où la technologie ne saurait être uniquement perçue comme un moyen de défense ou d'attaque contre un ennemi extérieur (le virus). Dans l'imaginaire de la guerre, la technologie est aussi au service du contrôle populationnel, du renseignement interne, du savoir et du pouvoir des uns sur les autres. C'est un instrument de canalisation des forces vives et de propagande au service des buts de la nation (déterminés par l'État). C'est un moyen de guerre en vue du maintien de l'unité nationale, un outil de prévention contre les risques insurrectionnels, une arme qu'un pays peut retourner contre lui-même (guerre civile) ou contre ses ennemis invisibles (guerres asymétriques). Le recours au vocabulaire guerrier est ainsi à double tranchant, car il importe avec lui, dans la situation actuelle, ses propres représentations de la technologie, non seulement comme arsenal et outil de guerre, mais aussi comme moyen de contrôle politico-idéologique des populations.

Mais sommes-nous réellement en guerre contre la COVID-19 ? Il s'agit bien sûr d'une métaphore. Cependant, nos métaphores structurent nos réalités, comme l'ont mis largement en évidence dans la seconde moitié du XXe siècle, tant la philosophie du langage que les sciences cognitives[17]. Un imaginaire, une métaphore, sont performatifs, ils conditionnent nos pouvoirs d'agir et de faire. « Dis-moi quel est ton langage, je te dirai dans quel monde tu vis. »

La métaphore guerrière est typiquement moderne et stabilisante – pour ne pas dire conservatrice –, elle conduit à voir la nature comme un ennemi et la cause première des maux (ce qui est une façon d'esquiver la

---

[16] B. Bensaude-Vincent, *Guerre et paix avec le coronavirus*, https://www.terrestres.org/2020/04/30/guerre-et-paix-avec-le-coronavirus/ (consultée le 28 janvier 2021)

[17] Voir à ce propos l'ouvrage fondationnel de J. L. Austin, *How to Do Things with Words*. Oxford : Clarendon Press, 1962. Voir aussi G. Lakoff, M. Johnson, *Metaphors we live by*, Chicago : University of Chicago Press, 1980.

responsabilité humaine), elle confère à l'État des prérogatives de temps de guerre, elle conduit à considérer la technologie comme une arme, la surveillance comme un moyen de contrôle. Il ne s'agit donc pas uniquement de pédagogie, ou d'une « façon de parler » sans incidence. La parole crée ce dont elle parle. Dire, c'est faire ! Recourir à l'imaginaire de la guerre, même comme une métaphore, pour caractériser nos relations à un virus, à une pandémie, aux moyens techniques pour y faire face, conditionne un type de rapport au réel, des pensées particulières et des émotions spécifiques au détriment d'autres cadres de référence et de vécus possibles. Une métaphore fonctionne par ailleurs comme un filtre au travers duquel la réalité nous apparaît sous un certain point de vue. La perspective n'est jamais que partielle mais, si l'on n'y prend garde, la métaphore devient totalisante : à travers le langage, les images et les symboles qu'elle met à disposition, l'imaginaire qu'elle sollicite façonne à ce point nos perceptions et nos actions que nous le prenons pour la réalité même.

Ainsi, le référentiel de la guerre mobilise une métaphore classique et puissante. Mais n'existe-t-il pas d'alternative(s) à l'imaginaire de la guerre pour penser nos attitudes face à SARS-COV-2 ? Jusqu'à quel point la métaphore de la guerre est-elle légitime et quels sont les points aveugles qu'elle nous masque par l'éclat de son apparente évidence ? Quel(s) imaginaire(s) alternatif(s) nous empêche-t-elle de solliciter ? En nous inscrivant dans un paradigme de conflictualité, de quelles relations aux autres et à la nature nous détourne-t-elle ? Enfin, ne nous prive-t-elle pas dans la crise actuelle d'une relation moins martiale, moins polémique, plus pacifique et apaisée aux technologies ? Un imaginaire technologique différent du registre de l'arme de guerre ou de l'outil de contrôle et de propagande ne serait-il pas envisageable, voire préférable face à un enjeu de santé publique ? Les mêmes questions pourraient se poser dans l'usage de la métaphore guerrière pour « parler » des rapports économiques entre les acteurs d'un marché : sont-ils en guerre ? Les concurrents sont-ils des ennemis ? Doit-il toujours y avoir des « gagnants » et des « perdants » ? Une économie « démilitarisée », nourrie d'un autre imaginaire structurant et d'un autre registre métaphorique, pourrait ouvrir la voie à de nouveaux échanges et possibilités.

c) L'imaginaire d'une (ré)conciliation avec la nature

Nombre de publications sollicitent un autre imaginaire comme cadre de signification de la crise actuelle. Dans *Politique de l'amphibiose : la guerre contre les virus n'aura pas lieu*[18], Charlotte Brives, anthropologue des sciences et de la santé, chercheuse au CNRS, souligne que l'histoire de l'immunologie et de l'épidémiologie sont chargées en références guerrières. Elle fait cependant remarquer que ces métaphores sont largement anthropomorphiques : elles projettent des traits humains sur des réalités qui n'en sont pas. La métaphore de la guerre attribue à des types d'êtres situés à des niveaux de réalité (microscopique) infiniment différents du nôtre un statut d'« ennemi extérieur », une « stratégie guerrière », des « intentions belliqueuses ». Or, le concept d'« ennemi » présuppose l'existence d'une intention malveillante. Si les virus sont engagés dans des relations profondément intimes avec les humains qui peuvent, dans certaines conditions, mettre leurs vies en péril, leur prêter une conscience (belliqueuse) et des intentions (guerrières) n'engage que ceux qui font ce pas.

Or, un tel pas n'est pas nécessaire. Il l'est d'autant moins que nos relations effectives avec les virus en général sont moins belliqueuses et manichéennes (opposition bien/mal) que ne le laisse paraître la métaphore de la guerre. De même que nous découvrons depuis quelques années que nous sommes largement le résultat d'interactions multimillénaires avec des populations de bactéries qui peuplent notre organisme (intestins, peau, poumons...), de même, Charlotte Brives souligne que nos organismes sont constitués d'un nombre considérable de virus[19] qui remplissent parfois (comme les virus bactériophages[20]) des rôles essentiels au bon fonctionnement de l'organisme[21]. Les virus ne nous sont donc pas « extérieurs ». Un organe aussi crucial pour la reproduction de la vie humaine que le placenta nécessite par exemple la production de syncytines. Or ces protéines sont codées par des gènes qui se sont intégrés dans l'ADN des ancêtres des mammifères à la suite d'infections virales[22].

---

[18] https://www.lemediatv.fr/articles/2020/politiques-de-lamphibiose-la-guerre-contre-les-virus-naura-pas-lieu-ACcrS8oIQsOuLQmmvfx2aQ (consulté le 20 mai 2021)

[19] « *Nous avalons plus d'un milliard de virus chaque fois que nous allons nager* », Carl Zimmer, biologiste (https://www.ouest-france.fr/sciences/sante-rarement-dangereux-les-virus-sont-partout-6785498, consulté le 21 mai 2021)

[20] Voir A. Sulakvelidze, Z. Alavidze et J. Glenn Morris, « *Bacteriophage Therapy* », Antimicrobial Agents and Chemotherapy, vol. 45, n° 3, mars 2001, p. 649–659.

[21] Voir S. Biacchesi, C. Chevalier, M. Galloux, C. Langevin, R. Le Goffic et M. Brémont, *Les virus : Ennemis ou alliés* ?, Versailles, Quæ, coll. « Enjeux Sciences », 2017.

[22] A. Dupressoir, C. Vernochet, F. Harper, J. Guegan, P. Dessen, G. Pierron, T. Heidmann, « *A pair of co-opted retroviral envelope syncytin genes is required for formation of the two-layered murine placental syncytiotrophoblast* », Proc. Natl Acad. Sci. USA 108, E1164–E1173 (doi:10.1073/pnas. 1112304108) ; Chuong EB (2018) The

En communiquant des brins de leur ADN à leurs organismes hôtes, certains virus ont ainsi joué, et jouent encore aujourd'hui, des fonctions essentielles dans l'évolution des espèces. Plus largement, une portion non négligeable de l'ADN humain s'est formée en empruntant certains de ses constituants à des virus. En s'adaptant à leur présence, en parvenant à contrôler dans certains cas leur pathogénicité, notre organisme a pu les mettre au service de ses fonctions vitales. Que faire de la métaphore guerrière sous cette perspective ?

Face au risque vital que SARS-COV-2 peut constituer dans certaines circonstances (liées à l'âge, à l'état de santé, à certains facteurs de prédisposition génétiques ou épigénétiques, socioéconomiques et géographiques, etc.), de nouvelles métaphores peuvent s'allier aux mesures mises en œuvre dans les pays touchés par la pandémie. Les stratégies des gestes barrières et des mesures de distanciation sociale, face à la pandémie, restées essentielles depuis les débuts de la pandémie, et jusqu'à aujourd'hui, ne ressemblent d'ailleurs pas tellement à des actes de guerre, mais à des gestes de diplomatie et de prudence : limiter l'exposition au virus, réduire les échanges, se confiner, rechercher la distance qui sécurise, archiver ses contacts, communiquer sur les chaînes de propagation pour les endiguer, porter son masque, etc.

Nous ne sommes pas là dans l'art de la guerre, mais dans celui de la cohabitation, du voisinage, du contournement, de la juste distance, de la prévenance... Les campagnes de vaccination ne seront pas elles-mêmes synonymes d'une élimination du virus, mais d'une maîtrise accrue pour les humains d'une cohabitation moins risquée avec le virus. Comme le souligne Charlotte Brives : *« Il incombe aux humains d'adapter leur organisation, c'est-à-dire la politique, au caractère de leurs relations avec les micro-organismes – relations changeantes, parfois pathogéniques, parfois non, selon des conditions qu'il faut comprendre. Depuis la découverte de la variolisation et du principe de la vaccination jusqu'aux stratégies actuelles pour gérer la pandémie du VIH, le problème est moins de lutter contre un ennemi invisible que d'apprendre à vivre, à devenir avec des entités biologiques qui ont leur mode d'existence propre. » [...]*[23]

---

placenta goes viral: Retroviruses control gene expression in pregnancy. PLoS Biol 16(10) : e3000028).

[23] https://www.lemediatv.fr/articles/2020/politiques-de-lamphibiose-la-guerre-contre-les-virus-naura-pas-lieu-ACcrS8oIQsOuLQmmvfx2aQ (consulté le 25 mai 2021).

L'imaginaire de la guerre laisse ici la place à un appel à revisiter nos relations avec la nature. De nombreuses publications d'anthropologues, de philosophes et historiens des sciences, voient en effet dans la crise pandémique une démonstration de plus en faveur de la nécessité d'une écologie politique réellement ambitieuse. Dans cette perspective, l'imaginaire de la guerre, les actions et les relations concrètes qu'il conditionne, sont précisément ce dont il s'agit de se défaire au profit d'une nouvelle alliance entre les humains, avec les autres êtres et la nature. Ce dessaisissement de l'attitude et de l'imaginaire guerriers apparaît d'autant plus nécessaire qu'une fois levé le voile obscurcissant de la métaphore qui rend l'ennemi (le virus) « coupable » de tous les maux, la responsabilité de la crise pandémique se révèle en grande partie imputable à la victime elle-même (l'homme).

On a fait ainsi remarquer que « l'intensification de l'élevage industriel a démultiplié les risques de contamination, en plaçant des animaux consommés de façon intensive entre les réservoirs sauvages et humains »[24]. On a souligné la rapidité avec laquelle SARS-COV-2 s'est répandu sur la planète grâce à la globalisation des échanges économiques. Le fait est bien documenté aujourd'hui, que la toute grande majorité des victimes du COVID-19 y est prédisposée par des états de santé dégradés (maladies chroniques, affections respiratoires, obésité, tabagisme...) en raison des habitudes de vies, des inégalités socioéconomiques et des pollutions industrielles, bref de causes antécédentes de morbidités générées, en grande partie, par l'activité humaine.

De ce point de vue, la cause première des victimes du COVID-19 n'est pas SARS-COV-2, ce sont les humains[25] ou, pour être précis, les formes humaines d'organisation, de production, de consommation et de répartition des ressources qui se sont constituées ces derniers siècles dans l'irrespect du droit humain fondamental à la santé[26], des écosystèmes naturels, des barrières entre les espèces, etc.

---

[24] https://laviedesidees.fr/La-lecon-anthropologique-des-chauves-souris.html (consultée le 25 mai 2021)

[25] L'agent pathogène dont la virulence modifie les conditions d'existence de tous, « ce n'est pas du tout le virus, ce sont les humains » (B. Latour, https://www.lemonde.fr/idees/article/2020/03/25/la-crise-sanitaire-incite-a-se-preparer-a-la-mutation-climatique_6034312_3232.html, consultée le 28 mai 2021)

[26] https://www.who.int/governance/eb/who_constitution_fr.pdf (consultée le 2 juin 2021)

Que l'humanité prenne conscience de sa responsabilité dans la crise actuelle est ainsi la première étape que les tenants d'une nouvelle alliance avec la nature appellent de leurs vœux. La seconde étape qui s'en suit suppose, à l'instar de la responsabilité humaine dans le réchauffement climatique et l'effondrement de la diversité du vivant, une transformation profonde des organisations sociales, économiques et politiques à l'échelle internationale. La métaphore d'une (ré)conciliation avec la nature, en se substituant à celle de la guerre, de la compétition ou de la lutte pour l'existence (paradigmes de base de l'économie classique et du *darwinisme social*), ouvre le champ des possibles à des actions en vue de réduire les nuisances industrielles, revoir les théories et les fonctionnements économiques, réduire les inégalités sociales, restaurer et refinancer les systèmes de santé, bref réaligner les formes de vie sur une hiérarchisation des valeurs plus respectueuse des humains et de la nature.

Si les applications de traçage numérique mises en œuvre pendant la pandémie pour accompagner la sortie de crise COVID-19 ne s'inscrivent pas spontanément dans l'imaginaire d'une nouvelle alliance avec la nature, et ne sont pas directement conçues dans une visée de réduction de l'impact environnemental mais dans un but de prévention des risques de dissémination virale, de protection et d'aide à la reprise des activités sociales, économiques et culturelles, ces applications et technologies gagneraient certainement en sens et en durabilité à intégrer dans leur *design* l'éco-conception et la sobriété numériques au cœur de leur projet.

En s'insérant dans un processus plus large de transition énergétique et environnementale, ces technologies seraient d'emblée conditionnées par la nécessaire mise en œuvre d'un travail interdisciplinaire préalable à leur mise sur le marché, avec toutes les parties prenantes d'un écosystème. En mobilisant l'imaginaire et les ressources d'une approche plus écologique, elles pourraient aussi promouvoir une vision de l'outil technologique moins fondée sur la métaphore guerrière (combat contre la nature, contrôle populationnel, renseignement et propagande), mais plus en phase avec un idéal de coopération multipartite. L'innovation technologique en matière de traçage s'inscrirait dans une volonté partagée d'œuvrer à un développement sociétal global, plus conscient et respectueux des conditions de cohabitation, d'équilibre et de santé de tout un écosystème naturel, composé de micro- (virus, bactéries...) et macro-organismes (humains et autres animaux).

d) L'imaginaire des sociétés de surveillance

S'il est difficile aujourd'hui de sous-estimer l'influence croissante de la métaphore de la (ré)conciliation avec la nature dans le contexte actuel du réchauffement climatique et de la reconnaissance de l'impact géologique de l'action humaine (Anthropocène), un autre imaginaire impacte, dans la crise actuelle, sans doute plus directement et plus fortement que le précédent, la réception sociale des propositions technologiques, en particulier dans le domaine du traçage numérique : l'imaginaire des sociétés de surveillance.

L'horizon imaginaire d'une (ré)conciliation avec la nature offrait la possibilité de ne pas concevoir uniquement les technologies de traçage numériques sous l'angle d'un soupçon d'incompétence a priori ou d'un défaut d'expérience (imaginaire des grandes épidémies passées), ou sous la perspective de l'arme de guerre, de la propagande et du renseignement (imaginaire de la guerre), mais comme des outils (plus ou moins verts et durables) de cohabitation et de protection (relative) en présence d'un agent non humain de passage. L'imaginaire des sociétés de la surveillance éveille quant à lui des préoccupations moins écologiques mais beaucoup plus sociales, juridico-éthiques, historiques et politiques.

Dès l'apparition des premières propositions d'accompagnement numérique de la sortie de crise, de très nombreuses personnalités du monde académique et de la société civile ont pris part au débat public pour mettre en garde contre la menace que constituerait tout projet technologique de traçage numérique des mouvements de population pour les principes démocratiques, l'État de droit et les libertés fondamentales. Cette réaction procède d'une inquiétude et d'une attitude de veille, historiquement et culturellement liées profondément à l'histoire des démocraties occidentales et aux traumatismes du siècle dernier, eux-mêmes liés à la subversion totalitaire de plusieurs pays démocratiques en Europe.

À la suite de ces événements, une partie non négligeable de la philosophie de la seconde moitié du 20ème siècle s'est attachée à mettre en garde contre les risques de nouvelles dérives totalitaires des sociétés occidentales, caractérisées dans leurs formes les plus courantes par un accroissement et une concentration disproportionnés du pouvoir exécutif, de contrôle et de surveillance des individus que tendraient à s'accorder les gouvernants. Quantité de chercheurs, essayistes, journalistes et analystes de l'actualité, recourent ainsi au filtre de l'imaginaire des sociétés de surveillance pour interpréter nombre d'événements politiques et de faits de société survenus ces dernières décennies comme autant de traces, au sein des États de droit, de velléités totalitaires, antidémocratiques et liberticides : création de zones permanentes de non-droit dans ou par des pays démocratiques (Guantanamo, camps de réfugiés politiques, climatiques...) ; surveillance de masses des citoyens à leur insu (écoutes de la NSA et affaire Snowden) ; poursuites pénales contre des lanceurs d'alerte souhaitant préserver l'État de droit de ses dérives antidémocratiques ; prolongements, plus que de raison, d'états d'urgence antiterroristes, normalisation d'ordonnances et de pouvoirs exécutifs temporairement légitimes en situation d'état d'exception mais non nécessaires, disproportionnés et susceptibles d'atteindre aux droits et libertés fondamentales dans le régime du droit commun, etc.

Dans un même registre de dénonciation, nombre d'observateurs de la société civile voient ainsi dans l'instauration de formes de surveillances technologiques permanentes des citoyens par les États, une extension à durée indéterminée, en régime de droit commun, de droits régaliens et d'états d'exception qui n'ont pourtant, en régime démocratique, de légitimité que temporaire, strictement contrôlée, et qui ne peuvent être justifiés qu'au regard d'une urgence de protection exceptionnelle, raisonnable et strictement temporaire de la population.

On doit à Carl Schmitt (1888-1985), juriste allemand à la pensée profonde et controversée, la théorisation du concept d'« état d'exception ». Dans ses travaux, Schmitt s'efforce, en théoricien du droit, de défendre la légitimité des États à déclarer dans certaines circonstances la mise en place d'états d'exception. Aucune norme juridique, selon Schmitt, ne peut régir un cas d'urgence extrême mettant en péril une société dans son fonctionnement courant (guerre, catastrophe naturelle, épidémie...). Car dans une situation totalement anormale, l'application continue de la loi par des voies administratives et judiciaires normales ne permet pas de mettre en œuvre les actions efficaces requises par la situation exceptionnelle. L'état d'exception est en ce sens, pour Schmitt, une disposition extra-légale que l'État peut solliciter au nom de sa souveraineté pour suspendre temporairement l'application de la Constitution quand l'ordre politique courant est menacé. Cette mesure permet de prendre des mesures extraordinaires, de passer outre l'avis du Parlement, de gouverner par ordonnances expresses, de suspendre des libertés publiques, de réduire l'espace de vie privée des citoyens, etc., pour un motif impérieux et temporaire, en vue de la protection de l'État et de sa population.

Dans sa trilogie *Homo Sacer* (1997-2003), Giorgio Agamben, philosophe italien influent, associe à cette analyse la thèse de Walter Benjamin publiée en 1942 dans son ouvrage *Sur le concept d'histoire*, pour qui « l'état d'exception dans lequel nous vivons est en vérité la règle ». Agamben fait remarquer que les décrets et la régularisation d'états successifs d'exception avaient effectivement permis au parti national-socialiste, dans l'Allemagne démocratique des années 1930, d'imposer pas à pas un régime totalitaire au nom de la menace que constituaient selon lui certaines populations. Si le totalitarisme nazi fut défait au sortir de la guerre, Agamben défend la thèse selon laquelle les démocraties libérales restent néanmoins engagées depuis plus d'un siècle dans un processus de normalisation des états d'exception et d'indiscernabilité croissante de ces derniers avec le régime du droit commun. Le philosophe italien soutient, autrement dit, que la subversion totalitaire de la démocratie allemande n'a pas été qu'un accident dramatique de l'histoire des démocraties occidentales. Le régime nazi aurait été une réalisation historique particulièrement radicale de la propension fondamentale des régimes démocratiques à tendre vers le totalitarisme par l'intégration, dans le droit commun, de pouvoirs non démocratiques qu'ils s'arrogent sous états d'exception. Lorsque ces états se succèdent, l'exception devient la règle.

La crise pandémique et la double légitimation par les États d'un état d'exception lié à l'urgence sanitaire et du recours à des technologies de traçage numérique des mouvements de population ou des individus, n'échappent pas au contexte imaginaire d'arrière-plan de la surveillance de masse qui voit, dans chacun de ces phénomènes, les signes d'une dérive totalitaire des démocraties occidentales. Dès l'apparition des premières propositions de traçage numérique des cas contacts, de nombreuses personnalités du monde académique et de la société civile ont pris part au débat public pour mettre en garde contre la menace que constituerait tout projet technologique de traçage numérique des mouvements de population pour les principes démocratiques, l'État de droit et les libertés fondamentales.

Notons que cette mise en garde, à l'instar de la théorie agambienne de la normalisation des états d'exception en régime démocratique, s'appuie sur un argument bien connu des bioéthiciens, des logiciens et des philosophes : l'argument de la pente glissante. L'argument de la pente glissante est un type de raisonnement qui postule qu'à partir d'une prémisse donnée (l'offre et la diffusion d'applications de traçage dans une population), s'en suit un enchaînement de propositions (événements, processus politiques) entraînant une conclusion moralement indésirable (le remplacement d'un État démocratique par un État autoritaire ou totalitaire, par exemple). Cet argument peut être tout à fait fondé (quand sa fonction est, par exemple, de mettre en garde contre une dérive possible, ou de souligner un risque), mais il peut être aussi suspecté de sophisme, ou nourrir des raisonnements de nature conspirationniste ou complotiste, lorsqu'il manque de modération en substituant la nécessité à la possibilité (par exemple, en négligeant la force des médiations sociales et institutionnelles à même d'empêcher la conversion d'un État démocratique en État totalitaire).

En permettant le recours à des applications de traçage numérique pour le suivi des cas contacts pendant la pandémie de COVID-19, la crainte de dérives liberticides de la part des États ou des entreprises est compréhensible, au regard des drames historiques (totalitarismes du XXe siècle) et des scandales (écoutes de la CIA, Cambridge Analytica, etc.) que la perspective d'un tel recours réactive dans la mémoire collective. Mais la raison exige de situer cette crainte et d'en pondérer la signification pour ne pas sous-estimer la force des mécanismes institutionnels (éthiques, juridiques et politiques) de protection des droits et libertés fondamentales qui se sont mis en place depuis l'expérience traumatique des deux dernières guerres mondiales.

En réaction aux totalitarismes du 20ème siècle en Europe, nos démocraties se sont en effet dotées de solides outils de contrôle démocratique pour se protéger des dérives idéologiques toujours possibles qui pourraient pervertir leur nature.

Autrement dit, si le risque de résurgence de politiques liberticides et irrespectueuses des droits et de la vie privée des personnes n'est jamais nul en démocratie (comme nous le rappellent un certain nombre d'affaires et de revendications nationalistes ces dernières décennies), l'exercice d'une surveillance numérique renforcée en régime d'exception, qu'elle relève de l'État ou du secteur privé, ne signifie pas ipso facto que nous ayons renoncé à l'État de droit, à nos valeurs démocratiques et ouvert la porte à toutes les dérives. Négliger la société civile et ses moyens sociaux et politiques de lutte pour la préservation des droits, est un sophisme culturel qui obère le fait qu'un ensemble de dispositifs démocratiques, institutionnellement robustes, permettent aujourd'hui de prévenir, de combattre ou de réduire sérieusement (parfois seulement *a posteriori*, malheureusement), les risques de mésusage d'une technologie comme le traçage numérique : cadres juridiques et éthiques stricts, mises à jour et adaptation des régulations, contrôles externes, procédures de décentralisation et d'anonymisation robustes des données, vigilance de la société civile, veille associative et journalistique, évaluation continue par les usagers, etc. Le nouveau Règlement de l'IA proposé par la Commission européenne, publié en avril 2021, renforce d'ailleurs ces moyens, en les inscrivant dans un cadre juridique robuste.

Notons enfin que l'argument de la pente glissante, dans sa version « conspirationniste » ou « sophistique », opère par ailleurs une réduction du sens de la surveillance (et de ses moyens). Lorsqu'elle est en effet convenablement encadrée (elle-même contrôlée) et qu'elle poursuit des finalités respectueuses des personnes et de l'intérêt général, la surveillance n'est en effet pas toujours « menaçante » ni « mauvaise ».

Nous reviendrons plus loin sur ce point mais remarquons déjà qu'en soi, une technologie de suivi numérique des individus ne conduit pas ipso facto à l'autoritarisme ou au totalitarisme. Combien de personnes en danger, coincées en montagne ou perdues dans un environnement méconnu, ne sont-elles pas secourues chaque année grâce au bornage téléphonique ou à l'activation du GPS de leur smartphone ? Combien de crimes de diverses natures n'ont-ils pu être déjoués grâce au renseignement numérique ? Le bornage numérique via géolocalisation offre des garanties de protection et de secours sans équivalent dans l'Histoire.

Dans un autre registre, sous certaines conditions prévues par la loi, les possibilités médicales de suivi à distance des patients et de leurs paramètres physiologiques offrent également des perspectives thérapeutiques qui sont source de grandes espérances dans le champ de la médecine personnalisée. Les outils numériques donnent à de très nombreux sportifs la possibilité de mesurer leurs performances en temps réels, de les partager et comparer avec une communauté, de programmer des entraînements de course adaptés, d'évaluer leur progression sur la base d'indicateurs bio et physiologiques de plus en plus précis. Dans le domaine du marketing, le profilage numérique permet aussi de proposer aux individus, avec leur consentement (RGPD), des services et des produits plus personnalisés, mieux adaptés à leur situation et leur parcours de vie. À l'échelle d'une ville, le suivi numérique anonymisé des mouvements de population, offre la possibilité d'optimiser l'organisation des infrastructures en fonction de l'analyse des déplacements de foules, du trafic routier, etc.Mais il est vrai que le suivi des individus par des moyens numériques comporte aussi de nombreux risques et dérives possibles : perte de l'intimité et de la vie privée, divulgation des données personnelles, utilisation non éthique de données sensibles à son insu, commercialisation des données de santé, vol de données, piratage des outils numériques, stigmatisation de certaines catégories de population, abus de pouvoir des autorités publiques...

Au regard des différents exemples qui viennent d'être énumérés, il apparaît toutefois qu'il n'existe pas de lien de consécution *nécessaire* qui destinerait d'emblée des technologies numériques (de mesures physiologiques, de profilage individuel, de tracking ou bornage GPS, de traçage des contacts...) à un avenir néfaste pour une société démocratique. Celles-ci sont capables du meilleur comme du pire et seul un encadrement politique, législatif et éthique, soucieux de la protection des valeurs démocratiques et des libertés fondamentales, peut constituer une protection efficace contre les risques de leur mésusage, afin que leurs inconvénients soient minimisés et leurs bénéfices maximisés. Or, pour garantir une orientation et un usage bénéfiques du traçage numérique pour les individus et le public, nous avons besoin d'un contrat social explicite, c'est-à-dire d'un cadre éthique et juridique du numérique qui puisse garantir une confiance, et l'effectivité de ses conditions, pour toutes les parties de la société civile.

À la différence de l'imaginaire – plutôt dystopique – des sociétés de surveillance, c'est à ce type de contrat social que s'associe un autre imaginaire de la crise pandémique, l'imaginaire du soin.

e) L'imaginaire du soin

L'innovation technologique, la numérisphère et l'intelligence artificielle ne sont pas – sauf aliénation – des fins en soi mais des moyens au service de la réalisation des fins humaines. Si celles-ci sont en général très diverses, parfois conflictuelles, la pandémie de COVID-19 fait figure d'un englobant. Elle définit une situation à risque spécifique qui concerne le vécu de tout un chacun dans sa vie courante. Pour reprendre un concept proposé par Marcel Mauss dans son *Essai sur le don*, la pandémie nous met en présence d'un « fait social total » qui affecte l'ensemble de la société et de ses institutions, et inspire à toutes et tous une même visée ou « orientation » partagée. De quelle nature est-elle ?

De nombreux imaginaires, nous l'avons souligné, se rencontrent dans la crise pandémique. Certains de ces référentiels peuvent paraître plus adéquats que d'autres. Mais la visée qui mobilise actuellement la grande majorité des énergies et espoirs des citoyens demeure néanmoins d'une autre nature. Car, en situation pandémique, nous ne sommes pas réellement en guerre, confrontés à un enjeu de défense où l'ennemi est extérieur à la nation ou met en danger la stabilité de l'État. Nous ne sommes pas non plus dans un état d'urgence antiterroriste, face à un enjeu de sécurité où l'ennemi est identifiable à certaines catégories spécifiques de la population, ou à certains profils. Nous sommes plutôt dans une situation où chacun est potentiellement un risque et un soutien pour autrui, où chacun est appelé à la responsabilité pour soi et pour autrui.

Bien que la pandémie ait favorisé un contexte où certaines dérives en matière d'infraction à la vie privée et à l'anonymat des données personnelles ont pu être observées, la situation pandémique dans laquelle nous nous trouvons n'est pas non plus le symptôme ou le produit de pratiques de surveillance qui donneraient raison à leur imaginaire correspondant. Nous ne sommes pas non plus, comme dans l'imaginaire écologique, mobilisés en première ligne par des pourparlers avec la nature en vue d'une nouvelle alliance. Les inquiétudes des populations sont plutôt liées à l'expansion d'un virus et la réaction pathologique qu'il suscite à l'échelle mondiale, avec ses multiples effets sociaux, économiques, politiques.... La pandémie de COVID-19 ne saurait être non plus univoquement assimilée aux grandes épidémies meurtrières de peste ou de grippe espagnole, qui ont décimé des pans entiers de populations à leurs époques respectives, ni au taux de mortalité que constitue, par exemple, le virus Ebola (quoique moins susceptible d'atteindre l'échelle d'une pandémie). Cependant, la crise actuelle appartient pourtant à une même classe de situations que ces derniers cas : nous sommes bien confrontés à un enjeu de santé publique qui met en risque la préservation d'un bien commun, la santé, que nous cherchons à préserver pour le plus grand nombre possible des citoyens, en particulier celles et ceux qui sont les plus exposés aux morbidités de la COVID-19. Confrontés à un tel enjeu, un tel « fait social total », nous ne sommes pas en guerre, nous sommes *en care, et en besoin de care* avant tout autre imaginaire mobilisable.

Le référentiel du *care*, manifesté notamment par les dessins de millions d'enfants accrochés aux fenêtres des maisons pendant le premier confinement en 2020 (souvent accompagnés de l'inscription : « Prenez soin de vous et des autres »), n'est pas réductible à l'univers médical et son acception clinique. Mais ces derniers en font bien évidemment partie et occupent dans la gestion de la pandémie un rôle essentiel. La première image que nous conserverons en effet des confinements traversés sera celle des hôpitaux et des soignants mobilisés parfois aux limites de leurs capacités, pour accueillir les malades touchés par des formes sévères de COVID-19. C'est la possibilité que le système hospitalier parvienne à saturation, face à la croissance estimée, hors intervention de l'État, du nombre des hospitalisations, qui a d'ailleurs poussé les autorités à opter pour un confinement des populations dans de nombreux pays à l'échelle internationale.

La situation prolongée du confinement et le risque épidémique ont mis en évidence à la fois la valeur inestimable de nos services de santé, de nos soignantes et soignants, mais ils ont aussi révélé à quel point ces services souffraient depuis de nombreuses années de politiques publiques successives de réduction de leurs financements, de leurs moyens et de leurs infrastructures.

Toutefois, cette prise de conscience de la profonde exposition de nos sociétés au risque épidémique et leur dépendance aux structures de santé n'est qu'un reflet d'une prise de conscience beaucoup plus large qui s'est opérée dans l'expérience des confinements : tout un chacun a pu y faire l'expérience que la continuation de sa vie et de ses échanges (à distance) avec autrui, dépend d'un ensemble d'acteurs en général invisibles et peu valorisés socioéconomiquement dans nos sociétés : manutentionnaires, caissières et caissiers, transporteurs, factrices et facteurs, techniciennes et techniciens de surface, agentes et agents de nettoyage, agricultrices et agriculteurs, gestionnaires de réseaux, etc. Les inégalités de traitement (salaires, conditions de travail, etc.) et l'exposition aux risques de santé entre ces métiers du *care* et ceux qui, en général, furent confinés ou sont les plus valorisés en société n'en sont aussi apparues que plus criantes.

Aux antipodes du fantasme néolibéral du « self made man », nous avons pris conscience que nos vies dépendaient fondamentalement de l'engagement et du courage quotidien de nombreux concitoyens qui œuvrent silencieusement, avec une constance remarquable, au maintien des conditions matérielles de base de nos vies fondamentalement vulnérables. Pourquoi de telles activités sont-elles si peu reconnues et valorisées dans nos sociétés démocratiques, quand elles sont si importantes et essentielles à la tenue de notre monde ? Les expériences des confinements n'ont rendu que plus visibles et choquantes que jamais de telles inégalités, quand le confort et la qualité de vie manifeste des uns (transgressant parfois les mesures d'exception pour rejoindre leur résidence secondaire en bord de mer ou en campagne) contrastaient avec l'insalubrité des bâtiments, la promiscuité et la pauvreté des conditions de survie d'autres vies confinées. Ces mêmes qui se seront levées chaque matin pour assurer les approvisionnements et la sécurité matérielle nécessaires de toutes nos vies.

Ce constat des interdépendances et vulnérabilités partagées dans la crise pandémique a rendu encore plus artificielles qu'elles ne l'étaient déjà, les conceptions modernes de l'individu « auto-entrepreneur » de sa vie : individu abstrait, isolé de ses réseaux de dépendances et des millions d'actes de soins de diverses natures (parentale, éducative, sociale...) dont tout un chacun bénéficie au cours de sa vie pour s'épanouir, développer ses capacités, s'affirmer comme sujet et constituer à son tour un soutien pour d'autres sujets.

Une attention renouvelée aux activités du soin dans nos vies nous montre en effet que ces dernières y sont omniprésentes, et que la réussite socioéconomique des uns n'est une réalité que parce que d'autres en assurent les conditions invisibles. Sans agentes et agents de ménage, de nettoyage, sans soutien aux tâches de secrétariat et d'administration, sans suivi de santé, sans support logistique, sans éboueuses et éboueurs, sans personnels engagés dans l'entretien des espaces urbains, des moyens de consommation, de production et de communication, sans nourritures sociales et affectives (familles, amis...), etc., le mythe de l'individu « auto-suffisant » s'écroulerait. Car c'est bien d'une magistrale fiction dont il s'agit ici...

En réalité, il n'existe pas d'être humain qui ne soit continument dépendant au cours de sa vie d'un réseau d'attentions et d'actes de soins de multiples natures qui rendent son style et son mode de vie possibles en société. Les réussites « individuelles » ne sont que la partie visible d'un iceberg de gestes de soins immergés dans un océan d'oubli... Entendons-nous bien : l'imaginaire du soin (thématisé notamment dans les éthiques du *care*) ne remet pas en question des valeurs libérales comme l'autonomie, la liberté d'entreprendre, le mérite par l'effort individuel, le refus du naturalisme (déterminismes de classe, reproductions sociales...), etc. Il conduit plutôt à considérer que ces valeurs ne peuvent être appréhendées correctement indépendamment des relations innombrables de soins qui rendent possibles l'autodétermination, l'entreprise, l'endurance dans l'épreuve, les changements de trajectoires personnelles et sociales...

Autrement dit, il ne peut exister de personnification de l'héroïsme (néo)libéral sans activités du soin telles que, grâce aux tâches des uns, d'autres voient leur temps libéré pour se consacrer à des activités économiques rentables, s'approprient des parts de marché, tirent bénéfice de la croissance et n'en partagent au final que peu avec les acteurs les plus visibles du soin qui soutiennent l'infrastructure globale au sein de laquelle s'épanouit leur réussite (ce qui soulève, bien sûr, une question fondamentale de justice sociale, le soin et la justice étant éminemment liés comme nous l'abordons plus loin.).

Une conséquence immédiate s'en suit des développements qui précèdent : en nous rappelant notre vulnérabilité et notre interdépendance fondamentales, l'imaginaire du soin sollicite, au cœur de la pandémie, une conception du soin irréductible au seul soin médical. Une telle opération de réduction opposerait en effet le soin aux autres activités humaines, comme si celles-ci n'étaient en rien concernées par lui. Or, le soin médical n'est en réalité qu'une des nombreuses expressions d'une visée de soin bien plus large.

Par « soin », il convient en effet d'entendre originairement tout ce que nous faisons pour rendre notre « monde » habitable, monde qui comprend nos corps, nos environnements sociaux, culturels et techniques, nos relations avec la nature, de telle sorte que nous puissions y vivre, nous épanouir et nous ouvrir autant que possible à toutes nos potentialités[27]. Le soin est en ce sens tout autant une visée qu'un ensemble de dispositions subjectives et de pratiques particulières dont l'œuvre est de soutenir, entretenir, protéger, permettre l'épanouissement d'un monde humain. Comme le souligne Frédéric Worms, philosophe, « *C'est [donc] d'abord nos vies [...] que nous [mutilerions], si nous y [réduisions] le sens de l'idée de soin, si nous en [faisions] seulement un secours urgent et en quelque sorte négatif (aussi nécessaire soit-il), sans y voir ce qu'il est toujours aussi (et qui n'est pas moins nécessaire), à savoir : une relation entre les hommes, subjective et même créatrice de subjectivité (sans laquelle nous ne serions pas des individus), une relation morale, mais aussi sociale et donc déjà politique, un rapport au monde et même un souci du monde, naturel aussi bien que culturel, écologique aussi bien que politique.*[28] »

---

[27] Cette définition s'inspire d'une proposition de J. Tronto, dans son ouvrage *Un monde vulnérable*, Paris, La découverte, 2009.

[28] F. Worms, *Soin et politique*, Paris, PUF, 2012, p. 5.

Il suit de cette conception générale du soin et de son irréductibilité au soin médical, que la santé, dont une éthique du soin se préoccupe, ne saurait non plus être comprise à partir de sa définition strictement biomédicale. Le sens de la définition de la santé de l'OMS s'inscrit dans cet esprit : « La santé est un état de complet bien-être physique, mental et social [qui] ne consiste pas seulement en une absence de maladie ou d'infirmité ». La santé s'entend bien ici dans un sens plus large que la seule survie biologique des corps. Elle ne subordonne pas les destinées humaines au maintien à l'équilibre de leurs paramètres physiologiques. Vivre en santé au sens biomédical du terme est certes un bien auquel tout un chacun tient particulièrement. Mais il s'agit aussi d'un moyen qui permet à l'homme d'accomplir son existence.

Car s'il est un fait que la santé du corps contribue à celle de l'esprit, l'esprit ne se réduit pas à la vie d'un corps. Nous ne vivons pas pour la survie de notre corps, même si cette survie nous est essentielle pour vivre humainement. Cette remarque doit prémunir contre toute mécompréhension du sens d'une politique du soin, et de toute politique de santé publique qui s'en inspire. On ne peut en effet confondre une politique du soin avec une biopolitique des corps qui ne se soucierait que de sécurité « survivaliste », de préservation biologique et de gestion sécuritaire des corps, au détriment des besoins d'épanouissement sociaux, psychologiques, économiques, culturels de tout être humain en société. Si la biopolitique prend pour norme la pérennité biologique des corps, la norme d'une politique du soin doit rester le fait de vivre humainement (et pas seulement biologiquement).

Un état d'urgence sanitaire prolongé en raison d'un risque épidémique persévérant ne peut donc pas imposer aux individus des mesures exceptionnelles (confinement, pass sanitaire, obligation vaccinale, etc.) de façon indéfinie, qui mettraient gravement en danger les fondements de leur épanouissement à moyen ou long terme, à moins de prévoir des aménagements nécessaires qui compenseraient ce risque.

En même temps, si la vie en santé, au sens humain du terme, implique des prises de risques (de santé, au sens biologique) qui sont l'expression de la liberté et de la destinée des sujets, il n'en reste pas moins que l'art d'une politique du soin ne peut faire l'économie de la dimension collective de la santé publique, et de l'échelle populationnelle où celle-ci se situe. Toute politique du soin digne de ce nom s'érige ici au cœur d'une tension, dans les compromis qu'un État doit sans cesse trouver entre le respect des droits individuels à l'autonomie, à la vie privée, à la liberté d'entreprise et de mouvement des citoyens, et la nécessité, à des fins de santé publique, de développer des politiques incitatives, limitatives ou d'influence, respectueuses des principes de non-malfaisance, de bienfaisance, de proportionnalité, de nécessité et de justice.

Comme dans le cas de la pandémie actuelle, des comportements particuliers peuvent exposer à des risques déraisonnables certaines catégories de populations plus vulnérables face à la COVID-19 (personnes à risques en raison de l'âge, de comorbidités, d'immunodépression, etc.). Dans le but d'en protéger le plus grand nombre, toute politique du soin doit donc prendre acte des vulnérabilités et des interdépendances fondamentales qui lient entre eux les individus d'une population. Elle doit ensuite mesurer avec précaution les enjeux démocratiques et de santé publique auxquels exposent les différentes options en présence face aux risques avérés, et privilégier laquelle des orientations offre, sur une période définie, le meilleur équilibre entre la protection des sujets les plus vulnérables et la préservation des droits, des libertés et de l'égalité entre les individus. Un tel compromis impose d'éviter toute mesure exceptionnellement attentatoire aux libertés qui apparaîtrait, à l'analyse, irrespectueuse des principes de non-malfaisance, de bienfaisance, de nécessité, de proportionnalité et de justice. C'est à la condition de cette exigence d'équilibre et d'exemplarité éthique qui s'imposent à l'État de droit que des technologies numériques de traçage peuvent, sous de strictes conditions, constituer des outils employables d'une solution globale privilégiée.

Un second obstacle à une juste compréhension du soin et de son imaginaire social repose sur le préjugé que la politique et la justice n'ont rien à voir avec le soin[29]. Parce que le soin est avant tout une forme de souci de soi, des autres, des institutions et de la nature, qui opère à travers un grand nombre de dispositions et de pratiques à tous les niveaux et dans toutes les dimensions de la vie en société, il est évident que le soin a une vocation politique et que la politique doit s'en soucier.

S'il est une œuvre politique par excellence, comme y insiste le philosophe Frédéric Worms, c'est en effet celle qui consiste, une fois reconnue son importance, à prendre soin du soin, c'est-à-dire à soutenir, par des politiques appropriées, le soutien et l'attention que les hommes se vouent les uns aux autres, dans toutes les dimensions de leur vie. Un tel

---

[29] Nos réflexions sur ce sujet s'appuient sur les ouvertures de Frédéric Worms à ce sujet, dans *Soin et Politique*, Paris, PUF, 2012.

souci politique pour le soin est fondamental car ce dernier recouvre un ensemble d'intentions et d'activités constructives dont toute société a besoin pour donner une assise durable à ses développements sociaux, économiques, culturels, etc. Mais l'importance politique du soin se manifeste encore dans le soin politique. Car le soin n'est pas seulement un soutien à l'épanouissement des vies, il est aussi la condition de leur survie.

Prendre soin, c'est en effet aussi prévenir, veiller à ce que les besoins nécessaires à la vie (nourriture, eau...), soient bien assurés pour que toute vie puisse s'épanouir dans une vie sociale et politique. Nous retrouvons là une condition fondamentale du contrat social et de la naissance de l'État de droit : garantir les conditions matérielles de la vie de ses sujets. C'est bien là une tâche du politique et le sens politique originaire de l'idée de « surveillance ». Avant d'être détournée de ses fins premières par les totalitarismes du siècle dernier, la surveillance s'est en effet instituée au sens moderne du terme entre les XVIe et XIXe siècles.

Dans ses travaux, Michel Foucault fait remarquer que ce n'est pas un hasard si l'apparition du terme dans la langue française concorde avec la naissance de l'État de droit[30]. « Surveiller » s'est forgé au XVIe siècle à partir du verbe « veiller » qui signifie « rester en éveil (pour intervenir en cas de besoin) », « rester vigilant », et du préfixe « sur » qui indique l'excès ou la supériorité. L'usage du verbe s'est ensuite généralisé au XVIIIe et XIXe siècle, donnant naissance au mot « surveillance ». Or, dans la tradition contractualiste (théories du contrat social) qui fonde nos démocraties libérales, la surveillance constitue au sens positif du terme (*veiller sur*), un moyen légitime d'assurer l'ordre public et un devoir confié aux États qui se doivent de veiller sur leurs citoyens, au sens prévenant et attentif du terme : garantir aux citoyens leur protection et les meilleures conditions possibles d'exercice de leurs droits et libertés fondamentales.

Bref, contrairement au préjugé qui ne voit pas de soin dans une politique de « surveillance » ou de politique dans le soin, aucune politique à visage humain ne peut en réalité faire l'économie de la considération du soin ni limiter le soin à l'une de ses formes particulières (médicale par exemple) sans manquer à sa tâche d'organiser et soutenir l'ensemble des moyens qui permettent aux êtres humains d'accomplir leur humanité. Frédéric Worms y voit même là, la condition d'un renouvellement

---

[30] Voir M. Foucault, *Surveiller et punir*, Gallimard, 1975.

politique : « *La politique [...] doit aujourd'hui s'orienter par rapport au soin, pris dans toute sa diversité, pour [...] retrouver un sens nouveau [...]. S'orienter par rapport au soin, cela ne signifie donc pas seulement répartir des secours, nécessaires et vitaux, mais s'orienter par rapport aux relations entre les individus, au soutien, public, à leur apporter [...] par l'institution des principes qui font que la justice participe du soin, puisque les droits et libertés mais aussi l'égalité et la solidarité, y compris dans des épreuves collectives, donc directement politiques (telles les catastrophes), sont une dimension à part entière du soin* [31] »

L'appel, dans ces lignes, au développement d'une politique qui se soucie du soin et puisse, peut-être, y trouver comme un nouveau souffle, rejoint aussi le besoin de justice qui s'exprime dans les populations, face aux risques de nouvelles situations d'inégalités et de discriminations que la gouvernance de la crise pourrait créer, notamment en recourant à certaines technologies de traçage dans une situation d'urgence et d'impréparation démocratique. Cette demande de précaution, face aux risques d'atteintes aux droits, n'est en effet pas étrangère au soin. Car contrairement au préjugé qui consiste à enclore le soin dans le registre de l'émotion et de la compassion pour lui opposer les œuvres d'une rationalité juridique dénuée de sentiments, le souci pour la justice est une forme de soin pour les relations humaines. Nous ne dirions pas en effet d'un État injuste, délibérément générateur d'inégalités et indifférent aux discriminations, qu'il prend soin de sa population. Avec Frédéric Worms, nous pouvons soutenir que tout se passe au contraire comme s'il existait un lien intime entre le soin et le respect de la justice, la lutte contre les inégalités et les discriminations.

Nous pourrions en dire autant du respect des droits et des libertés, de l'égalité et de la solidarité : nous n'imaginons pas de pratiques de soin dignes de ce nom, cohérentes, qui ne partageraient pas ces valeurs constitutives de toute visée de soin. Ainsi, de même qu'il n'y a pas de politique du soin sans soin du politique, de même, on ne peut dire qu'il puisse y avoir de politique du soin sans soin pour la justice ni sans justice du soin. De telles exigences appellent un soin du politique et une politique du soin (par exemple de santé publique) à même de refuser toute aliénation du soin par les formes d'une rationalité instrumentale subordonnée à des objectifs de profits, de marchandisation économique et de capitalisation de la santé.

---

[31] F. Worms, *Soin et Politique*, op. cit., pp. 8-9.

Au-delà de la période particulière qui fut celle des confinements successifs et de la mise en place des stratégies de santé publique (distanciation sociale, gestes barrières, port du masque, etc.) nécessaires pour éviter l'effondrement des systèmes de santé de nombreux pays, l'imaginaire du soin dans la situation présente et les aspirations sociales qu'il porte, soulève ainsi plus que jamais la question d'une authentique politique du soin et des conditions d'une société véritablement plus juste.

Il est indéniable que cet imaginaire s'appuie sur une structure d'utopie-projet, inspiratrice d'aspirations sociales qui débordent la seule réalité empirique des faits, et qui orientent le regard vers un avenir souhaité meilleur pour les générations présentes et futures : comment construire les conditions d'un soin pour soi et pour autrui, pour nos relations professionnelles et privées, pour notre milieu de vie, pour la nature, qui puissent être plus en phase avec des besoins profonds rendus manifestes dans la crise traversée et plus urgents que jamais ?

De cet imaginaire du soin sourd un vaste espoir social : l'espoir que nous pourrons tirer les conclusions de la crise, et qu'une société plus respectueuse des droits humains, moins discriminante, plus juste et plus épanouissante pour tous, plus soucieuse aussi du respect de la nature, puisse naître comme un fruit de la pandémie traversée.

Le cynique et l'homme du désespoir ne verront peut-être dans cette forme d'utopie-projet que l'expression idéaliste, et suspecte, d'une fascination naïve pour un bien irréalisable. La nature humaine n'est-elle pas ce qu'elle est : limitée dans sa capacité d'atteindre quelque bien lointain qui exige des individus qu'ils transcendent durablement leur égoïsme archaïque ? L'observateur passionné des évolutions silencieuses constatera pour sa part qu'un certain nombre de modifications des attentes sociales pendant la période pandémique acquiert néanmoins un surcroît d'intelligibilité à l'aune de l'imaginaire du soin, notamment en matière d'éthique du (traçage) numérique.

4. Conclusion : vers un changement de paradigme en éthique du numérique ?

Confrontés avant tout à un enjeu immédiat de santé publique, nous ne sommes pas en guerre ni en besoin de surveillance massive, nous sommes, avons-nous souligné, *en besoin de care* avant tout autre registre imaginaire d'interprétation du réel, compatible ou complémentaire avec nos besoins dans la situation présente. Si l'état d'urgence sanitaire entretient des similitudes avec d'autres états d'exception dans les moyens sollicités, sa finalité est très différente et l'esprit des mesures doit l'être aussi. En prendre conscience est essentiel pour ne pas se tromper de discours, d'horizon imaginaire, de motifs de résistances, de critique et d'espérance par rapport à l'avenir.

Dans le cadre symbolique qu'il installe, l'imaginaire d'une société du soin rebat par exemple en profondeur les cartes dans la façon dont nous avons, en Occident, pris pour habitude de comprendre la notion de « surveillance ». En effet, la surveillance n'est pas d'emblée considérée négativement comme « menaçante » ou « mauvaise » dans l'imaginaire du soin, comme elle peut l'être dans l'imaginaire des sociétés du contrôle, mais comme un moyen de prévention contre certains risques. Surveiller, s'inscrit d'ailleurs étymologiquement, dès son apparition au XVIe siècle, en même temps que la naissance de l'État de droit, dans la sémantique du soin ; surveiller c'est veiller sur, protéger, mettre à l'abri du danger. La surveillance garantit un espace de sécurité. Au plan politique, l'État de droit se voit confier, dès sa création, la mission de surveiller, c'est-à-dire de garantir aux citoyens leur protection qui implique la préservation de la vie *et* le maintien des conditions possibles d'exercice des droits et des libertés fondamentales.

Cette proposition, comme tant d'autres, témoigne clairement d'un idéal social de solidarité et de coopération entre des sujets de droit d'une société démocratique représentée non pas comme une juxtaposition d'individus en conflits d'intérêts mais comme une communauté de soin dont les membres sont dépendants les uns des autres.

L'imaginaire du soin opère par ailleurs comme une utopie-projet qui appelle des modes d'organisation collective ainsi que des modalités de gouvernance qui diffèrent de types d'interactions et d'exercice asymétrique, autoritaires, voire totalitaires du pouvoir que symbolisent un imaginaire guerrier ou de type orwellien. Il ne peut en effet y avoir de société du soin sans l'inclusion et la participation de toutes ses parties prenantes dans la régulation de ses moyens et de sa gouvernance. Car tout réel souci de soi, des autres et du monde, présuppose toujours l'exercice d'un ensemble de compétences toujours particulières et maillées, souvent apprises d'expérience et adaptées aux enjeux de situations précises (parentales, sociales, éducatives, environnementales, culturelles...). Ces pratiques ne sauraient s'épanouir si les acteurs et les organisations qui les portent ne coopéraient et n'apprenaient pas constamment les uns des autres dans des boucles de renforcement et de feed-back continues.

Dans le cadre d'une politique du soin appliqué aux matières technologiques, la question de l'adéquation des imaginaires aux réalités vécues, de leur pertinence et de leur conséquence, devrait être aussi sérieusement interrogée. L'enjeu n'est pas d'abord celui de l'acceptabilité sociale ou éthique d'une technologie mais de la valeur de vérité des imaginaires qui sont privilégiés dans nos rapports aux technologies, en regard des défis qu'impose la réalité. Or, face à la nature de la crise actuelle, c'est bien l'imaginaire du soin – un soin d'ordre social, éducatif, politique, etc., à comprendre au sens large et non seulement biomédical - qui apparaît adéquat aux enjeux et à la réalité du défi historique auquel nous sommes confrontés.

Sous cette perspective, des technologies de traçage revêtent un sens bien différent de celui qu'elles reçoivent dans les imaginaires de la guerre ou des sociétés de surveillance, qui puisent aux registres métaphoriques et menaçants de l'ennemi qui s'infiltre, de la filature, de l'espionnage et du contrôle populationnel. Mais leur encadrement juridique et éthique demande en même temps d'être conçu et ajusté en conséquence, à la lumière des finalités et des idéaux d'une authentique politique du soin qui se soucie des personnes, de leurs droits et libertés, mais aussi de leur interdépendance fondamentale. En passant effectivement du registre de la compétition (modèle de la guerre, des luttes de pouvoir, de la surveillance orwellienne) à une société du soin marquée par l'interdépendance entre les personnes, les communautés, et l'accentuation de la responsabilité pour autrui, l'horizon imaginaire à partir duquel nous anticipons et traitons des normes juridico-éthiques des technologies numériques, change.

Avant la crise pandémique de COVID-19, la nature des risques du traçage numérique était essentiellement associée à la réduction de l'autonomie individuelle et de la vie privée, avec la crainte récurrente de voir advenir une société liberticide et totalitaire de la surveillance généralisée. Mais à l'anthropologie fictionnelle d'un sujet libéral autonome et indépendant, séparable, dans la jouissance de ses droits individuels, de ses semblables, l'horizon imaginaire d'une société fondée sur le soin substitue une conception de l'autonomie et une anthropologie relationnelles. En soulignant la vulnérabilité, l'interdépendance et le besoin de solidarité des membres d'une communauté de soin élargie à l'échelle sociétale, les enjeux de santé publique soulevés dans la crise pandémique invitent à associer aux concepts modernes d'individu et d'autonomie individuelle, un imaginaire anthropologique instituant beaucoup plus socialement la personne humaine, où l'interdépendance apparaît aussi axiologiquement essentielle, source de valeurs et de principes éthico-juridiques, que l'autonomie d'un sujet, laquelle n'est jamais strictement individuelle mais toujours d'emblée relationnelle.

Nous serions ainsi conduits, dans le champ de l'éthique du numérique, vers ce qu'« un nombre croissant de bioéthiciens et de chercheurs en sciences sociales, au cours de la dernière décennie, avaient déjà observé dans leurs champs respectifs et qualifié de "tournant relationnel", un changement de paradigme qui invite à dépasser les perspectives individualistes pour aller vers des perspectives plus relationnelles et collectives. »[32]

Ce changement de coordonnées anthropologiques s'est traduit ces derniers mois par des débats importants sur les limites des concepts d'autonomie individuelle et de vie privée en contexte de crise de santé publique. Sans renoncer à rappeler la nécessité de protéger l'autonomie, la vie privée et l'anonymat des individus, plusieurs initiatives émanant d'instituts indépendants, d'études universitaires, d'organismes nationaux ou d'associations internationales (OMS, UNESCO, Commission européenne...) ont vu le jour pendant la crise pandémique, pour proposer des cadres de régulations juridiques et éthiques des technologies, des données et du traçage numérique qui témoignent de la volonté de concilier les valeurs classiques de l'éthique du numérique d'avant la COVID-19 (marquée par une conception contractualiste classique du sujet libéral), avec une affirmation renouvelée de l'importance de principes et de valeurs sociales comme la justice, la non-discrimination, la solidarité, le respect pour le bien public, le partage et la constitution de bases de données publiques, la gouvernance participative, l'inclusion, le contrôle par la société civile des décisions politiques et leur évaluation par des instances indépendantes, etc.[33] C'est en ce sens par exemple que le

[32] A.S. Dove, S.E. Kelly and co., « *Beyond individualism : Is there a place for relational autonomy in clinical practice and research* », Clinical Ethics, 2017, Vol. 12(3), 150-165 (notre traduction). Voir aussi B. Jennings, *« Reconceptualizing autonomy: a relational turn in bioethics »*. Hastings Cent Rep 2016 ; 46 : 11–16 ; R. Chadwick, *"The communitarian turn : myth or reality ?"*, Camb Q Healthc Ethics 2011; 20: 546–553.

[33] Voir par exemple WHO, *Ethical considerations to guide the use of digital proximity tracking technologies for COVID-19 contact tracing*, https://apps.who.int/iris/rest/bitstreams/1278803/retrieve (consultée le 15 juillet 2021);

référentiel de bonnes pratiques proposé par l'OMS en juillet 2020 pour le traçage numérique, souligne l'importance d'inclure la société civile et toutes les parties concernées à toutes les étapes de conception, de mise en œuvre et d'évaluation des technologies.

Si on peut se réjouir de l'évolution en cours, elle demande néanmoins un soin, une attention et une vigilance particuliers de la part de la société civile, au risque de voir une intentionnalité collective animée par l'idéal du soin verser en son contraire, dans les excès d'une société de la surveillance généralisée et du déni de la personne humaine. En effet, si la transformation des coordonnées anthropologiques sous-jacentes à l'éthique du numérique et à son cadre juridique met particulièrement en lumière, sur son versant positif, l'importance de principes comme la justice, la non-discrimination, l'inclusion ou le droit à la participation (directe ou représentative) de la société civile dans l'évaluation des politiques publiques, en même temps, on ne peut ignorer le risque, sur son versant négatif, qu'une conception imaginaire excessivement sociale de l'individu ne conduise à quelque forme ou l'autre de tendance politique au collectivisme (et à ses dérives totalitaires éventuelles), avec le risque de perdre le sens du respect de la vie privée et de l'intégrité de la personne humaine, de son statut inaliénable de sujet de droit et de son irréductibilité au groupe. Or, la reconnaissance éthico-juridique de cette irréductibilité de la personne humaine constitue une des conditions de possibilité nécessaire à tout vivre-ensemble authentiquement démocratique.

CCNE, *Réflexions et points d'alerte sur les enjeux d'éthique du numérique en situation de crise sanitaire aigüe*, lien internet : https://www.ccne-ethique.fr/sites/default/files/publications/bulletin-1-ethique-du-numerique-covid19-2020-04-07.pdf (consultée le 17 juin 2021) ; CEST, *Les enjeux éthiques de l'utilisation d'une application mobile de traçage des contacts dans le cadre de la pandémie de COVID-19 au Québec*, lien internet : https://www.ethique.gouv.qc.ca/media/cikcgq3i/cest-app-tracage-2020.pdf (consultée le 16 juin 2021) ; AlgorithmWatch, *Automated decision-making systems and the fight against COVID-19*, lien internet : https://algorithmwatch.org/en/our-position-on-adms-and-the-fight-against-covid19/ (consultée le 19 juin 2021); Le CRE, *Les enjeux éthiques des applications anti-pandémie*, lien internet : http://www.lecre.umontreal.ca/les-enjeux-ethiques-des-applications-anti-pandemie/ (consultée le 23 juillet 2021) ; R. Ranisch, N. Nijsingh, A. Ballantyne, et. al., *Digital contact tracing and exposure notification: ethical guidance for trustworthy pandemic management,* Ethics and Information Technology, 2021, p. 1-10.; *G. Schaefer, O. Ballantyne, A. Ballantyne, Ethics of digital contact tracing wearables,* Journal of Medical Ethics, 2021, p. 1-5.; *S. Afroogh, A. Esmalian, A. Mostafavi, et al., Tracing app technology: An ethical review in the COVID-19 era and directions for post-COVID-19., ArXiv abs/2108.*12673, 2021.

Prenons un exemple pour illustrer ce risque : imaginons qu'une technologie de traçage de contacts[34] puisse contribuer en contexte pandémique à 1) sauver de nombreuses vies en limitant les risques de transmissions, 2) prévenir une quantité non négligeable de souffrance (moins de personnes malades car moins d'occasions d'infections) et 3) préserver la liberté de mouvement et le bien-être du plus grand nombre (en prémunissant de confinements généralisés). Au regard de ces bénéfices, la concession d'un certain niveau de partage des données personnelles au nom du bien commun, de la sécurité et de la solidarité, pourrait apparaître comme un moindre mal qu'il serait éthiquement légitime de souffrir (en renonçant à une portion somme toute limitée de notre vie privée). Mais en même temps, si les institutions et organes de contrôle démocratique chargés de l'évaluation de cette mesure quant à son caractère raisonnable faisaient défaut, une telle concession pourrait toujours, au nom de la sécurité et du bien public, s'exposer au risque de glisser sur la pente dangereuse d'une réduction croissante et durable des droits et des libertés individuelles ainsi que vers des normes culturelles de tolérance à l'ingérence des pouvoirs publics ou d'instances privées dans la vie des citoyens. Un tel processus nuirait au respect de la personne humaine et serait contraire à l'éthique libérale et démocratique qui prévaut en Occident dans nos systèmes culturels et juridiques.

Tout en ouvrant à des possibilités d'évolutions et d'enrichissements féconds, notamment en matière d'éthique et de droit du numérique à travers la socialisation du sujet de droit, la pandémie de COVID-19 plonge ainsi nos sociétés dans une situation de *vulnérabilité démocratique* qui peut exposer à de graves risques de glissements politiques (vers le paternalisme politique, l'autoritarisme, les atteintes illégitimes aux droits et libertés, voire un risque de dérive totalitaire, etc.).

Face à ces risques, une politique mobilisée par l'imaginaire du soin appelle à ce que les notions d'intelligence collective, d'entraide, de justice et de solidarité, de limitation des projets individuels au profit d'un bien commun, de concertation multipartite, de gouvernance et de participation inclusive, de partage des responsabilités et d'implication de la société

---

[34] Nous laissons de côté la question de l'efficacité, de la nécessité et de la proportionnalité des technologies du traçage numérique, que nous avons traitée ailleurs ; voir à ce sujet J.-L. Davet, D. Doat, M. R. Farley, et al., *Technology Governance in a Time of Crisis – Covid-19 Related Decision Support*, Human Technology Foundation, 2020 : http://optictechnology.org/images/files/Reports/3492155-OPTIC-PostCovid-Report_EN_FULL_compressed.pdf

civile dans l'évaluation des politiques publiques, ne restent pas à l'état d'idéaux ou de principes abstraits. Une telle situation pourrait en effet de conduire à l'aliénation de ces notions, si leur invocation demeurait strictement rhétorique et confinée à l'ordre du discours afin, par exemple, de rendre acceptables des mesures attentatoires aux droits et aux libertés individuelles.

Afin de prévenir toute subversion du sens des valeurs collectives, ces dernières doivent d'une part pouvoir être matériellement et organisationnellement traduites dans un système institutionnel démocratique, équilibré entre ses différents pouvoirs, contre-pouvoirs et organes indépendants issus de la société civile.

Il est tout aussi essentiel, d'autre part, que les droits et libertés des individus demeurent garantis et respectés au sein d'un tel système. Car une communauté démocratique mobilisée par l'imaginaire du soin, qui se pense réellement sous cet horizon, exige le respect des droits et des libertés individuels, lesquels constituent un rempart face au modèle des sociétés de la surveillance généralisée[35].

Cette exigence d'équilibre entre la perspective d'une ouverture du droit et de l'éthique du numérique à des principes répondant à des besoins collectifs de protection et de sécurité, de solidarité et d'entraide, et le respect des libertés individuelles et de la vie privée, suppose donc une évaluation régulière des concrétisations de cette exigence, un surcroît *institué* de démocratie participative et l'*entretien* d'un débat public, dans la mesure où l'articulation du bien commun et des biens individuels constitue un but particulièrement difficile à atteindre, qui peut toujours être susceptible de voir l'un de ses pôles en tension négligé. Une insistance exclusive sur les droits et libertés individuelles peut en effet desservir des objectifs de solidarité et de justice sociale légitimes. Mais, inversement, l'absolutisation du bien commun au nom du bien collectif peut conduire au paternalisme, à l'autoritarisme, au totalitarisme et au déni de la dignité de la personne humaine dans son unicité, sa vie privée et son intégrité physique.

Afin de mitiger ce risque en contexte pandémique, il est nécessaire que les sociétés démocratiques recourent à l'inventivité politique et

---

[35] Les droits et libertés individuelles ne pourraient être limités que dans les circonstances d'un péril gravissime, et moyennant des conditions strictes de nécessité, de temporalité, d'efficience et de proportionnalité soumises à un contrôle continu de la part des différents pouvoirs, mais aussi de la société civile (par la médiation d'organes de contrôle indépendants, pluralistes et pluridisciplinaires).

institutionnelle, de sorte que les états d'urgence récurrents (terroristes, pandémiques, écologiques un jour, etc.) qu'elles déclarent ne donnent raison à la théorie des « états d'exception » permanents de Carl Schmidt, thématisée plus récemment dans les travaux de Giorgio Agamben, et que l'idéal du soin, les valeurs de solidarité, de protection et de sécurité qui appartiennent à un tel idéal, ne soient pas détournés de leur sens profond (qui suppose le respect des droits et libertés) pour servir les desseins d'une société de la surveillance orwellienne. L'aliénation du soin en régime de surveillance n'est en effet jamais loin ; il suffit d'inverser l'ordre des moyens et des fins entre la santé publique et la biopolitique, la santé et la survie des corps, la liberté et la sécurité, pour qu'une société démocratique inspirée par l'imaginaire du soin, se mue en son contraire, ce qu'elle n'a pas vocation à devenir, à savoir une société fascinée par l'idéal d'une surveillance omniprésente et totalisante des vies humaines.

Il semble ainsi qu'entre les deux excès d'un système liberticide et collectiviste de data sharing à la chinoise, qui apparaît éloigné des principes et valeurs du projet démocratique, et une éthique du numérique antérieure à la crise pandémique, qui a été jusqu'ici surtout mobilisée et polarisée par la protection des droits individuels au détriment des devoirs de solidarité et d'entraide, le défi actuel des démocraties occidentales, et de l'Union européenne en particulier, est d'ouvrir la voie à une éthique, un droit et une gouvernance des technologies numériques qui puisse se révéler à même de tracer son propre chemin, en évitant les excès aporétiques de l'individualisme et du collectivisme. Y parviendrons-nous ? Les générations futures nous jugeront sur notre réponse à cette question.

COVID et libertés : quelques considérations[1]

Yves Poullet
Professeur associé, Université Catholique de Lille
Co-président du NaDI (Namur Digital Institute)
Membre de l'Académie Royale de Belgique

« *La liberté, ce bien qui fait jouir des autres biens* » (Montesquieu).

Introduction et plan

1. La pandémie nous joue des tours. Ce qui devait être un colloque post-COVID s'est transformé en une journée sur une actualité prégnante pour chacun de nous autour d'une interrogation fondamentale : survivrons-nous non à la maladie mais à ce manque de libertés qui décidément s'érige comme une loi nécessaire dans la lutte contre cet ennemi omniprésent dans nos journaux, sur nos réseaux sociaux et dans nos conversations ?

Aujourd'hui, il est temps de mesurer l'ampleur des dégâts faits à nos libertés. Les droits à l'éducation, au rassemblement, à l'exercice du culte, à la libre expression et à la libre entreprise, à la mobilité, à la vie privée se trouvent tous limités ou suspendus et, en tout cas, sacrifiés au « TOUT SANITAIRE ». Comme l'écrit Garadon, « *les mesures adoptées dans l'urgence s'apparentent à une immense prescription médicale généralisée à l'ensemble de la population, plus qu'à du droit.* ». Mieux, les rhétoriques du temps de guerre[2], de l'état de nécessité et de la défense

---

[1] Date de soumission du texte : 31 juillet 2021

[2] Nous faisons allusion notamment aux déclarations du président français, Emmanuel Macron, le 16 mars 2020, où il annonce aux Français que des mesures de confinement

de la Nation sont évoquées à l'appui de mesures qui se succèdent avec comme seul guide les chiffres... ceux d'hospitalisations pour des lits trop peu nombreux, ceux des morts qu'on n'aime pas compter, ceux de la vaccination qui se fait attendre.

Dans le même temps, m'inquiètent plus encore les risques que le déluge de mesures masque : celui d'un État de droit et d'une démocratie qui peu à peu s'évanouissent. Une résolution du Parlement européen[3] fait écho à l'inquiétude : « *Ces mesures ont une incidence sur la démocratie, l'état de droit et les droits fondamentaux étant donné qu'ils influent sur l'exercice des libertés et droits individuels, tels que la liberté de circulation, la liberté de réunion et d'association, la liberté d'expression et d'information, la liberté de religion, le droit à la vie de famille, le droit d'asile, le principe d'égalité et de non-discrimination, le droit à la vie privée et à la protection des données, le droit à l'éducation et le droit de travailler.* ». Nous voilà avertis mais la parole européenne, fût-elle celle de nos représentants élus, semble avoir des difficultés à se faire entendre de nos gouvernants, pressés d'agir sous la pression du public qui ne sait plus à quels saints se vouer et aime qu'un pouvoir fort le rassure.

2. Face à ces constats, nous n'avons pas voulu reprendre des réflexions déjà largement partagées[4] sur la question, certes importantes mais à tout

---

sont nécessaires pour freiner la propagation de la COVID-19, et où il déclare, sur un ton grave : « Nous sommes en guerre » ;
https://www.lemonde.fr/politique/article/2020/03/17/nous-sommes-en-guerre-face-au-coronavirus-emmanuel-macron-sonne-la-mobilisation
generale_6033338_823448.html ; consultée en dernier lieu le 20 octobre 2020.
En France, le fondement légal du confinement s'inspire de deux origines militaires, de sorte que la référence à la guerre est bien plus qu'une métaphore. Ainsi, le premier décret du 16 mars 2020 en appelait à la théorie des circonstances exceptionnelles, remontant à la Première Guerre mondiale.

[3] Résolution du Parlement européen du 13 novembre 2020 sur l'incidence des mesures relatives à la COVID-19 sur la démocratie, l'état de droit et les droits fondamentaux (2020/27/90(RSP), 13 novembre 2020, P9-TA(2020)0307. La Résolution s'appuie notamment sur la communication de la Commission du 30 septembre 2020 intitulée « Rapport 2020 sur l'état de droit - La situation de l'état de droit dans l'Union Européenne » (COM(2020)0580) et les 27 chapitres par pays qui l'accompagnent sur l'état de droit dans les États membres (SWD(2020)0300-0326), qui traitent de l'incidence des mesures relatives à la COVID-19 prises par les États membres sur la démocratie, l'état de droit et les droits fondamentaux.

[4] Nous renvoyons à ce propos aux études déjà publiées : Y. Poullet, *« Pandémie, Numérique et droits de l'homme – un étrange cocktail »*, JDE, 2020/6, n° 270, pp. 246 à 263 ; S. Parsa et Y. Poullet, *« Les droits fondamentaux à l'épreuve du confinement et du*

prendre limitées, celles du droit à la protection des données face à la multiplication des traitements créés en ces temps de COVID. Sans doute, nombre de mesures se sont traduites par la création de bases de données, par l'utilisation des technologies du numérique pour tracer, traquer la maladie et donc les individus porteurs ou susceptibles de porter le virus et c'est sans doute à propos de ces mesures que les débats se sont les plus focalisés avec une belle résistance, celle en particulier menée par les autorités de protection des données, garantes de la protection de nos données[5]. Nous y ferons largement allusion mais notre propos ici est plus large.

Il s'agit d'abord, sur base d'un panorama des libertés atteintes, de s'interroger : les mesures proposées sont-elles de simples limitations de nos libertés ou s'agit-il plus radicalement d'une suspension voire d'une atteinte à l'essence même de celles-ci ? La distinction est importante lorsqu'on se réfère à ce fameux article 52 de la charte européenne des droits fondamentaux. Ne fallait-il pas trouver ailleurs le fondement de ce qui apparaît être une mise entre parenthèses de ces libertés et, dès lors, suggérer une autre manière d'aborder la question de la base de légitimité de ces mesures ? Ce sera l'objet du chapitre I. Le chapitre II décline, dans un premier point, ce qui constitue les principes mêmes de toute intervention limitant ou restreignant nos libertés, à savoir la légitimité et la proportionnalité de telles mesures dans un état démocratique soumis à la règle de droit ; le second point traite la manière dont deux libertés, celle de la liberté d'expression et celle de la vie privée sont abordées, en particulier par l'Europe, dans ce contexte.

---

déconfinement », in *La pandémie de COVID-19 face au droit*, S. Parsa et M. Uyttendaele (coord.), Anthemis, 2020, p. 137 et s.

[5] Le lecteur trouvera la liste complète et impressionnante des avis, opinions, déclarations, etc. des Autorités de Protection des Données et autres organes nationaux et internationaux de protection des données sur le site : https://globalprivacyassembly.org/COVID19/. Cf également le site très nourri de l'équipe de recherche LSTS de la VUB (Brussels) : « *Data Protection Law and the COVID-19 out break* », accessible à l'adresse : https://lsts.research.vub.be/en/data-protection-law-and-the-COVID-19-outbreak.

Chapitre 1. Restriction ou limitation des libertés : article 15 de la CEDH vs article 52 de la Charte européenne des droits fondamentaux

I. Un rapide état des lieux

3. La crise sanitaire actuelle, à l'inverse des précédentes qui pourtant avaient causé bien plus de morts, a été l'occasion de restrictions importantes de nos droits et libertés fondamentaux[6]. La première liberté restreinte a été la liberté d'aller et venir[7], sauf en cas de nécessité ou de raisons urgentes, suivi de l'interdiction de quitter le pays par la fermeture des frontières, sauf exception. Ensuite, les libertés de réunion[8], de religion[9] et le droit à l'enseignement[10] ont été sévèrement limités[11]. Le droit au respect de la vie privée et familiale n'a pas non plus été épargné[12],

---

[6] FRA, « *Coronavirus pandemic in the EU – Fundamental Rights Implications* » (pandémie de coronavirus dans l'Union européenne - conséquences en matière de droits fondamentaux) – Bulletin 1 et recherche par pays, 7 avril 2020 ; FRA, «*Coronavirus pandemic in the EU – Fundamental Rights Implications*» (pandémie de coronavirus dans l'Union Européenne - conséquences en matière de droits fondamentaux) – Bulletin 2, consacré notamment aux applications de traçage des contacts, et recherche par pays, 28 mai 2020 ; FRA, « *Coronavirus pandemic in the EU – Fundamental Rights Implications* » (pandémie de coronavirus dans l'Union Européenne - conséquences en matière de droits fondamentaux) – Bulletin 3, consacré notamment aux personnes âgées, et recherche par pays, 30 juin 2020 ; FRA, « *Coronavirus pandemic in the EU – Fundamental Rights Implications* » (pandémie de coronavirus dans l'Union Européenne - conséquences en matière de droits fondamentaux) – Bulletin 4, consacré notamment au racisme, à l'asile et à la migration, à la désinformation, au respect de la vie privée et à la protection des données, 30 juillet 2020 ; FRA, « *Coronavirus pandemic in the EU – Impact on Roma and Travellers* » (conséquences de la pandémie de coronavirus dans l'Union Européenne sur les Roms et les gens du voyage) – Bulletin 5, 29 septembre 2020.

[7] Consacré notamment aux articles 2, § 1er, du Protocole 4 à la C.E.D.H., 45 de la Charte, 5 de la C.E.D.H., 12 du P.I.D.C.P.

[8] Consacré aux articles 11 de la C.E.D.H., 12 de la Charte, 21 du P.I.D.C.P.

[9] Consacré aux articles 9 de la C.E.D.H, 10 de la Charte, 18 P.I.D.C.P.

[10] Consacré aux articles 2 du premier protocole à la C.E.D.H, 14 de la Charte, 13 PIDESC.

[11] Les rassemblements ont été interdits, sous réserve d'exceptions très strictes.

[12] Consacré aux articles 8 de la C.E.D.H, 17 P.I.D.C.P., 7 et 8 de la Charte.

les personnes âgées ont été isolées[13]. Enfin, le droit au travail[14] et la liberté d'entreprendre[15] ont été suspendus par la contrainte imposée aux entreprises de fermer afin de limiter la propagation du virus et d'atteindre l'objectif de santé publique en évitant essentiellement la saturation des hôpitaux.

Sans être exhaustif, nous passons en revue, liberté par liberté, les mesures prises. Notre tour d'horizon déborde le cas français par quelques incursions en droit comparé. Il s'agit de nous interroger sur l'ampleur de la mesure prise : s'agit-il d'une simple limite ou carrément d'une restriction essentielle voire de la négation d'une liberté ? Les réactions de la justice seront de temps en temps pointées. Elles nous permettent de comprendre que, face à un gouvernement qui décide, le rappel de la règle de droit, parfois par d'obscurs juges, fixe des limites à ce pouvoir quasi discrétionnaire de nos gouvernants.

4. Les restrictions à la liberté de réunion sont sans doute celles les plus mal vécues par les citoyens : l'instauration des bulles, parfois au-delà des limites des exigences d'un minimum de vie sociale, et les décrets relatifs au couvre-feu et l'instauration des « bulles » peuvent difficilement être interprétés autrement que comme une négation de nos libertés et donc comme inconstitutionnels. Ils entravent en outre la liberté pour les associations civiles, syndicales ou autres de manifestation, ce que la Constitution considère comme essentiel pour la vie démocratique. On relève que tel était bien le point de vue du juge du tribunal de La Haye[16], des Pays-Bas, ou du tribunal civil de Charleroi[17], en Belgique.

---

[13] Le droit pour les personnes âgées de mener une vie digne et indépendante et à participer à la vie sociale et culturelle est reconnu par l'article 25 de la Charte. Le même droit est reconnu par l'article 26 aux personnes handicapées.

[14] Consacré aux articles 6 du P.I.D.E.S.C et 15 de la Charte.

[15] Consacré à l'article 7 de la loi des 2 et 17 mars 1791 (décret d'Allarde), à l'article 1 du premier protocole à la C.E.D.H, et surtout à l'article 16 de la Charte. Cf également dans la Charte, le droit à l'information et à la consultation des travailleurs (art. 27), la séparation de la vie familiale et de la vie professionnelle (article 33) et surtout le droit d'actions collectives (article 28).

[16] Rechtbank Den Haag (référé), 16-02-2021, Stichting Viruswaarheid.nl te Rotterdam versus de Staat der Nederlanden. Cet arrêt a été réformé en appel pour absence de préjudice matériel.

[17] Tribunal de police du Hainaut, Division Charleroi, 21 septembre 2020, n° 2020/2538. Cette décision a été réformée en appel.

5. La liberté de circulation des citoyens européens est mise à mal, en particulier par la fermeture des frontières[18]. Cette liberté de se déplacer est consacrée par les dispositions des articles 45 de la Charte, 21 du T.F.U.E., qui doivent donc également trouver à s'appliquer. L'article 21 du T.F.U.E. énonce que : « *(t)out citoyen de l'Union a le droit de circuler et de séjourner librement sur le territoire des états membres, sous réserve des limitations et conditions prévues par les traités et par les dispositions prises pour leur application* ». À plusieurs reprises, la Commission européenne[19] s'est émue des diverses mesures tendant à interdire ou à restreindre cette liberté, aux seuls déplacements « essentiels »[20].

6. La question des mesures de fermeture totale ou partielle des lieux de culte a entraîné quelques recours juridictionnels. En Allemagne, un arrêt de la Cour constitutionnelle en date du 29 avril 2020, a jugé « non concevable » que les interdictions de lieux de culte ne prévoient pas des « exceptions pour les services religieux », dès lors que des précautions contre la pandémie sont prises. Les juges suprêmes ont ainsi donné raison à l'association religieuse demanderesse et balayé la décision d'un tribunal administratif qui s'était appuyé sur la législation en place qui interdisait les rassemblements. La position du Conseil d'État s'est exprimée en deux temps : le premier[21] a considéré que la fermeture par arrêté ministériel des lieux de culte était inconstitutionnelle et, dans un second temps, a estimé que limiter le nombre d'assistants à 15 personnes pouvait être considéré

---

[18] Selon le Conseil d'État belge, (Section de législation, Avis n° 67.142/AG, 25 mars 2020, p. 25), la liberté de déplacement est la première liberté à être affectée par les mesures de confinement.

[19] Cf notamment la Déclaration de la Commission européenne sur la coordination des mesures de restriction de la libre circulation dans l'Union Européenne prises dans le cadre de la pandémie de coronavirus, Bruxelles, le 13 octobre 2020, et le site https://reopen.europa.eu/fr. qui informe des mesures prises au niveau européen de manière à informer le citoyen européen sur les mesures limitées prises par l'autorité européenne. On sait l'énervement de la Commission face aux pays qui continuent à adopter des mesures plus sévères.

[20] En Belgique, voir le récent arrêt du Conseil d'État n° 349913 du 25 février 2021, à propos d'une plainte pour entrave à la liberté de circulation pour un propriétaire d'une seconde résidence sise en France. L'arrêt constate bien la limitation à la liberté mais estime qu'« *en l'absence d'éléments factuels concrets, le simple fait qu'il soit porté atteinte à une liberté fondamentale ne constitue pas en soi un inconvénient d'une gravité suffisante pour qu'on ne puisse le laisser se produire en attendant l'issue de la procédure en annulation.* »

[21] CE belge 8 décembre 2020, Requête, n° 249177

comme une limitation proportionnée[22] relative à la fermeture des lieux de culte et à la limitation à 15 personnes de la participation au culte. La décision prise en référé par le Conseil d'État français[23] sur base d'une action contre un décret du 11 mai 2020 qui fermait les lieux de culte est intéressante à plus d'un égard. Ainsi, le Conseil d'État estime sa compétence en référé justifiée *in casu* car il y va d'une atteinte grave à une liberté constitutionnelle. Il estime en effet que la liberté de culte implique le droit de participation collective à des cérémonies dans des lieux de culte, « composante essentielle de cette liberté ». Enfin, il enjoint au gouvernement de prendre des mesures « proportionnées au risque sanitaire et appropriées en ce début de déconfinement ».

7. Le droit à un procès équitable fait l'objet de nombreuses limitations que nous ne détaillerons pas ici[24]. Notons en France, l'ordonnance du 25 mars 2020- 303[25] prise en exécution de la loi du 23 mars 2020 créant l'« état d'urgence sanitaire » et, dès lors permettant, malgré les protestations du Conseil de l'ordre des avocats[26], aux juges civils et commerciaux, de trancher les affaires sans audience ou par audience « numérique ». Pire, l'ordonnance du même jour dite Ordonnance 304[27], relative cette fois à la justice pénale, adapte, selon les mots de l'ordonnance, les règles de procédure « *afin de permettre la continuité de l'activité des juridictions pénales essentielle au maintien de l'ordre public* », ce qui signifie la fermeture de différents tribunaux, la possibilité de regrouper les affaires, l'allègement du formalisme de la garde, la

---

[22] CE belge, 22 décembre 2020, n° 249313

[23] CE. français, réf. 18 mai2020, n° 44036, Dalloz, 4 juin 2020, p. 1110.

[24] Sur la situation en Belgique, voir le tour d'horizon partiel proposé par J. Sohier, « *Réflexions sur le fonctionnement des juridictions : Conseil d'État et Cour constitutionnelle* », in *La pandémie de Covid-19 face au droit,* S. Parsa et M. Uyttendaele (coord.), Anthemis, 2020, pp. 219 et s. et l'article de O. Nederlandt et D. Paci, « La prison face au COVID-19 : des mesures déséquilibrées au détriment des personnes détenues et/ou condamnées », *J.T., n° spécial coronavirus*, 2020/20, n° 6814, pp. 51 et s.

[25] Ordonnance n° 2020-304 « portant adaptation des règles applicables aux juridictions judiciaires statuant en matière non pénale et aux contrats de syndic de propriétés ». Sur ces mesures, lire entre autres, à propos des juridictions civiles et commerciales, E.et M. Brochier, « *Attention à la suppression des audiences* », Dalloz, 4 juin 2020, p. 1118 et s.

[26] Le Conseil d'État a écarté, par une décision en référé du 10 avril 2020, la demande visant à faire annuler l'ordonnance.

[27] Sur cette ordonnance, lire le commentaire critique de S. Pelle, *« La justice pénale à l'heure du coronavirus : l'urgence ou le miroir de notre procédure pénale »*, Recueil Dalloz, 16 avril 2020, p. 777 et s.

dématérialisation des procédures et des audiences, la généralisation du juge unique, la prolongation de plein droit des mesures de détention provisoire, la simplification des échanges entre parties au risque de non-respect du contradictoire, etc. Comme le note Pelle, « *Cette urgence-là* (celle sanitaire), *celle de la nécessité, emporte bien des raisonnements et des principes sur son passage. Elle prescrit ce qui d'ordinaire serait proscrit.* » ou, comme l'écrit Salas[28] à propos des mêmes mesures, « *L'état de droit cède à l'état de puissance* ».

8. C'est sur base du droit à la dignité qu'en urgence, suite à une décision administrative française de refus de prise en charge d'un MENA, laissé à la rue, la Cour européenne des droits de l'homme[29] a, nonobstant cette décision, affirmé le droit du mineur à être hébergé en période de confinement. Dans le même sens, la Résolution du Parlement européen d'avril 2020 invoque le droit à la dignité et à la santé des immigrés pour appeler les États membres à suspendre les rapatriements et à loger la population visée : le Parlement « *considers that necessary solutions, including the preventive evacuation* ***and relocation*** *of the population at high risk, must be found to ensure the appropriate material conditions and social distancing to avoid contamination* »[30].

9. On ne s'étendra pas sur les mesures prises en ce qui concerne le confinement sévère des personnes âgées et l'interdiction des visites dans

---

[28] D. Salas, « *Que veut-dire l'expression "de plein droit ?"*, Dalloz Actualités, 17 avril 2020.

[29] X c. France, CEDH (décision en urgence), 31 mars 2020.

[30] Cf la résolution du Parlement européen du 17 avril 2020 (*European Parliament Resolution of 17 April 2020 on EU coordinated action to combat the COVID-19 pandemic and its consequences* (2020/2616(RSP)): "*Calls for full respect of the Geneva Convention and European asylum law; points out that provisions have to be made for the reception of new asylum seekers in appropriate sanitary conditions and medical support, and therefore expresses its deep concern at the situation of refugees and asylum-seekers arriving at the Greek islands, and in hotspots and detention centres, who do not have access to adequate health care and who are particularly at risk; considers that necessary solutions, including the preventive evacuation and relocation of the population at high risk, must be found to ensure the appropriate material conditions and social distancing to avoid contamination; stresses the important contribution of many migrants and descendants of migrants who are working to ensure the proper functioning of many essential sectors across the EU, and in particular in health and care sectors; ...* " La Cour européenne des Droits de l'homme va dans le même sens, CEDH, *N.H. ET AUTRES C. France,* Arrêt du 2.7.2020 (requêtes n° 28820/13, 75547/13 et 13114/15).

les maisons de repos et de soins. Ces mesures apparaissent bien éloignées du droit à l'intégration des personnes âgées, droit consacré par la charte européenne des droits fondamentaux, en son article 25[31]. Cette même charte ne consacre-t-elle pas, en son article 16, la liberté d'entreprendre dont il est peu de dire qu'elle n'a pas été respectée, au vu de la fermeture de nombreux commerces, parfois jugés non essentiels sur base de critères obscurs et peu convaincants ?

10. La liberté d'expression est, elle-même, mise en cause au nom de la lutte contre la désinformation. L'Europe rappelle[32] que cette lutte est nécessaire mais n'autorise pas tout : « *considérant que la désinformation et la mésinformation liées à la COVID-19 peuvent être à l'origine de panique et d'insatisfaction sociale et qu'il convient de se pencher sur ce problème, que les mesures destinées à lutter contre la désinformation et la mésinformation ne peuvent servir de prétexte pour restreindre de manière disproportionnée la liberté de la presse, porter atteinte au pluralisme des médias et menacer la sécurité des journalistes ; que des rapports indiquent que des campagnes coordonnées ont été menées dans les États membres et les régions voisines, favorisant la diffusion de fausses informations en matière de santé et la désinformation concernant*

[31] On ajoute la question des personnes handicapées et des discriminations de genre. Sur toutes ces discriminations, lire, CDADI (Comité Directeur sur l'Anti-discrimination, la Diversité et l'Inclusion), « *Covid-19 : une analyse des aspects relatifs à l'anti-discrimination, à la diversité et à l'inclusion dans les États membres du Conseil de l'Europe* », Conseil de l'Europe, Novembre 2020 ; UNIA, « *COVID-19 : les droits humains* », 12 novembre 2020, p. 11-26 ; UNIA, « *COVID et droits humains : impact sur les personnes handicapées et leurs proches. Résultat de la consultation* », 8 juillet 2020 ; Service de lutte contre la pauvreté, la précarité et l'exclusion sociale, « *Contribution au groupe de consultation de la taskforce Groupes vulnérables* », 12 juin 2020 ; Myria, « *Rapport annuel traite et trafic des êtres humains 2020 : derrière des portes closes* », 15 décembre 2020 ; Institut pour l'égalité des femmes et des hommes, *Note sur la dimension de genre de la crise du COVID-19 », note de l'Institut pour l'égalité des femmes et des hommes à la demande de Mme Nathalie Muylle, ministre fédérale chargée de l'égalité des chances*, Bruxelles, 8 juin 2020 ; Autorité de protection des données, 18 décembre 2020, *Avis n°138/2020 relatif au projet d'arrêté royal concernant l'enregistrement et le traitement des données relatives aux vaccinations contre la COVID-19.*

[32] Résolution du Parlement européen du 25 novembre 2020 sur le renforcement de la liberté des médias : la protection des journalistes en Europe, les discours de haine, la désinformation et le rôle des plateformes (2020/2009(INI)), point AA (accessible à Textes adoptés - Renforcement de la liberté des médias : la protection des journalistes en Europe, les discours de haine, la désinformation et le rôle des plateformes - Mercredi 25 novembre 2020 (europa.eu)).

l'Union et ses partenaires ; que la Commission aborde ces phénomènes dans sa récente communication conjointe sur la lutte contre la désinformation concernant la COVID-19 ; que certains gouvernements ont profité de la législation d'exception, et que si certaines de ces restrictions sont temporaires, d'autres risquent d'être prolongées bien après la fin de la crise sanitaire ; que le pluralisme des sources d'information, la responsabilité et la transparence institutionnelle constituent une barrière défensive majeure contre la désinformation ». Nous reviendrons sur ce point (*infra*, n° 24 et s.) mais nous apparaissent dangereuses certaines actions prises par des plateformes privées, comme Twitter, pour « censurer » certains messages et surtout les mesures envisagées en France[33] pour restreindre la liberté de parole publique de scientifiques ou de praticiens de l'art de guérir.

La liberté de se faire vacciner découle tant du droit à l'intégrité physique que du droit à la vie privée. Cette liberté a été consacrée par la Cour européenne des droits de l'homme[34]. Récemment, l'arrêt VAVRICKA[35], rendu par la Cour de Strasbourg le 8 avril 2021, a cependant reconnu, moyennant nombre de conditions (dangers graves pour les personnes non vaccinées, sanctions limitées, vaccin largement éprouvé), l'obligation de vaccination directe ou indirecte. Dans le même sens, le Conseil Constitutionnel et le Conseil d'État français[36], conformément à l'article 8, admettent des dérogations : la vaccination peut être rendue obligatoire par une loi, au sens strict du terme, ajoute le Conseil d'État, si cette ingérence dans la vie privée est proportionnée, c'est-à-dire que le vaccin est démontré « *d'une très grande efficacité, allant jusqu'à (quasi) 100 % pour la maladie combattue et que leurs effets*

[33] La décision du Conseil de l'Ordre des médecins belge de frapper de sanctions déontologiques les médecins dits « anti-vaccins » apparaît pire encore. Un recours en responsabilité a été intenté contre cette décision par une association de médecins généralistes.

[34] CEDH mars 2012 (Solomakhin c/ Ukraine). On est en attente d'une seconde décision dans l'affaire Vavřička c. Tchéquie, CEDH (l'audition a eu lieu en juillet 2020). On note que peu de pays imposent la vaccination à ce stade, ainsi la Belgique l'a rendu obligatoire pour une seule maladie (la polio).

[35] Dans l'arrêt *Vavřička* du 8 avril 2021, la Cour européenne des droits de l'homme (Cour EDH, arrêt du 8 avril, *Vavřička et autres c. République tchèque*) a examiné l'obligation légale tchèque de vacciner les enfants contre neuf maladies contagieuses (dont la polio, le tétanos, l'hépatite B et la rougeole). Cette obligation était imposée sous peine d'une amende et en refusant aux enfants non vaccinés l'accès à l'école maternelle, qui n'est pas soumis à l'obligation scolaire.

[36] Décision du Conseil Constitutionnel de mars 2015 et du Conseil d'État de mars 2019.

indésirables sont limités au regard de leur efficacité et des bénéfices attendus ». On sait que certains pays (Israël et Danemark), sans rendre obligatoire la vaccination, prévoient cependant un « passeport vaccinal »[37], dont la présentation pourrait être rendue obligatoire pour certains déplacements, pour la participation à certaines manifestations ou la présence dans certains lieux, rendant dès lors cette vaccination indirectement obligatoire, avec les risques de discrimination pour ceux qui s'y refusent ou n'y ont pas accès (cas des pays défavorisés comme le note l'OMS).

La CNIL[38] a récemment émis un avis sur un projet de décret autorisant la création d'un traitement de données à caractère personnel relatif à la gestion et au suivi des vaccinations contre le coronavirus SARS-CoV. Selon la CNIL, « *les personnes concernées pourront s'opposer au traitement de leurs données jusqu'à l'expression de leur consentement à*

---

[37] À cet égard, la consultation publique lancée par le CESE (Conseil économique, social et environnement) français (accessible sur le site : COVID-19 : pour ou contre le passeport vaccinal ? (passeportsante.net)) : « "Que pensez-vous du passeport vaccinal ?" *C'est la question que pose le Conseil Économique Social et Environnemental (CESE), via son site internet, aux internautes. C'est le Premier ministre qui a saisi cette Assemblée, afin de récolter l'opinion publique et de donner la parole à la population. Le but est d'émettre par la suite des recommandations au gouvernement, selon ce que pensent les Français.* » Sur le plan européen, plusieurs gouvernements ont engagé des entreprises similaires, y compris en Europe. Outre l'Islande, qui a déjà mis en place un tel système, la Pologne, la Hongrie, la Suède et le Danemark ont ou vont créer un certificat vaccinal pour les voyageurs étrangers et leurs propres ressortissants. La Grèce et Chypre en ont fait de même avec Israël en signant un accord bilatéral autorisant leurs ressortissants vaccinés à pouvoir se déplacer de part et d'autre de la Méditerranée. L'Estonie, très avancée dans sa politique de numérisation de ses services administratifs, a également passé un accord avec l'OMS pour mettre en place des échanges d'informations et un certificat numérique de vaccination contre le COVID-19. La Finlande pourrait lui emboîter le pas. La Pologne, l'Estonie, la Lituanie et la Roumanie autorisent déjà pour leur part les voyageurs attestant de leur immunité à pénétrer sur leur territoire sans autre justificatif. On sait que, le 17 mars, la Commission a lancé le projet d'un « *certificat vert numérique* », en réponse à la demande du Conseil Européen d'élaborer une proposition législative relative à une « *preuve de vaccination standardisée* ». Sur tout cela, lire *Comprendre l'Europe, COVID-19 : à quoi ressemblerait le « passeport vaccinal » européen, destiné à faciliter les voyages ?* accessible à l'adresse : https://www.touteleurope.eu/actualite/COVID-19-a-quoi-ressemblerait-le-passeport-vaccinal-europeen-destine-a-faciliter-les-voyages.html.

[38] Délibération n° 2020-126 du 10 décembre 2020 portant avis sur un projet de décret autorisant la création d'un traitement de données à caractère personnel relatif à la gestion et au suivi des vaccinations contre le coronavirus SARS-CoV-2 (demande d'avis n° 20020767 (JORF n°0312 du 26 décembre 2020).

la vaccination. En pratique, le droit d'opposition s'appliquera au traitement des données de santé réalisé avant la vaccination, pour l'envoi des bons de vaccination, si celle-ci n'a pas lieu. Une fois le consentement à la vaccination exprimé par les personnes concernées, il ne leur sera plus possible de s'opposer au traitement des données les concernant. En effet, une fois la vaccination réalisée, le traitement des données répond à un objectif important d'intérêt public, notamment dans le cadre de la pharmacovigilance. Il est toutefois possible aux personnes concernées de s'opposer à tout moment à ce que les données pseudonymisées les concernant soient transmises à la Plateforme des données de santé et à la CNAM. ».

Tout récemment, l'Assemblée parlementaire du Conseil de l'Europe a émis à cet égard une Résolution[39] dont on relève le passage suivant : « (Les États membres se doivent) *de s'assurer que les citoyens et citoyennes sont informés que la vaccination n'est PAS obligatoire et que personne ne subit de pressions politiques, sociales ou autres pour se faire vacciner, s'il ou elle ne souhaite pas le faire personnellement ; de veiller à ce que personne ne soit victime de discrimination pour ne pas avoir été vacciné, en raison de risques pour la santé ou pour ne pas vouloir se faire vacciner ; de prendre des mesures efficaces le plus tôt possible pour lutter contre les fausses informations, la désinformation et la méfiance concernant les vaccins contre la COVID-19 ; de diffuser en toute transparence des informations sur la sécurité et les éventuels effets indésirables des vaccins, de travailler avec et réglementer les plateformes de médias sociaux pour empêcher la propagation des fausses informations ; de communiquer, de manière transparente, le contenu des contrats avec les producteurs de vaccins et les rendre publics pour examen par les parlementaires et le public ; de coopérer avec des organisations non gouvernementales et/ou d'autres initiatives locales afin d'atteindre les groupes marginalisés ; de se rapprocher des communautés locales pour élaborer et mettre en œuvre des stratégies sur mesure visant à faciliter l'acceptation des vaccins.* »

---

[39] Résolution de l'assemblée parlementaire du Conseil de l'Europe, n° 2361 (2021)1 Version provisoire Vaccins contre la COVID-19 : considérations éthiques, juridiques et pratiques (accessible sur le site : https://pace.coe.int/fr/files/29004/html).

11. Enfin, il ne faut pas non plus négliger les sanctions[40] qui accompagnent ces mesures, en vue d'en garantir l'effectivité. Assez naturellement ces mesures suscitent des questions quant à leur légalité. À raison, on peut se demander si, au nom de l'état d'urgence et des impératifs de santé publique par ailleurs consacrés dans les textes internationaux relatifs aux droits humains, l'État n'a pas « oublié » les principes qui doivent s'appliquer à l'occasion de la dérogation aux droits fondamentaux.

Que conclure de ce tour d'horizon ? La première remarque tient à l'ampleur des limitations ou restrictions apportées à nos libertés et droits. Notre point II analysera la différence que nous pensons devoir tenter entre les deux concepts et leur régime juridique. La seconde est de souligner la résistance parfois témoignée par le pouvoir judiciaire ou juridictionnel à ces interventions justifiées par les gouvernants au nom de l'urgence sanitaire et leur rappel des exigences de proportionnalité, ce que nous analyserons au chapitre II de la contribution.

II. État de nécessité justification d'une dérogation ou d'une limitation à nos libertés

12. L'article 52 de la Charte européenne consacre à la fois la possibilité de limitation des droits fondamentaux énoncée dans la Charte[41], en même temps qu'elle assigne des balises à cette limitation : « *Toute limitation de l'exercice des droits et libertés reconnus par la présente Charte doit être <u>prévue par la loi</u> et respecter le contenu essentiel desdits droits et libertés. Dans le respect du <u>principe de proportionnalité,</u> des limitations ne peuvent être apportées que si elles sont <u>nécessaires et répondent effectivement à des objectifs d'intérêt général</u> reconnus par l'Union ou au besoin de protection des droits et libertés d'autrui* »[42]. On connaît et on reviendra dans le chapitre III sur les principes de légalité et de proportionnalité qui ne sont pas neuf. Par contre, l'article 52 ajoute une condition supplémentaire : les limitations ne sont acceptables que si elles respectent le contenu essentiel des dits droits et libertés. Cette condition supplémentaire passe souvent inaperçue. Elle a pourtant bien lieu d'être

---

[40] Citons le cas belge : Belga, « *Coronavirus à Bruxelles : plus de 6000 PV dressés pour non-respect du confinement, les magistrats vont travailler durant l'été* », le 11 juin 2020, RTBF info, site Internet consulté en dernier lieu le 20 octobre 2020.

[41] Elle répond à celle utilisée par la Convention européenne des droits humains.

[42] Nous soulignons.

relevée ici dans la mesure où, comme nous l'avons décrit (*supra*, n° 5 et s.), les mesures prises pour nombre de libertés, en particulier pour les libertés de réunion, de culte, d'entreprendre (pour certains métiers), les droits des personnes âgées, se trouvent radicalement mis en cause certes, dira-t-on, pour une durée limitée mais de manière « essentielle ».

Où trouver alors le fondement d'une mise entre parenthèses des libertés et droits fondamentaux ? L'article 52 n'interdit pas de recourir à l'article 15 de la Convention européenne des droits de l'homme, nous dit l'interprète autorisé de la charte, à savoir la FRA (*European Agency for Fundamental Rights*)[43] : « *La Charte n'empêche pas les États membres de se prévaloir de l'article 15 de la CEDH, qui autorise des dérogations aux droits prévus par cette dernière en cas de guerre ou d'autre danger public menaçant la vie de la nation, lorsqu'ils prennent des mesures dans les domaines de la défense nationale en cas de guerre et du maintien de l'ordre, conformément à leurs responsabilités reconnues dans l'article 4, paragraphe 1, du traité sur l'Union européenne et dans les articles 72 et 347 du traité sur le fonctionnement de l'Union européenne.* » La limitation des droits fondamentaux ne doit donc pas être confondue avec la dérogation ou suspension de ces droits. Les dérogations mettent « entre parenthèses » les libertés fondamentales pour une période donnée, dans des circonstances exceptionnelles données, telles que l'état d'urgence sanitaire, les atteintes terroristes, l'état de guerre[44]. Il s'ensuit que les États ne sont plus alors contraints de satisfaire les conditions de justification imposées pour les restrictions aux droits fondamentaux lorsqu'ils se trouvent dans ces circonstances spécifiques de dérogation[45]. Bref, il appert

---

[43] FRA, Article 52 – Portée et interprétation des droits et principes - disponible à l'adresse : https://fra.europa.eu/fr/eu-charter/article/52-portee-et-interpretation-des-droits-et-des-principes.

[44] S.-U Colella, *« Chapitre 1 - L'acception des notions de restriction, limitation et dérogation »* in La restriction des droits fondamentaux dans l'Union Européenne, Bruxelles, Bruylant, 2018, p.126.

[45] O. De Schutter, International Human Rights Law. Cases, Materials, Commentary, 2e éd., Cambridge, Cambridge University Press, 2014, p. 585. Cf également, l'affirmation forte de la secrétaire générale du Conseil de l'Europe, Marija Pejčinović Burić, lors de la publication le 7 avril 2020, de la *boîte à outils* (toolkit) à l'intention de l'ensemble des gouvernements européens sur le respect des droits de l'homme, de la démocratie et de l'État de droit pendant la crise du COVID-19 (disponible à l'adresse : https://mcoe.int/SG Inf(2020)7 Speaking Notes SG 1370 Deputies (coe.int) : "*While some restrictive measures adopted by member states may be justified on the ground of the usual provisions of the European Convention on Human Rights (Convention) relating to the protection of health (see Article 5 paragraph 1e, paragraph 2 of Articles 8 to 11 of the*

au vu de l'ampleur des restrictions apportées par les lois et ordonnances voire décrets de toutes natures pris par l'autorité publique française, que celle-ci aurait dû se référer à l'article 15 de la Convention du Conseil de l'Europe pour les justifier[46].

13. Venons-en précisément à cet article 15, que pas moins de 10 pays signataires de la Convention[47] ont souhaité mettre en branle et, curieusement, que la France avait déjà invoqué trois fois et pour la dernière lors des attentats terroristes de 2015[48]. L'article 15 de la

---

Convention and Article 2 paragraph 3 of Protocol No 4 to the Convention), measures of exceptional nature may require derogations from the states' obligations under the Convention."

[46] Le droit constitutionnel belge soulève une difficulté supplémentaire dans la mesure où l'article 187 de la Constitution semble interdire, sauf argument tiré de la primauté du droit international et donc l'obligation de s'en référer à l'article 15 de la CEDH, toute dérogation aux libertés au-delà de simples limitations : « *En Belgique, de telles suspensions ne sont pas autorisées par la Constitution. En effet, adopté en 1831, l'article 187 de la Constitution dispose que "la Constitution ne peut être suspendue en tout ni en partie". Cette interdiction proscrit formellement, l'instauration d'un "état d'urgence" ou d'un "état d'exception", sauf en temps de guerre, en application de l'arrêté-loi du 11 octobre 1916 relatif à l'état de guerre et à l'état de siège. L'esprit du Constituant de 1831 est clair, sa volonté était d'empêcher la mise en place de régimes d'exception où les droits fondamentaux sont suspendus, même au nom de l'intérêt de la nation... La formule de l'article 187 implique que "les pouvoirs doivent continuer à être exercés même dans des circonstances de crise et de transition" car "même en pareilles circonstances, l'autorité doit défendre l'intérêt général et rencontrer les besoins collectifs"* » (S. Parsa et Y. Poullet, *art. cité*, p. 146).

[47] Il est intéressant de noter que si la France comme la Belgique n'ont pas (encore) utilisé cette exception à l'occasion de la pandémie, d'autres pays ont démarré les procédures depuis la mi-mars. Selon la Commission de Venise (Commission de Venise, rapport intermédiaire sur les mesures prises dans les États membres de l'UE à la suite de la crise de COVID-19 et leur incidence sur la démocratie, l'état de droit et les droits fondamentaux, 8 octobre 2020 (CDL-AD (2020) 018), paragraphe 35 (disponible sur le site : Venice Commission : Council of Europe (coe.int)), « *Au plus fort de la crise de COVID-19 en Europe au printemps 2020, neuf États membres de l'UE avaient déclaré l'état d'urgence, quelle que soit sa formulation juridique, en vertu des dispositions pertinentes de leur Constitution : Bulgarie, Espagne, Estonie, Finlande, Hongrie, Luxembourg, Portugal, République tchèque et Roumanie.* ». Voir également, Conseil de l'Europe (*Press unit*), « Fiche thématique : Dérogation en cas d'état d'urgence », septembre 2020, page 2, https://www.echr.coe.int/ documents/fs_derogation_fra.pdf et, pour des informations détaillées s'agissant du contexte dans lequel ces dérogations ont été formulées, la page Internet du Bureau des Traités du Conseil de l'Europe.

[48] À la suite des attentats du 13 novembre 2015, après la déclaration de l'état d'urgence, la France a notifié au Conseil de l'Europe qu'elle risquait de déroger à la convention. Ces

C.E.D.H.[49] autorise, moyennant préalable information du Secrétaire général de la Convention, des dérogations à l'application des droits et libertés en cas d'état urgence : « *En cas de guerre ou en cas d'autre danger public menaçant la vie de la nation, toute Haute Partie contractante peut prendre des mesures dérogeant aux obligations prévues par la présente Convention, dans la stricte mesure où la situation l'exige et à la condition que ces mesures ne soient pas en contradiction avec les autres obligations découlant du droit international* ». Les dispositions de cet article de la Convention visent à introduire la théorie de l'état de nécessité pour justifier les exceptions, tout en imposant aux États membres des conditions strictes en vue d'encadrer l'exercice de telles dérogations. Ainsi, cet état de nécessité ne dispense pas d'établir la légalité et la proportionnalité des mesures restrictives proposées[50] ;

---

notifications ont pris fin le 1er novembre 2017 après la fin de l'état d'urgence. Voir également en 1985 à propos des incidents en Nouvelle-Calédonie et, en 2005, à propos des violences urbaines.

[49] À propos de cet article invoqué par quelques pays membres du Conseil de l'Europe à d'autres occasions que la pandémie et souvent pour des raisons de lutte contre le terrorisme, voir, notamment, J.-F. Renucci, *Droit européen des droits de l'homme*, 6e éd., Paris, LGDJ, 2015, pp. 33-35.

[50] *« At the same time, any derogation must have a clear basis in domestic law in order to protect against arbitrariness and must be strictly necessary to fighting against the public emergency. States must bear in mind that any measures taken should seek to protect the democratic order from the threats to it, and every effort should be made to safeguard the values of a democratic society, such as pluralism, tolerance and broadmindedness. While derogations have been accepted by the Court to justify some exceptions to the Convention standards, they can never justify any action that goes against the paramount Convention requirements of lawfulness and proportionality. »* À propos de cet article, les commentaires de la Convention de Venise du Conseil de l'Europe dans son rapport, Commission européenne pour la démocratie par le droit (Commission de Venise). Rapport intérimaire sur les mesures prises dans les États membres de l'UE à la suite de la crise de la COVID-19 et leur impact sur la démocratie, l'État de droit et les droits fondamentaux, Avis n°995/2020, adopté par la Commission de Venise à sa 124e session plénière en ligne (8-9 octobre 2020) : *« Le troisième instrument est la dérogation aux droits de l'homme, à savoir, la suspension temporaire de certaines garanties des droits de l'homme, 10 auxquelles il est possible d'avoir recours en cas d'état d'urgence. Les dérogations sont des mesures plus radicales que les exceptions et les limitations et elles ne peuvent être utilisées que dans des circonstances exceptionnelles de "guerre ou en cas d'autre danger public menaçant la vie de la nation" (article 15.1 de la CEDH). Les dérogations sont soumises aux conditions de nécessité, de proportionnalité et de caractère temporaire. Elles impliquent également des obligations procédurales (déclaration de l'état d'urgence, notification en vertu des traités sur les droits de l'homme) qui rendent la surveillance plus facile et plus solide. Là encore, il existe une riche jurisprudence relative aux dérogations au niveau international et national. »*

l'article 17 de cette même Convention énonce de manière plus générale le principe d'interdiction d'abus, en particulier de la part des autorités publiques [51]: *« Aucune des dispositions de la présente Convention ne peut être interprétée comme impliquant pour un État, un groupement ou un individu, un droit quelconque de se livrer à une activité ou d'accomplir un acte visant à la destruction des droits ou libertés reconnus dans la présente Convention ou à des limitations plus amples de ces droits et libertés que celles prévues à ladite Convention. »*. L'article 15, s'il est clair qu'il peut être invoqué vis-à-vis de situations de troubles à l'ordre public comme la guerre ou les menaces terroristes, peut-il être appliqué à des situations comme une pandémie ? L'interprétation des mots « *en cas d'autre danger public menaçant la vie de la nation* » autorise, selon la jurisprudence de la CEDH[52], cette extension. Celle-ci est d'ailleurs approuvée par le Conseil de l'Europe par le fait même de sa publication de la « boîte à outils » d'utilisation de l'article 15, en 2020.

14. Parmi les conditions fixées au régime des dérogations de la Convention, on distingue trois conditions matérielles[53] : premièrement, la survenance de circonstances graves telles qu'une guerre ou d'autres

---

[51] La jurisprudence relative à l'article 17 est rare et s'est principalement développée en matière de liberté d'expression et discours haineux. La Cour a ainsi jugé que certains propos, en raison de l'atteinte qu'ils portent à la démocratie, ne sont pas protégés par la liberté d'expression figurant à l'article 10 de la Convention. Il en va ainsi des discours injuriant un groupe de personnes pour des motifs discriminatoires ou légitimant la violence envers eux : les thèses négationnistes (in Cour Eur. DH, 24 juin 2003, arrêt Garaudy contre la France, n° 65831/01 ; Cour Eur. DH, du 20 octobre 2015, arrêt M'Bala M'Bala contre la France, n° 25239/13.), les propos islamophobes (Cour Eur. DH, arrêt Norwood contre le Royaume-Uni, du 16 novembre 2004, n° 23131/03) ou antisémites (Cour Eur. DH, arrêt Pavel Ivanov contre la Russie, du 20 février 2017, n° 35222/04), ou encore les propos justifiant des crimes de guerre comme la torture et les exécutions sommaires (Cour Eur. DH, arrêt Orban et autres contre la France, du 15 janvier 2009, n° 20985/05) tombent dans le champ d'application de l'article 17.

[52] On cite en ce sens, l'arrêt Lawless c. Irlande (1/7/61) où la Cour a jugé que les termes de l'article 15 désignent « *une situation de crise ou de danger exceptionnel et imminent qui affecte l'ensemble de la population et constitue une menace pour la vie organisée de la communauté composant l'État* » et l'arrêt Ireland v.UK du 18 janvier 1978 (Series A No 25, para 207) qui laisse aux États membres une large marge de manœuvre dans l'interprétation des concepts de l'article 15.

[53] Conseil de l'Europe, *Guide sur l'article 15 de la Convention européenne des droits de l'homme, Dérogation en cas d'état d'urgence*, mis à jour le 31 décembre 2019, consulté en dernier lieu le 18 septembre 2020 sur le site :
echr.coe.int/Documents/Guide_Art_15_FRA.pdf

dangers publics menaçant la vie de la nation ; deuxièmement, une nécessité absolue ; troisièmement, le respect des autres obligations découlant du droit international. À ces conditions de fond, il faut rajouter une condition de forme, à savoir la notification au Secrétaire général du Conseil de l'Europe, tant des mesures prises que des motifs qui les ont inspirées, conformément au troisième paragraphe de l'article 15[54]. Les États doivent également informer le Secrétaire général du Conseil de l'Europe de la date à laquelle « *les dispositions de la Convention reçoivent de nouveau pleine application* ». Enfin, la Secrétaire générale, lors de la publication, le 7 avril 2020, du « *toolkit* » sur l'utilisation de l'article 15 à l'occasion de la pandémie du coronavirus[55], rappelle que les dérogations doivent être proportionnées, encadrées si possible par des mesures législatives, « *respecter les principes de l'État de droit (nécessité ne fait pas loi) et les principes démocratiques en cas d'état d'urgence, respecter les normes fondamentales en matière de droits de l'homme, notamment en ce qui concerne la liberté d'expression, la vie privée et la protection des données, la protection des groupes vulnérables contre la discrimination et le droit à l'éducation ; enfin, assurer une protection contre le crime et les victimes du crime, en particulier concernant la violence fondée sur le genre.* »

15. Des auteurs constitutionnalistes tant français[56] que belges[57] ont regretté que les autorités publiques de leurs pays n'aient pas suivi

---

[54] « *Toute Haute Partie contractante qui exerce ce droit de dérogation tient le Secrétaire général du Conseil de l'Europe pleinement informé des mesures prises et des motifs qui les ont inspirées. Elle doit également informer le Secrétaire général du Conseil de l'Europe de la date à laquelle ces mesures ont cessé d'être en vigueur et les dispositions de la Convention reçoivent de nouveau pleine application.* »

[55] *Boîte à outils (toolkit) à l'intention de l'ensemble des gouvernements européens sur le respect des droits de l'homme, de la démocratie et de l'État de droit pendant la crise du COVID-19*, disponible à l'adresse : https://mcoe.int/SG Inf(2020)7 Speaking Notes SG 1370 Deputies (coe.int)

[56] F. Sudre, « La mise en quarantaine de la Convention européenne des droits de l'Homme, billet posté sur le site du *Club des juristes*, 20 avril 2020 et J.L. Costa, "Le recours à l'article 15 de la Convention européenne des droits de l'homme, billet posté sur le site du *Club des juristes,* le 27 avril 2020.

[57] F. Ost, « *Nécessité fait loi ? La santé n'a pas de prix ? Ce que le COVID fait au droit* », in *La pandémie de Covid-19 face au droit,* S. Parsa et M. Uyttendaele (coord.), Anthemis, 2020, pp. 17 et s. (en particulier, p. 26 et 27). ; M. Verdussen, « *Droits humains et crise sanitaire – L'état mis au défi* », La libre Belgique, 19 juillet 2020.

l'obligation qui leur était faite de se référer à l'article 15 de la CEDH. Ils voient dans ce recours à l'état d'exception[58] les avantages suivants :

– la franchise : l'article 15 exige la transparence et la légitimité des mesures et des motifs. Sa communication envers le Conseil de l'Europe permet un *benchmarking* des décisions par rapport à celles d'autres États et cela sous l'œil vigilant des organes du Conseil de l'Europe, qui peuvent, sur cette base comparative, interroger les états sur la proportionnalité des mesures ;

– la délibération démocratique, dans la mesure où le Conseil de l'Europe sera saisi d'une loi ayant reçu l'assentiment du législatif au terme d'une procédure complète[59]. À cet égard, les auteurs français s'inquiètent du mode d'adoption de la loi du 20 mars 2020 prise suivant la procédure de l'article 46 de la Constitution et ce, ajoutent-ils, avec la bénédiction du Conseil Constitutionnel.[60]

– l'exigence stricte et motivée de proportionnalité des mesures proposées au vu de l'état d'urgence.

– comme le note Sudré[61], « *L'état d'urgence avec article 15 aurait entraîné la suspension de lege de la Convention (à l'exception des droits intangibles (torture et droit à la vie) ; l'état d'urgence sans l'article 15 emporte la suspension de facto de la Convention (avec la même exception). Dans l'un et l'autre cas, la Convention offre une protection très réduite face aux mesures exceptionnelles prises au titre de l'urgence sanitaire. Le recours à l'article 15 aurait eu le mérite de dire les choses*

---

[58] Ce non-recours est d'autant plus étonnant de la part des autorités publiques françaises que la loi du 23 mars 2020 fonde le régime d'exception prévu sur le concept *d'urgence sanitaire qui met en péril la nation.*

[59] *« L'état d'urgence peut être déclaré par le Parlement ou par l'exécutif. Idéalement, elle devrait être déclarée par le Parlement ou par l'exécutif, sous réserve de l'approbation immédiate du Parlement. En cas d'urgence, une entrée en vigueur immédiate pourrait être autorisée - cependant, la déclaration devrait être immédiatement soumise au Parlement, qui peut la confirmer ou l'abroger. »* (Commission de Venise, rapport intermédiaire sur les mesures prises dans les États membres de l'UE à la suite de la crise de la COVID-19 et leur incidence sur la démocratie, l'état de droit et les droits fondamentaux, 8 octobre 2020 (CDL-AD (2020) 018), paragraphe 57 (disponible sur le site : Venice Commission : Council of Europe (coe.int). La Commission de Venise est, notons-le, un organe créé par le Conseil de l'Europe.

[60] Arrêt du Conseil Constitutionnel du 26 mars 2020 : « *Compte tenu des circonstances particulières de l'espèce, il n'y a pas lieu de juger que cette loi organique a été adoptée en violation des règles de procédure prévues à l'article 46 de la Constitution.* »

[61] Article cité note 47.

clairement et de mettre le droit en accord avec la réalité. Il reste la réalité. »

On ajoute d'autres considérations qui auraient justifié le recours à l'article 15 : en particulier, l'obligation de fixer aux mesures une durée ne dépassant pas l'urgence sanitaire : le Conseil rappelle le danger des textes d'exception qui survivent à l'état d'urgence. La fixation d'une date déterminée n'est certes pas obligatoire et, si elle existe, elle n'empêche pas la prorogation mais oblige à justifier celle-ci et à passer par une procédure d'information du Conseil de l'Europe. Enfin et surtout, dans la mesure où l'article 15 de la CEDH permet de se soustraire des balises imposées par l'article 52, en particulier, de ne pas attenter à l'« essence » des droits et libertés, le recours, le cas échéant, invite nos autorités à réfléchir sur la notion d'« essence » des libertés et droits, notion dont on regrette qu'elle n'ait fait l'objet que de peu de commentaires jusqu'à présent. La restriction « essentielle » et la suspension des droits et libertés nous paraissent devoir faire l'objet d'une motivation plus soignée encore que les simples limites, en particulier dans la recherche d'alternatives moins restrictives de libertés.

Au-delà, faut-il rendre le recours à l'article 15, obligatoire lorsque l'urgence sanitaire oblige à restreindre les libertés ? N'y a-t-il pas lieu, comme le débat en Belgique le réclame (débat que précisément le Parlement belge mène suite à un projet de loi du gouvernement[62]), de mettre sur pied une loi-cadre couvrant ces régimes d'exception de manière à ce qu'à l'urgence de la situation, ne doive pas répondre l'urgence du bricolage réglementaire ? Le principe fondamental de cette loi-cadre devrait-être de garantir le respect des conditions matérielles et formelles imposées par l'article 15 de la Convention européenne. N'est-il pas temps d'insérer un corpus cohérent et complet de règles de base destinées à encadrer les limitations et dérogations aux droits fondamentaux[63] ? Le

---

[62] Avant-projet de loi relative aux mesures de police administrative lors d'une situation d'urgence épidémique, CMR 26 février 2021 (2021 A 03330.004)

[63] La Constitution belge « *a été révisée à de nombreuses reprises, spécialement à partir de la fin des années 60. Mais, si on y regarde de plus près, on constate que le pouvoir constituant est obnubilé par le fédéralisme. La plupart des modifications sont liées à la transformation de l'État belge en un État fédéral. Si d'autres changements sont intervenus, ils révèlent une dérive pointilliste dans l'exercice du pouvoir constituant, ne répondant qu'à des besoins ponctuels et limités. (...), les révisions au coup par coup trahissent dans le chef du Constituant un triste manque d'ambition. Combien de choix fondamentaux ne sont-ils pas omis, reportés ou évités ?* », in M. Verdussen, *Réenchanter la Constitution*, Bruxelles, Académie royale de Belgique, 2019, p. 15.

Professeur Marc Verdussen le demande : « *N'est-il pas préférable d'entrouvrir cette porte, in tempore non suspecto, en posant des limites matérielles et procédurales à la mise en œuvre d'un régime dérogatoire ?* »[64].

Chapitre II. Les principes présidant à la limitation ou à la dérogation de nos libertés : légalité et proportionnalité, et leur application à la protection des données et à la liberté d'expression

I. Les principes

16. La Charte et la C.E.D.H s'accordent sur un commun dénominateur, à savoir les deux principes à prendre en compte lors de l'analyse des mesures de limitation et, *a fortiori*, de restrictions des libertés. À cet égard, le Parlement européen dans sa Résolution du 17 avril 2020[65] mettait déjà en garde les États membres sur le danger que représentaient les mesures de lutte contre la pandémie en ce qui concerne nos libertés et nos démocraties : « *Underlines that the Charter of Fundamental Rights of the European Union and compliance with the rule of law must continue to apply, and that in the context of emergency measures, the authorities must ensure that everyone enjoys the same rights and protection; emphasises that all measures taken at national and/or EU level must be in line with the rule of law, strictly proportionate to the exigencies of the situation, clearly related to the ongoing health crisis, limited in time and subjected to regular scrutiny; deems it totally incompatible with European values both the decision from the Hungarian Government to prolong the state of emergency indefinitely, to authorize the Government to rule by decree without time limit, and to weaken the emergency oversight of the Parliament.* »

Examinons la signification de ces deux principes.

---

[64] M. Verdussen, « *Démocratie, État de droit et droits fondamentaux face à la pandémie de COVID-19 : perspectives croisées. La situation en Belgique* », note de travail pour l'Unité mixte de recherche (UMR) « DICE-Droits International, Comparé et européen », 15 avril 2020, p.2. ; https://dice.univ-amu.fr/sites/dice.univ-amu.fr/files/public/m._verdussen-note_de_travail_ndeg_1-15_avril_2020.pdf?fbclid=IwAR2_eRAZRKlnvMhmMZfzlR-vW0qei-AP0ecaHmurErJCaBpD74myIz-qgbo ; consulté en dernier lieu le 20 octobre 2020.

[65] European Parliament resolution of 17 April 2020 on EU coordinated action to combat the COVID-19 pandemic and its consequences (2020/2616(RSP)), n°46.

A. La légalité

17. Le principe de légalité est une exigence de l'État de droit, il postule que les autorités publiques n'agissent qu'en vertu d'une « loi » et dans les limites de leurs compétences établies par la Constitution. Par ailleurs, elles agissent par des textes publics, c'est-à-dire accessibles à chacun et énoncés dans un langage clair qui permet aux citoyens de prévoir les effets des textes adoptés. L'exigence de légalité revêt donc un aspect formel (la source) et un aspect matériel (le contenu).

a. La légalité formelle

18. En ce qui concerne le premier aspect, que les juristes ont convenu d'appeler la légalité formelle, on rappelle que la Cour européenne des droits de l'homme procède à une interprétation large de la notion de « loi » et vise tant la loi au sens strict du terme, que des réglementations des autorités de l'exécutif, y compris un simple décret voire une circulaire ministérielle. La Cour estime en effet que la question de l'appréciation de la nature « légale » d'une règle limitative d'un droit dépend avant tout des autorités nationales. La notion de loi peut donc recouvrir des textes non législatifs voire une jurisprudence constante et bien connue[66]. La référence à l'urgence sanitaire peut constituer un prétexte à une délégation tous azimuts et abusive à des décisions réglementaires venant d'autorités non contrôlées et peu soumises à un contrôle démocratique.

De manière plus générale, les pouvoirs de l'exécutif tendent à être temporairement renforcés. D'une part, l'exécutif se voit attribuer de nouveaux pouvoirs plus forts que ceux dont les autorités de l'État ne disposeraient pas dans des circonstances normales (par exemple, le pouvoir de suspendre ou de restreindre davantage certains droits de l'homme). D'autre part, l'exécutif peut se voir attribuer certains pouvoirs qui, dans des circonstances normales, appartiendraient aux autres pouvoirs, essentiellement législatifs (par exemple, le pouvoir d'édicter des actes normatifs).

Ainsi, en Belgique, la Belgique, alors sans gouvernement de plein exercice, a fait appel aux dispositions de l'article 105 de la Constitution pour justifier l'adoption le 27 mars 2020 d'une loi habilitant le Roi à prendre des mesures de lutte contre la propagation du coronavirus[67] pour

---

[66] Parmi d'autres arrêts de la Cour de Strasbourg, lire CEDH, arrêt De Wilde, Ooms et Versyp du 18 juin 1971 ; CEDH, arrêt Sunday Times du 26 avril 1979

[67] Loi du 27 mars 2020, habilitant le Roi à prendre des mesures de lutte contre la propagation du coronavirus COVID-II, *M.B.,* 30 mars 2020.

une première durée de 3 mois. On note que les gouvernements fédérés ont réclamé la même délégation de compétences. Cette délégation large à des organes peu visibles et peu contrôlés démocratiquement n'est pas sans poser problème car elle extrait du débat démocratique la gestion de la crise. En ce sens, dans son avis relatif à la proposition de loi de pouvoirs spéciaux, habilitant le Gouvernement (le Roi) à prendre des mesures nécessaires à la lutte contre la propagation du Coronavirus[68], le Conseil d'État avait averti du risque que de nombreuses mesures portent atteinte aux droits fondamentaux en vigueur dans l'ordre juridique belge. Il invita le Gouvernement fédéral à vérifier, soigneusement et, *in concreto*, le respect par ces mesures des conditions permettant de déroger aux droits fondamentaux. Et puis, la ministre de l'Intérieur s'est fondée sur une loi purement circonstancielle, un accident ferroviaire de grande ampleur, pour justifier de la prise de nombreux arrêtés ministériels, s'attirant la foudre de constitutionnalistes[69]. Ainsi, Verdussen écrit : « *Parmi ces dispositions, le fondement sur l'article 182 de la loi du 15 mai 2007, qui prévoit que « [l]e ministre [ayant l'intérieur dans ses attributions] ou son délégué peut, en cas de circonstances dangereuses, en vue d'assurer la protection de la population, obliger celle-ci à s'éloigner des lieux ou régions particulièrement exposés, menacés ou sinistrés, et assigner un lieu de séjour provisoire aux personnes visées par cette mesure - il peut, pour le même motif, interdire tout déplacement ou mouvement de la population -, semble douteux. Cette disposition ne précise pas, selon nous, les éléments essentiels des mesures, et n'encadre pas davantage les objectifs à poursuivre lors de leur adoption. La base légale semble donc*

[68] Conseil d'État belge, avis de la section de législation n° 67142/AG du 25 mars 2020, p. 30, §§ 6.1.1 et 6.1.2.

[69] M. Verdussen, op. cit., p. 2. À noter que cette prise de position a reçu l'appui de nombreux autres constitutionnalistes dans une carte blanche publiée en janvier 2021. On ajoute que sur cette base, le tribunal de Police du Hainaut, division de Charleroi, considère dans un jugement du 21 septembre que le Ministre de l'Intérieur ne pouvait pas prendre des mesures sur base de l'article 182 de la loi du 15 mai 2007 relative à la protection civile. : « *Sans doute, la répression est-elle nécessaire pour appréhender certains comportements dans le cadre d'une gestion d'une épidémie, mais pas au détriment de l'État de droit. Seul le législateur est habilité à prendre de telles décisions. Il dispose seul de la légitimité démocratique d'évaluer tous les intérêts et valeurs en présence et de les mettre en balance. Dans une démocratie, la fin ne justifie pas les moyens.* ». Cette décision a cependant été frappée d'appel et la Cour d'appel a fini par accepter la constitutionnalité de telles mesures, vu que la loi de 2007 ne stipulait pas de délai et ne visait pas expressément un événement particulier, nonobstant l'indication claire dans l'exposé des motifs.

insuffisante pour rencontrer l'exigence de légalité formelle. »C'est sur base de ces critiques nourries que le Parlement a réclamé la prise d'une loi pandémie actuellement en discussion de manière à régler la procédure et fixer les compétences des différents pouvoirs législatifs et exécutifs, en cas de pandémie. Cette loi est en cours de discussion[70].

Plus inquiétante encore, la délégation donnée par les textes à des organes techniques peu soumis au contrôle démocratique. Nous nous limitons à citer quelques exemples. Le premier, belge, souligne le cas des délégations données par des arrêtés royaux de pouvoirs spéciaux à des comités techniques, en particulier le comité sectoriel sécurité sociale et santé en Belgique. Il faut également questionner cette nouvelle « pratique légistique », pour le moins surprenante consistant à communiquer, voire compléter les textes législatifs par ce qui est communément appelé des FAQ ou « Questions fréquemment posées ». L'importance du recours aux FAQ a été souvent soulignée lors des débats au Parlement. Si en théorie, elles demeurent juridiquement subordonnées à l'adoption de l'arrêté qu'elles entendent expliquer de manière plus pédagogique, dans les faits elles les ont régulièrement précédés et complétés en violation de la jurisprudence du Conseil d'État sur l'admissibilité des circulaires émanant d'une administration. Rappelons, à la faveur d'une jurisprudence récente du Conseil d'État, que ces FAQ ne peuvent rajouter des contraintes ne figurant pas dans la législation[71] ou de nouvelles conditions.

De même, en France, délégation est donnée au Conseil de défense, présidé par le Président de la République et dont les compétences ont été élargies à la matière sanitaire[72]. Le rôle du Conseil de défense est, en effet, de définir « *les orientations en matière de programmation militaire, de dissuasion, de conduite des opérations extérieures, de planification des réponses aux crises majeures, de renseignement, de sécurité économique et énergétique, de programmation de sécurité intérieure concourant à la*

[70] Il s'agit de l'avant-projet de loi : Avant-projet de loi relative aux mesures de police administrative lors d'une situation d'urgence épidémique. Deux propositions de loi de la N-VA et du CdH sont jointes à l'examen du projet de loi gouvernemental. https://www.lachambre.be/FLWB/PDF/55/1814/55K1814001.pdf (N-VA) et https://www.lachambre.be/FLWB/PDF/55/1823/55K1823001.pdf (cdH)

[71] C.E., arrêt n° 241.673 du 30 mai 2018, ASBL le Théâtre-Poème ; C.E., arrêt n° 243.790 du 22 février 2019, SA Ufund.

[72] Sur ce point, lire T. Desmoulins, « Le Conseil de défense en temps de pandémie : un lieu stratégique et politique », publié sur le site du Club des Juristes, le 28 janvier 2021.

sécurité nationale et de lutte contre le terrorisme »[73]. Ces délégations ont pour effet, voulu ou non, de contourner les contrôles que, dans ces deux pays, exercent le Conseil d'État et le Conseil constitutionnel.

19. La Résolution du Parlement européen du 13 novembre 2020 sur l'incidence des mesures relatives à la COVID-19 sur la démocratie, l'état de droit et les droits fondamentaux[74] rappelle à cet égard : « considérant que des mesures d'urgence pilotées par les gouvernements dans le respect de l'état de droit, des droits fondamentaux et de la responsabilité démocratique sont nécessaires pour lutter contre la pandémie et doivent constituer la pierre d'angle de tous les efforts déployés pour contrôler la propagation de la COVID-19 ; *que les pouvoirs d'urgence doivent être soumis à un contrôle supplémentaire dont l'objet est de garantir qu'ils ne servent pas en réalité à modifier l'équilibre des pouvoirs de manière plus permanente ;* que les mesures prises par les gouvernements devraient être nécessaires, proportionnées et temporaires ; que les pouvoirs d'urgence comportent un risque d'abus de pouvoir par l'exécutif et peuvent subsister dans le cadre juridique national une fois que la situation d'urgence aura pris fin ; *qu'il convient par conséquent, pour limiter ce risque, de mettre en place un contrôle parlementaire et judiciaire, tant interne qu'externe, ainsi que des contrepoids appropriés.* »[75]. Son jugement est sévère à

---

[73] Article R. 1122-1 du code de la défense.

[74] Point D. Résolution du Parlement européen du 13 novembre 2020 sur l'incidence des mesures relatives à la COVID-19 sur la démocratie, l'état de droit et les droits fondamentaux (2020/2790(RSP). Accessible sur le site du Parlement européen : Textes adoptés - L'incidence des mesures relatives à la COVID-19 sur la démocratie, l'état de droit et les droits fondamentaux - Vendredi 13 novembre 2020 (europa.eu). Voir également le point E : « *considérant que le fonctionnement des démocraties et le système de contre-pouvoirs qui les encadre sont perturbés lorsqu'une situation d'urgence sanitaire contribue à modifier la répartition des pouvoirs ; qu'il en est notamment ainsi lorsque le pouvoir exécutif peut acquérir de nouveaux pouvoirs qui lui permettent de limiter les droits individuels et d'exercer des compétences généralement réservées au pouvoir législatif et aux autorités locales, tandis que le rôle des parlements, du pouvoir judiciaire, de la société, ainsi que les activités et la participation des citoyens sont frappés par des restrictions ; que dans la plupart des États membres, le pouvoir judiciaire s'exerce sans restrictions spécifiques, mais qu'il est quasiment impossible aux tribunaux de fonctionner de manière normale en raison des mesures de confinement.* »

[75] Le Rapport de la Commission de Venise (point 56) souligne les exemples positifs suivis par certains pays *: » En même temps, il y a des pays comme l'Allemagne, qui ne prévoient pas la possibilité de déroger à la répartition normale des pouvoirs pendant l'état d'urgence. En Lettonie, pendant la crise de la COVID-19, toutes les branches du pouvoir (le Président de la Lettonie, le Président de la Saeima, le Premier ministre, le*

propos de l'interprétation de la notion d'urgence de fait : « *considérant que la Commission de Venise*[76] *soutient l'état d'urgence constitutionnel de droit plutôt que l'état d'urgence de fait, fondé sur la législation ordinaire, étant donné qu'« un système de pouvoirs constitutionnels d'urgence de droit peut offrir de meilleures garanties pour les droits fondamentaux, la démocratie et l'état de droit et mieux servir le principe de sécurité juridique qui en découle.* »

Comme le souligne le rapport de la Commission de Venise (n° 18 et 19) : « *L'état d'urgence est fondé sur un schéma dichotomique de la normalité et de l'exception. L'approche dite de la "souveraineté" établit qu'un état d'urgence est extérieur aux dispositions juridiques et n'y est pas soumis ; tandis que l'approche dite "de l'État de droit" établit qu'un état d'urgence est lui-même une institution juridique soumise à une réglementation juridique, bien que les règles qui lui sont applicables puissent être différentes de celles applicables en temps normal. Le droit international actuel ainsi que la quasi-totalité des ordres juridiques nationaux adhèrent à cette dernière approche : même l'état d'urgence est soumis aux dispositions légales en vigueur, bien que les règles le concernant puissent s'écarter légèrement des règles applicables en temps normal. À cet égard, la Commission de Venise a déclaré que "le concept d'état d'urgence est fondé sur l'hypothèse selon laquelle, dans certaines situations d'urgence politique, militaire et économique, le système de limitations du gouvernement constitutionnel doit céder le pas au pouvoir accru de l'exécutif. Toutefois, même en cas d'état d'urgence, le principe fondamental de l'État de droit doit prévaloir". L'État de droit se compose de cinq principes fondamentaux : la légalité, la sécurité juridique, la prévention des abus de pouvoir, l'égalité devant la loi et la non-discrimination et l'accès à la justice.* ».

En conclusion, seuls les changements de pouvoir nécessaires pour aider à surmonter la situation exceptionnelle, peuvent être mis en œuvre

---

Président de la Cour constitutionnelle et le Juge en chef de la Cour suprême) ont convenu, lors d'une session conjointe sans précédent, des principes communs de base des activités de l'État pour gérer la situation d'urgence. Cette coopération visait à assurer le respect du principe de la séparation des pouvoirs et le fonctionnement continu des institutions. »

[76] Commission de Venise, rapport intermédiaire sur les mesures prises dans les États membres de l'UE à la suite de la crise de la COVID-19 et leur incidence sur la démocratie, l'état de droit et les droits fondamentaux, 8 octobre 2020 (CDL-AD (2020) 018), paragraphe 57 (disponible sur le site : Venice Commission : Council of Europe (coe.int). La Commission de Venise est, rappelons-le, un organe créé par le Conseil de l'Europe.

et doivent être justifiés au regard des buts légitimes poursuivis : surmonter l'état d'urgence et revenir à la normalité. Les changements dans la redistribution des pouvoirs doivent être proportionnels, dans leur portée et leur ampleur, à la nature et à la gravité de la menace à surmonter. Ainsi, même les changements qui pourraient être adéquats (ou plutôt utiles) pour aider à surmonter la situation d'urgence mais qui iraient manifestement trop loin, en modifiant par exemple à long terme la structure des pouvoirs de l'État, ne seraient pas acceptables en vertu du principe de proportionnalité. On ajoute que toute modification de la répartition des pouvoirs doit être strictement limitée dans le temps, à savoir la période de la situation d'urgence.

b. La légalité matérielle

20. Dans la droite ligne de la jurisprudence strasbourgeoise, la légalité matérielle concentre aujourd'hui de nombreuses revendications en matière de légalité. Ce principe suppose, notamment, que le fondement légal de la restriction soit prévisible, à savoir clair et précis. Dans la jurisprudence européenne, une ingérence pour se conformer à l'exigence de légalité doit présenter deux qualités fondamentales : son accessibilité et sa prévisibilité. La jurisprudence de la Cour européenne des droits de l'homme considère, en effet, que, pour que l'ingérence soit acceptable, la loi *« soit suffisamment accessible et énoncée avec assez de précision pour permettre au citoyen de régler sa conduite : en s'entourant au besoin de conseils éclairés, il doit être à même de prévoir, à un degré raisonnable dans les circonstances de la cause, les conséquences de nature à dériver d'un acte déterminé »*[77].

Or, le libellé des interdits qui se succèdent, souvent vague et ambigu[78], laisse perplexe. Si les lecteurs les plus expérimentés[79] se posent de

---

[77] Cour eur. D.H., (grande chambre), Dubská et Krejzová C. République tchèque, requêtes nos 28859/11 et 28473/12, 15 novembre 2016, n° 167.

[78] En ce sens : L. François, *« PV classés sans suite ? L'arrêté ministériel sur le confinement, un texte qui favorise l'insécurité juridique »*, 15 avril 2020, la RTBF, site Internet : https://www.rtbf.be/info/regions/detail_l-arrete-ministeriel-sur-le-confinement-un-texte-qui-favorise-l-insecurite-juridique?id=10481972.

[79] Avis de N. Thirion *in* F. Louis, *« PV classés sans suite ? L'arrêté ministériel sur le confinement, un texte qui favorise l'insécurité juridique »*, *RTBF*, 15 avril 2020, op. cit. ; J. Pieret, « *Carnet de crise #16 du 20 avril 2020 : La gestion de la pandémie du COVID-19 et les dérogations aux droits et libertés : faut-il recourir à l'article 15 de la Convention européenne des droits de l'homme ?* », in Carnet de crise du centre de droit

multiples questions à leur lecture, qu'en est-il dès lors des citoyens novices dans le décryptage de textes techniques ? D'autant que les formulations officielles sont elles-mêmes parfois victimes de traductions approximatives du fait de la hâte dans laquelle les textes sont adoptés[80]. À titre exemplatif, citons les aberrations relevées par le professeur N. Thirion. : « *Si vous interprétez à la lettre l'article 5 de cet arrêté* (ndlr : sont interdites "les activités à caractère privé ou public, de nature culturelle, sociale, festive, folklorique, sportive et récréative"), *il n'est plus permis d'écouter un disque ou de lire un livre dans son salon... Il y a aussi des oublis. Par exemple, le texte interdit les déplacements non essentiels de ou vers la Belgique, mais aucune sanction n'a été prévue pour cette interdiction. Le droit pénal étant de stricte interprétation, en principe, un juge ne pourrait infliger aucune sanction pour cette infraction.* »

Plus récemment, les textes déposés en matière de *tracing* manquent également de clarté ou de cohérence dans l'ensemble législatif existant[81]. Il faut également relever les écueils liés à une latitude trop importante laissée aux policiers ou aux fonctionnaires communaux chargés de faire appliquer les règles sur le terrain. L'application des arrêtés et la sanction de leur violation ont donné lieu à de nombreuses situations de confusion et d'incertitude.

On peut donc légitimement s'interroger sur le respect de la légalité formelle, par les rédacteurs des propositions de lois ou projet de décrets ou arrêtés royaux. Il serait donc opportun de penser les limitations en

---

public de l'ULB, 20 avril 2020, publié sur : https ://droit-public.ulb.ac.be/carnet-de-crise-16-du-20-avril-2020-la-gestion-de-la-pandemie-du-COVID-19-et-les-derogations-aux-droits-et-libertes-faut-il-recourir-a-larticle-15-de-la-convention-europeenne-des-droits/#_ftnref12 ; consulté en dernier lieu le 20 octobre 2020 ; voir également en matière de migration : Ch. Allen et J. Piolat, « *Migrations et discriminations : comment penser le déconfinement en contexte de confinements structurels* », in *Déconfinement sociétal. Apport d'expertises académiques*, sous la direction de Y. Moreau, O. Servais, version 1.1., 17 avril 2020, sur le site https://07323a85-0336-4ddc-87e4-29e3b506f20c.filesusr.com/ugd/860626_731e3350ec1b4fcca4e9a3faedeca133.pdf ; consulté en dernier lieu de 20 octobre 2020.

[80] Ainsi, on observe souvent à peine 2 à 7 jours entre la publication officielle des mesures et la date du Conseil National de sécurité qui le précède. Ce délai trop court participe sans doute à la mauvaise qualité des textes, à titre exemplatif : l'arrêté royal du 17 avril 2020, suivra le Conseil National de Sécurité du 15 avril 2020.

[81] Voir *infra* n° 37 et s.

termes d'efficacité mais aussi de lisibilité. À force de vouloir mélanger ou cumuler les objectifs, le contenu des textes perd en clarté.

À considérer que la « loi » surmonte l'écueil de la clarté, encore faut-il que l'ingérence soit nécessaire pour atteindre l'objectif visé et ne soit pas disproportionnée au regard des intérêts, droits et libertés en jeu. On ajoute que l'article 6.3 du RGPD[82] fixe un minimum d'informations requises de la part des textes créant un traitement de données à caractère personnel afin que la portée et l'impact du traitement soient clairement compris des personnes concernées. Ainsi exige-t-il des informations quant aux finalités déterminées, explicites et légitimes des traitements de données à caractère personnel ; aux responsables de chaque traitement de données à caractère personnel ; aux (catégories de) données à caractère personnel qui seront traitées (et qui doivent être pertinentes et non excessives) ; aux catégories de personnes concernées dont les données à caractère personnel seront traitées ; aux catégories de destinataires des données à caractère personnel (ainsi que les raisons pour lesquelles ils recevront les données et les usages qu'ils en feront) ; au délai de conservation maximal des données à caractère personnel enregistrées[83].

---

[82] L'article 6. 3 du RGPD traduit les exigences de l'arrêt ROTARU de la CEDH (Rotaru c. Roumanie, 4 mai 2000, *n°*. 28341/95) : « *As regards the requirement of foreseeability, the Court noted that no provision of domestic law laid down any limits on the exercise of those powers. Thus, for instance, domestic law did not define the kind of information that could be recorded, the categories of people against whom surveillance measures such as gathering and keeping information could be taken, the circumstances in which such measures could be taken or the procedure to be followed. Similarly, the Law did not lay down limits on the age of information held or the length of time for which it could be kept.* »

[83] Les nombreux avis de l'APD belge sur les textes relatifs aux mesures de confinement ou déconfinement abordent à raison systématiquement cette question. Voir par exemple, le dernier en date, l'avis n°24/2021 du 2 mars 2021 relatif à l'avant-projet de loi relatif aux mesures de police administrative lors d'une situation d'urgence épidémique (CO-A-2021-044). Autre exemple : « *Ensuite, en ce qui concerne la rédaction actuelle des finalités : Premièrement, comme l'Autorité l'a déjà souligné supra, il convient de clarifier les conditions et les circonstances dans lesquelles "une visite physique" peut avoir lieu dans le cadre du suivi manuel des personnes (présumées) infectées et de leurs contacts. (...) Le projet devrait déterminer, de manière exhaustive, les raisons pour lesquelles les centres de contact peuvent traiter les données à caractère personnel reprises dans la base de données III (qui sont, elles-mêmes, issues de la base de données I). Il convient donc de supprimer les termes "entre autres" dans l'article 3 § 1er, 2. À du projet et de prévoir, dans le projet, toutes les raisons pour lesquelles les centres de contact pourront utiliser les données à caractère personnel visées dans la disposition en projet et contacter les personnes concernées. Il en est de même pour les mots "entre*

B. La proportionnalité

21. Le principe de proportionnalité[84] implique que, pour être acceptable dans une société démocratique, une mesure de limitation d'un droit fondamental doit être nécessaire au regard tant du but poursuivi par la limitation que des moyens utilisés par l'autorité pour y parvenir. En l'occurrence, les restrictions sont justifiées par la protection de la santé publique. L'objectif de santé publique constitue évidemment un objectif légitime au regard des exigences du droit constitutionnel mais également du droit international. La protection de la santé publique relève tant d'un intérêt public supérieur que d'obligations précises à charge des états sur pied de conventions internationales. Ainsi, l'article 35 de la Charte dispose que : « *Toute personne a le droit d'accéder à la prévention en matière de santé et de bénéficier de soins médicaux dans les conditions établies par les législations et pratiques nationales. Un niveau élevé de protection de la santé humaine est assuré dans la définition et la mise en œuvre de toutes les politiques et actions de l'Union.* ».

Pour autant, la simple poursuite de l'objectif de santé publique, aussi légitime qu'il soit, ne peut suffire à justifier les atteintes aux droits fondamentaux. Comme le note (n° 17) la Cour Constitutionnelle

---

autres" repris dans l'article 3 § 2, 2. A du projet (...) Il conviendrait de préciser ce qu'il faut entendre par "suivi" (Quelles sont la nature et l'objet de ce suivi ? S'agit-il d'un contrôle a posteriori du respect des "recommandations" fournies ? Est-il obligatoire ? Ce suivi implique-t-il des mesures contraignantes ?) (...) » (A.P.D. belge, avis 64/2020, du 20 juillet 2020, concernant un projet d'accord de coopération). À ce même propos, plus récemment, l'avis donné par l'APD belge projet d'arrêté royal concernant l'enregistrement et le traitement de données relatives aux vaccinations contre la COVID-19 (CO-A-2020-147) du 18 décembre 2020. « *Premièrement, les finalités (plusieurs des finalités), telles que décrites actuellement dans le projet, ne sont pas suffisamment déterminées et explicites13. L'article 4 du projet identifie pas moins de 8 finalités distinctes, tant opérationnelles que plutôt statistiques/politiques. La formulation souvent large et peu précise de certaines finalités (notamment "la prestation de soins de santé et de traitements", "l'organisation de la vaccination", "le soutien de la politique de vaccination", "le suivi et la surveillance post-autorisation", "l'exécution d'études scientifiques ou statistiques") ne permet pas aux personnes concernées dont des données sont traitées à cet effet (ni à l'Autorité) d'avoir une idée des traitements qui seront effectués ou des circonstances dans lesquelles ils ont été autorisés.* »

[84] Sur ce principe, on se référera à l'ouvrage de S. Van Drooghenbroeck, *La proportionnalité dans le droit de la Convention européenne des droits de l'homme – Prendre l'idée simple au sérieux*, Bruxelles, Bruylant, 2001. « *Conservation des données à caractère personnel, Accès par les autorités, Droit au respect de la vie privée, Non-violation* », *Obs. Bxl.*, 2020/3, n° 121, p. 61-62.

française[85] « *La Constitution n'exclut pas la possibilité pour le législateur de prévoir un régime d'état d'urgence sanitaire. Il lui appartient, dans ce cadre, d'assurer la conciliation entre l'objectif de valeur constitutionnelle de protection de la santé et le respect des droits et libertés reconnus à tous ceux qui résident sur le territoire de la République. Parmi ces droits et libertés figurent la liberté d'aller et de venir, composante de la liberté personnelle, protégée par les articles 2 et 4 de la Déclaration de 1789, le droit au respect de la vie privée garanti par cet article 2, la liberté d'entreprendre qui découle de cet article 4, ainsi que le droit d'expression collective des idées et des opinions résultant de l'article 11 de cette déclaration.* »

22. La proportionnalité nécessite *a minima* un triple test[86]. La proportionnalité, dans son volet substantiel, suppose trois conditions : premièrement, l'ingérence doit être appropriée ou de nature à atteindre la finalité recherchée ; deuxièmement, elle doit être nécessaire, à savoir la moins attentatoire aux droits et libertés en concurrence ; et troisièmement, assurer la proportionnalité au sens strict. Cet examen se fait *in concreto,* pour chaque limitation.

On retrouve systématiquement l'examen de ces trois conditions dans nombre d'avis de l'APD belge : « *Pour rappel, un traitement de données à caractère personnel est considéré comme étant nécessaire s'il constitue* ***la mesure la moins attentatoire pour atteindre l'objectif (d'intérêt général)*** *qu'il poursuit. Il faut donc, premièrement, que le traitement de données permette effectivement d'atteindre l'objectif poursuivi. Il faut donc démontrer, sur base d'éléments factuels et objectifs,* ***l'efficacité du traitement de données à caractère personnel pour atteindre l'objectif recherché*** *; deuxièmement, que ce traitement de données à caractère personnel constitue* ***la mesure la moins intrusive au regard du droit à la protection de la vie privée****. Cela signifie que s'il est possible d'atteindre l'objectif recherché au moyen d'une mesure moins intrusive pour le droit*

---

[85] Décision n° 2020-800 DC du 11 mai 2020, n° 17, à propos de la loi prorogeant l'état d'urgence sanitaire et complétant ses dispositions :
https://www.conseiconstitutionnel.fr/decision/2020/2020800DC.htm

[86] Sur ces trois conditions, S. Van Drooghenbroeck, *La proportionnalité dans le droit de la Convention européenne des droits de l'homme – Prendre l'idée simple au sérieux*, Bruxelles, Bruylant, 2001, pp. 31 à 38 ; du même auteur, appliqué aux mesures anti COVID, « *Conservation des données à caractère personnel, Accès par les autorités, Droit au respect de la vie privée, Non-violation* », Obs. Bxl., 2020/3, n° 121, p. 61-62.

au respect de la vie privée ou le droit à la protection des données à caractère personnel, le traitement de données initialement envisagé ne pourra pas être mis en place. Il faut, à cette fin, détailler et être en mesure de démontrer, à l'aide d'éléments de preuves factuels et objectifs, les raisons pour lesquelles les autres mesures moins intrusives ne sont pas suffisantes pour atteindre l'objectif recherché. Si la nécessité du traitement de données à caractère personnel est démontrée, il faut encore démontrer que celui-ci est proportionné (au sens strict) à l'objectif qu'il poursuit, c'est-à-dire qu'il faut démontrer qu'il existe un ***juste équilibre entre les différents intérêts en présence****, droits et libertés des personnes concernées. En d'autres termes, il faut qu'il y ait un équilibre entre l'ingérence dans le droit au respect de la vie privée et à la protection des données à caractère personnel et l'objectif que poursuit - et permet effectivement d'atteindre - ce traitement. Les avantages qui découlent du traitement de données en question doivent donc être plus importants que les inconvénients qu'il génère pour les personnes concernées.* »[87]. Notre tour d'horizon (*supra,* n° 5 et s.) témoigne de l'utilisation par les juridictions du principe de proportionnalité pour annuler certaines décisions des autorités publiques, ainsi pour la liberté de culte, la liberté de réunion, etc.

23. D'autres points d'attention complètent cet examen de l'application du principe de proportionnalité. La première est la question de la durée des traitements. Le principe de proportionnalité implique, d'une part, la limitation dans le temps des mesures restrictives ou limitatives de libertés, mais, au-delà, la révision régulière de leur nécessité[88]. Comme le note le

---

[87] Le texte ici repris est celui de l'avis APD belge n°34/2020, 28 avril 2020 ; Demande d'avis concernant un avant-projet d'arrêté royal n° XXX portant exécution de l'article 5, § 1, 1°, de la loi du 27 mars 2020 habilitant le Roi à prendre des mesures de lutte contre la propagation du coronavirus COVID-19 (II), dans le cadre de l'utilisation d'applications numériques de dépistage de contacts par mesure de prévention contre la propagation du coronavirus COVID-19 parmi la population (CO-A-2020-041). Plus récemment, l'avis donné par l'APD belge sur le projet d'arrêté royal concernant l'enregistrement et le traitement de données relatives aux vaccinations contre la COVID-19 (CO-A-2020-147) du 18 décembre 2020.

[88] Prenons un exemple : l'obligation faite aux restaurateurs de noter les personnes ayant fréquenté leurs établissements. Non seulement cette mesure n'a fait l'objet d'aucun suivi sérieux par les administrations, faute de moyens, mais en outre a pu servir à certains restaurateurs indélicats pour utiliser les listes ainsi dressées à d'autres fins que celle prévue par la mesure.

point J de la résolution du Parlement européen[89], « *considérant que la Commission a suivi les mesures d'urgence prises par les gouvernements des États membres tout au long de la crise ; que Ursula von der Leyen, présidente de la Commission, a déclaré, le 31 mars 2020 : « Toute mesure d'urgence doit être limitée à ce qui est nécessaire et strictement proportionné. Aucune ne peut durer indéfiniment. En outre, les gouvernements doivent veiller à ce que ces mesures fassent l'objet d'un contrôle régulier. Dans un esprit de coopération, la Commission européenne suivra de près l'application des mesures d'urgence dans chacun des États membres »*[90] *et que le commissaire Didier Reynders a fait une déclaration similaire le 26 mars 2020 ; Point L de la résolution sur État de droit. Considérant que la Commission de Venise recommande que « les déclarations ou mesures qui n'ont pas de délai spécifique, y*[91] *compris celles dont la suspension est subordonnée à la résolution de la situation exceptionnelle, ne soient pas considérées comme licites s'il n'y a pas de révision régulière de la situation.* ».

Comme la situation évolue dans le temps, il est important que les mesures reflètent cette évolution : elles peuvent devenir plus strictes si la situation s'aggrave ou moins strictes si la situation s'améliore). La même Résolution souligne également la nécessité de prendre en compte, dans l'examen de proportionnalité, les risques de discrimination que les mesures envisagées pourraient amener, « *considérant que l'application des restrictions liées à la COVID-19 devrait être proportionnée et non discriminatoire pour éviter de cibler des personnes issues de minorités ethniques et de groupes marginalisés ; que la pandémie touche de manière disproportionnée les Roms, les groupes les plus vulnérables étant les femmes et les enfants, et en particulier ceux frappés d'exclusion sociale et marginalisés qui n'ont pas accès à l'eau potable et aux services de santé, une situation dans laquelle il est quasiment impossible de suivre les règles de distanciation sociale ou de se conformer à des mesures d'hygiène strictes* ». On souligne, à cet égard, avec la CNIL[92], la nécessité

---

[89] Résolution du Parlement européen du 13 novembre 2020 sur l'incidence des mesures relatives à la COVID-19 sur la démocratie, l'état de droit et les droits fondamentaux (2020/2790(RSP), déjà citée.

[90] Disponible à https://ec.europe/presscomm:detail/fr/statement-éà567.

[91] Sur ce point, le Rapport de la Commission de Venise, déjà cité, n° 25 et 26.

[92] À cet égard, lire le « *Point d'étape sur les activités de la CNIL dans le contexte de la COVID-19 Le rôle du régulateur et les enjeux de la crise sanitaire en termes de protection des données* » Rapport présenté en séance plénière le 12 novembre 2020, accessible sur le site de la CNIL :

de prendre en compte le fait de l'exclusion numérique qui frappe, selon certaines associations, plus de 20 % de la population.

II. L'application des principes dans deux domaines d'application

A. L'Europe face à l'utilisation du numérique dans la lutte contre la COVID : fake news et liberté d'expression

24. La pandémie a été l'occasion de nombre de messages tantôt de mésinformation, tantôt de désinformation. Cette distinction est fondamentale, dans la mesure où le premier concept vise toute information fausse, alors que la seconde ne vise que les informations à la fois volontairement fausses pour tromper autrui et profitant des moyens technologiques, soit manipulation de textes, d'images ou de sons, soit par utilisation de logiciels propres ou des plateformes pour atteindre un public et ainsi mettre en cause les sources publiques ou journalistiques d'information[93]. Si la fausse information doit être protégée au nom de la liberté d'expression[94], on peut concevoir que la désinformation peut nuire à la démocratie (remise en cause de la vérité énoncée par nos gouvernants)

---

https://www.cnil.fr/sites/default/files/atoms/files/rapport_cnil_point-etape_COVID-19.pdf. « *Par ailleurs, pour les 13 millions de Français en difficulté avec les outils numériques, la numérisation de nombreux services (de l'obtention d'une attestation de déplacement à la réalisation de démarches administratives) a accru les inégalités d'usage entre les individus. À ce titre, les appels reçus par la CNIL témoignent de la détresse d'une partie de la population face à ces technologies numériques qu'ils ne maîtrisent pas. Pour certains d'entre eux, la CNIL est perçue comme l'institution pouvant résoudre leurs problèmes liés au numérique même si ceux-ci ne relèvent pas de la collecte ou du traitement de leurs données à caractère personnel. Autre indicateur de ce désarroi, la plateforme "Solidarité numérique" 19 mise en place à la mi-mars par la MedNum, coopérative des acteurs de la médiation numérique, a reçu en moyenne 350 appels par jour entre l'ouverture du centre d'appel téléphonique et l'été.* »

[93] Sur ce débat et les mesures prises par l'Europe, lire Y. Poullet et N. Bontridder, « *L'Europe et la régulation de la désinformation* », *RDIT*, 2021.

[94] On rappelle le célèbre attendu de la Cour de Strasbourg dans l'affaire *Handyside contre Royaume-Uni* : la liberté d'expression « *vaut non seulement pour les "informations" ou "idées" accueillies avec faveur ou considérées comme inoffensives ou indifférentes, mais aussi pour celles qui heurtent, choquent ou inquiètent l'État ou une fraction quelconque de la population. Ainsi le veulent le pluralisme, la tolérance et l'esprit d'ouverture sans lesquels il n'est pas de "'société démocratique"'* » (Cour. eur. D.H., arrêt *Handyside c. Royaume-Uni*, 7 décembre 1976, req. n° 5493/72, § 49. Voir. également, Cour eur. D.H., arrêt *De Haes et Gijsels c. Belgique*, 24 février 1997, req. n° 19983/92, § 46 ; Cour eur. D.H., arrêt *Özgür Gündem c. Turquie*, 16 mars 2000, req. n° 23144/93, §§ 57 et 60)

ou simplement à la politique de santé publique que nécessite l'urgence sanitaire de la lutte contre la COVID-19.

La volonté compréhensible des autorités publiques de lutter en ces temps de pandémie contre cette désinformation a amené ces dernières à intensifier la lutte contre celle-ci. On se contentera de citer quelques documents d'autorités publiques internationales. Ainsi, l'UNICEF a adopté le 9 mars 2020 une déclaration sur la désinformation concernant le coronavirus dans laquelle elle entend prendre « *activement des mesures pour fournir des informations précises sur le virus en travaillant avec l'Organisation mondiale de la santé, les autorités gouvernementales et des partenaires en ligne comme Facebook, Instagram, LinkedIn et TikTok, pour s'assurer que des informations et des conseils précis soient disponibles, ainsi qu'en prenant des mesures pour informer le public lorsque des informations inexactes apparaissent* ». On épingle également la déclaration du 21 mars 2021 du comité d'experts du Conseil de l'Europe sur l'environnement des médias et la réforme du Conseil de l'Europe (MSI-REF). Cette déclaration contient nombre de recommandations à ce propos.

On souligne cependant le rappel des limites à cette lutte contre la désinformation, qu'impose la liberté d'expression : « *la situation de crise ne doit pas servir de prétexte pour restreindre l'accès du public à l'information. Les États ne devraient pas non plus introduire de restrictions à la liberté des médias au-delà des limites autorisées par l'article 10 de la Convention européenne des droits de l'homme* ». Le comité rappelle aussi que les *« États membres, avec tous les acteurs des médias, devraient s'efforcer de garantir un environnement favorable à un journalisme de qualité* ».

Enfin, l'Union Européenne a pris part au débat de manière critique. Le 10 juin, le Parlement européen, le Conseil européen, le Comité économique et social européen et le Comité des régions ont émis une communication relative à la lutte *« contre la désinformation concernant la COVID-19 – Démêler le vrai du faux* »[95], au vu de la montée des

[95] Accessible à l'adresse : https://ec.europa.eu/info/live-work-travel-eu/health/coronavirus-response/fighting-disinformation_fr. Cf également, l' EEAS Special Report: Covid disinformation (EEAS Special Report Update): *Short Assessment of Narratives and Disinformation Around the COVID-19 Pandemic*)

rumeurs et des désinformations présentes sur les plateformes[96] de partage de contenu, également appelées les réseaux sociaux. Dans le même esprit, la Commission invite les États membres « *à intensifier leurs efforts en ces temps de crise pour que les journalistes puissent travailler en toute sécurité, dans de bonnes conditions, et à reconnaître les médias d'information comme un service essentiel* », assurant ainsi la liberté d'expression et le droit à l'information qui en est le corollaire[97]. Depuis, le Parlement européen a adopté, le 25 novembre 2020, une Résolution importante sur l'incidence des mesures relatives à la COVID-19 sur la démocratie, l'état de droit et les droits fondamentaux[98]. Quasiment à la même date, la Commission, dans le cadre de son projet de règlement dit *Digital Service Act*, proposait des mesures sévères vis-à-vis des très larges plateformes contre la désinformation, en particulier par la réglementation des systèmes d'intelligence artificielle utilisés par elles afin qu'à la fois ils

---

[96] Cette communication met l'accent sur la responsabilité des plateformes. Elle rompt avec la ligne de la politique européenne en matière de désinformation, politique de co-régulation légère voire d'autorégulation, qui, dans un premier temps, avait poussé la Commission européenne à accepter, en septembre 2018, la rédaction par les plateformes privées elles-mêmes d'un Code européen de bonnes pratiques contre la désinformation. La Commission souligne en effet la nécessité désormais d'« *intensifier leur coopération avec les vérificateurs de faits et à proposer de façon proactive l'accès à leurs programmes de vérification des faits aux organisations de tous les États membres de l'UE, ainsi que de son voisinage, dans toutes les langues* » ; voir les rapports de GDI : https://disinformationindex.org/2020/05/why-is-tech-not-defunding-COVID-19-disinfo-sites/ ; consulté en dernier lieu le 20 octobre 2020.

[97] À ce propos, lire « *Dix choses que fait l'UE pour lutter contre la COVID-19 et assurer la relance* », détaillée sur le site (mise à jour le 21 octobre) : https://www.consilium.europa.eu/fr/policies/coronavirus/10-things-against-COVID-19/.

[98] Il est à noter que dans le cadre de sa Résolution (Résolution du Parlement européen du 13 novembre 2020 sur l'incidence des mesures relatives à la COVID-19 sur la démocratie, l'état de droit et les droits fondamentaux (2020/2790(RSP)), le Parlement européen traitait déjà des problèmes posés par la désinformation, ainsi notamment : « *que des cas de racisme et de xénophobie ont été signalés dans plusieurs États membres qui ont été le théâtre de discriminations fondées sur l'origine ou la nationalité à l'encontre de certaines personnes ; que des personnes d'origine asiatique et des Roms ont été la cible de discours haineux et d'agressions ; que certains responsables politiques dans certains États membres ont exploité des informations diffusées dans les médias à propos de travailleurs migrants Roms revenant massivement de pays à forte prévalence de COVID-19 pour alimenter les peurs que suscite la propagation du virus, ce qui a eu pour effet de renforcer les comportements négatifs et les stéréotypes ;* »

luttent contre la désinformation et n'en facilitent pas la diffusion. Nous ne pouvons, dans le cadre de cet article aborder ce dernier texte[99].

25. La Résolution du Parlement européen a été dictée par la multiplication des désinformations qui ont circulé à propos de la pandémie COVID-19 et qui ont exigé une réaction rapide des autorités européennes[100]. Depuis[101], en la matière, se sont ajoutés bien d'autres faits explicables par des raisons stratégiques ou économiques. Cette « infodémie » brouille considérablement les messages officiels des instances nationales, européennes et internationales et contrecarre les initiatives qu'elles souhaitent prendre. Cette Résolution est importante car elle développe des pistes positives[102] qui, au lieu de limiter la liberté d'expression, trouvent dans cette dernière un moyen de lutter contre la désinformation. Sans doute, n'est-elle pas la seule dans le concert des textes européens comme nous le montrerons mais elle en constitue l'expression la plus articulée.

---

[99] Sur ce débat et les mesures prises par l'Europe, lire Y. Poullet et N. Bontridder, *« L'Europe et la régulation de la désinformation »*, *RDIT,* 2021.

[100] Un rapport spécial du 24 avril 2020 de l'EEAS (Special Report update of the European External Action Service (EEAS) of 24 April 2020 entitled « *Short Assessment of Narratives and Disinformation around the COVID-19/Coronavirus Pandemic* » accessible en ligne sur https://euvsdisinfo.eu/eeas-special-report-update-2-22-april/.) liste d'ailleurs les faits de désinformation significatifs à ce propos, qu'il s'agisse de montages vidéo, d'articles de presse, d'attaques y compris physiques contre des lieux publics ou des journalistes ou de messages adressés sur les réseaux sociaux, ce que le rapport qualifie d'« infodémie ».

[101] Résolution, point B : « *considérant que la crise a mis en lumière le rôle essentiel des journalistes, qui fournissent aux citoyens des informations fiables et vérifiées ; qu'il convient ainsi de redoubler d'efforts pour leur assurer un environnement de travail sûr, dans des conditions adéquates ; que, dans le contexte de la lutte contre la corruption et la mauvaise administration dans l'Union européenne, le journalisme d'investigation devrait bénéficier d'une attention particulière.* » .

[102] Certes, la Résolution évoque également la nécessité de réguler les plateformes qui participent à ce mouvement de désinformation et rappellent à leur égard leur responsabilité sociale comme « gatekeepers » de l'espace public informationnel : « " ...*in order to protect freedom of expression, including artistic freedom, the right to free and independent information and the fundamental rights of citizens in general; recalls that online platforms are part of the online public sphere in which public debate take place; calls on the Commission to ensure safeguards for platforms so that fundamental rights and freedom of speech are respected;* " (document cite, n° 35).

La réaffirmation de la liberté d'expression comme pilier de la démocratie européenne est centrale dans le texte parlementaire[103]. La première idée défendue est la réaffirmation du rôle de 4ème pouvoir et donc de « service public » essentiel que doivent jouer les organes de presse[104] en tant qu'organismes d'édition, responsables d'un contenu, pluralistes, indépendants et rassemblant des journalistes habités par une forte déontologie. Le Parlement souligne les dangers d'une presse de plus en plus contrôlée par certains pouvoirs privés et, tantôt, réduite au silence par la menace externe voire par les gouvernements, tantôt devenue un outil de propagande pour l'action gouvernementale. Il décrit la paupérisation d'une presse privée des revenus publicitaires et soumise aux impératifs d'une opinion qui souhaite sensationnalisme et réaction immédiate[105]. Par ailleurs, il note qu'un journalisme de haute qualité déontologique et donc critique par rapport à ses sources « *est primordial pour la démocratie* »[106]. Le Parlement plaide pour un refinancement du secteur des médias[107] et conclut à ce propos : « *les mesures de lutte contre la désinformation devraient viser à favoriser la pluralité des opinions, grâce à la promotion*

---

[103] Résolution, point 6 : « … *le futur mécanisme de l'Union sur la démocratie, l'état de droit et les droits fondamentaux doit consacrer la liberté des médias, y compris la liberté artistique, comme un pilier essentiel d'un régime démocratique ; invite la Commission, dans ce contexte, à recueillir des informations et des statistiques sur la liberté et le pluralisme des médias dans tous les États membres* ; »

[104] Il s'agit bien ici des organismes de presse et non des messages que chacun de nous poste sur les réseaux sociaux, parfois qualifiés de presse électronique. Certes, eux aussi, dans la mesure où ils sont la manifestation de notre liberté d'expression, contribuent au débat public mais ne peuvent être qualifiés de presse, faute d'un environnement qui garantit la qualité du propos, et dès lors ne peuvent bénéficier de la protection particulière que la Constitution et les lois accordent à une presse par ailleurs responsable. Sur la tendance à accorder aux expressions d'intérêt général des citoyens sur Internet, les mêmes protections qu'à la presse, lire J. Englebert, « La liberté d'expression à l'heure de l'Internet », in *Vie privée, liberté d'expression et démocratie dans la société numérique* (Y. Poullet éd.), *Cahier du CRIDS n° 47, pp. 123 et s.*).

[105] La Résolution, point 7 : « *souligne que le rôle des médias du service public est irremplaçable et insiste sur le fait qu'il est essentiel de garantir et de maintenir leur indépendance vis-à-vis de toute ingérence politique ; souligne, en outre, également la nécessité de garantir l'indépendance financière des opérateurs privés et les conditions de viabilité de leurs activités afin d'éviter la captation de médias ; réitère, dans ce contexte, l'appel du Parlement à mettre en place un ambitieux plan d'action de l'Union en faveur des médias ; condamne les tentatives des gouvernements de certains États membres de réduire au silence les médias critiques et indépendants, ainsi que de restreindre la liberté et le pluralisme des médias…* ».

[106] Résolution, point 7.

[107] Résolution, points 3 et 21.

du journalisme de haute qualité, qui fournit des informations fiables, fondées sur les faits et vérifiées »[108].

Le renforcement des médias dignes de confiance devrait s'opérer par l'apposition de labels de qualité délivrés par la profession elle-même. Ainsi, ces labels accroîtraient la visibilité, pour le simple citoyen, des canaux d'information fiables dans la manière dont l'allégation est contrôlée avant de devenir, le cas échéant, information et d'être, alors seulement, publiée[109]. Les publications effectuées par ces organismes labellisés permettraient en contrepoint de démasquer les désinformations venues d'ailleurs. Dans ce contexte, il est intéressant de noter la volonté des autorités européennes elles-mêmes dans des cas exceptionnels, de mettre sur pied des plateformes d'information, afin d'« *assurer une communication renforcée et proactive dans toutes les langues officielles en cas de situations d'urgence publique majeure, telles que la pandémie, afin de veiller à ce que les citoyens européens aient accès à des informations exactes, faciles à exploiter et vérifiées.* »[110].

Le pluralisme de la presse est fondamental. Le Parlement en appelle à un plan d'action européen pour le développement d'un paysage des médias, « *dynamique et pluraliste* »[111]. Pour assurer cette liberté des journalistes d'agir sans crainte de représailles voire de violences, le Parlement plaide pour l'adoption de règles assurant la protection des journalistes et des « lanceurs d'alerte », protection y compris physique mais également et surtout contre le harcèlement et les représailles de quelque nature qu'elles soient[112].

---

[108] Résolution, point 34.

[109] Des initiatives existent en ce sens. Ainsi, on distinguera des labels comme celui proposé par « *Journalism Trust Initiative* » des reporters dits sans frontières qui se concentre sur les méthodes de production de l'information ou celui, finlandais, qui consiste à adhérer à une déontologie dont le respect est contrôlé par le conseil de déontologie journalistique (sur ce point, lire M. Hanot, « Un conseil de déontologie pour restaurer la confiance entre médias d'information et public », *Rapport annuel du Conseil de déontologie journalistique,* 2016-2017, pp. 7 et 8.

[110] Résolution, point 50.

[111] Résolution, point 20.

[112] Point 11 : « ... *demande la mise en œuvre des orientations de l'Union relatives à la liberté d'expression en ligne et hors ligne, qui précisent que l'Union prendra toutes les mesures nécessaires pour assurer la protection des journalistes, que ce soit par la prévention ou en insistant pour que de réelles enquêtes soient menées lorsque des violations sont commises ; souligne que les femmes journalistes sont particulièrement exposées au harcèlement et aux intimidations et qu'elles doivent donc faire l'objet de protections supplémentaires ; fait part de sa vive préoccupation au sujet de*

26. Ces réflexions positives n'empêchent pas que, comme le soulignaient les experts du Conseil de l'Europe, la lutte contre la désinformation semble avoir justifié des restrictions parfois inacceptables parce que disproportionnées de la liberté d'expression. Ainsi, on pointe la censure publique ou privée de certaines déclarations et la volonté du gouvernement français d'interdire légalement aux membres du corps médical de mettre en doute l'efficacité des vaccins ou de minimiser les dangers ou l'ampleur de la pandémie. La vérité de l'État' n'est pas plus vérité que celle de ceux qui la critiquent. C'est bien là le « jeu » même de la démocratie.

B. La protection des données[113]

27. À l'heure où se multiplient les bases de données recensant les personnes, victimes ou susceptibles d'être victimes du Coronavirus, vaccinées ou en attente de vaccination, en voyage ou de retour de voyage, à l'heure où le recours aux techniques de traçage numérique ou autres, y compris via les drones, s'invite dans notre quotidien, d'importantes questions relatives à la conception du droit au respect de la vie privée émergent. Il est certain que, depuis l'entrée en vigueur du RGPD, la sauvegarde de la vie privée et la protection des données à caractère personnel sont devenues des sujets de premier plan, parfois au même titre que la sauvegarde de la santé. Le phénomène a été accentué par les nombreuses interventions, dans les débats et dès les premiers jours de la crise des Autorités de contrôle au travers de toute l'Europe. Les Autorités de protection des données de la plupart des pays ont publié des déclarations ou des directives sur le traitement et le partage des données[114]

---

l'augmentation des attaques contre les femmes journalistes et professionnelles des médias ; invite une nouvelle fois les États membres à adopter une approche qui tient compte des questions d'égalité des sexes lorsqu'ils envisagent des mesures visant à assurer la sécurité des journalistes ; ».

[113] Pour le point B., nous nous référons à l'étude de Me Alain Basdevant publiée dans le même ouvrage, de même qu'aux études plus complètes déjà publiées et citées à la note 3 de la présente contribution

[114] Le lecteur trouvera la liste complète et impressionnante des avis, opinions, déclarations, etc., des Autorités de Protection des Données et autres organes nationaux et internationaux de protection des données sur le site :
https://globalprivacyassembly.org/COVID19/. Cf également le site très nourri de l'équipe de recherche LSTS de la VUB (Brussels) : « Data Protection Law and the COVID-19 outbreak », accessible à l'adresse : https://lsts.research.vub.be/en/data-protection-law-and-the-COVID-19-outbreak.

dans le contexte de la pandémie : en France, de la Commission nationale informatique et libertés en France (ci-après la CNIL)[115] ; en Belgique, ce fut le fait de l'Autorité de protection des données (ci-après l'A.P.D.)[116] ; au niveau européen du Comité européen de protection des données (ci-après le C.E.P.D. ou E.D.P.B. en anglais)[117], et du Conseil de l'Europe[118]. L'EDPB rappelle le principe qui doit être suivi par les autorités publiques dans l'utilisation des outils technologiques à l'appui de la lutte contre la pandémie. « *De manière générale, l'EDPB estime que les données et les technologies utilisées pour aider à lutter contre la COVID-19 devraient être employées pour outiller les personnes, plutôt que pour les contrôler, les stigmatiser ou les réprimer. En outre, si les données et les technologies*

---

[115] CNIL, « Thématique », « Coronavirus (COVID-19) » ; à l'adresse suivante : https://www.cnil.fr/fr/coronavirus-COVID-19. Dans ce point d'étape, le 21 janvier 2021, disponible à l'adresse : https://www.cnil.fr/fr/point-detape-sur-les-activites-de-la-cnil-dans-le-contexte-du- -19, la CNIL revient sur son accompagnement des pouvoirs publics dans la mise en œuvre de divers dispositifs destinés à lutter contre l'épidémie de la COVID-19, qu'il s'agisse de TousAntiCOVID, anciennement StopCOVID, ou encore des systèmes d'information « SI- DEP » et « CONTACT COVID ».
Chiffres clés - activités de la CNIL entre mars et juin 2020 : 13 séances plénières en lien avec l'épidémie de COVID-19, 6 avis rendus en lien avec l'épidémie de COVID-19, 5 auditions parlementaires de la Présidente de la CNIL
Ce rapport aborde également l'instruction par la CNIL, dans des délais extrêmement courts, des demandes d'autorisation déposées dans le secteur de la recherche en santé et portant sur la COVID-19. À titre indicatif, en novembre 2020, 80 demandes d'autorisation étaient déjà déposées.

[116]A.P.D., avis relatifs à la COVID-19, à l'adresse suivante :
https://www.autoriteprotectiondonnees.be/professionnel/themes/COVID

[117] E.D.P.B., (C.E.P.D. en français) « *Statement on the processing of personal data in the context of the COVID-19 outbreak* », 20 March 2020, consulté en dernier lieu le 20 octobre 2020 à l'adresse suivante https://edpb.europa.eu/our-work-tools/our-documents/other/statement-processing-personal-data-context-COVID-19-outbreak_fr.
Cf également de la part de l'EDPB, les « *Lignes directrices 4/2020 relatives à l'utilisation de données de localisation et d'outils de recherche de contacts dans le cadre de la pandémie de COVID-19 Adoptées le 21 avril 2020* »

[118] Déclaration de la Présidente du comité consultatif de la Convention n° 108 et du DPO du Conseil de l'Europe, accessible à l'adresse : https ://www.coe.int/fr/web/data-protection/statement-by-alessandra-pierucci-and-jean-philippe-walter. Cette déclaration a été complétée par les mêmes personnes, au vu des questions nouvelles soulevées par le déconfinement : https ://www.coe.int/en/web/data-protection/contact-*tracing*-apps ; site consulté en dernier lieu le 20 octobre 2020. On ajoute que le C.E.P.D a, par ailleurs, augmenté le rythme de ses réunions afin de répondre au mieux et au plus vite aux enjeux de la protection des données dans le cadre de la pandémie. Cf également, la Résolution de l'assemblée parlementaire du Conseil de l'Europe, n° 2361 (2021)1 Version provisoire Vaccins contre la COVID-19 : considérations éthiques, juridiques et pratiques.

peuvent être des outils importants, elles présentent des limites intrinsèques et peuvent seulement accroître l'efficacité d'autres mesures de santé publique. Les principes généraux d'efficacité, de nécessité et de proportionnalité doivent guider les mesures adoptées par les États membres,... ». Mettre les technologies au service des personnes et de leur capacité de décider et non en faire un outil de contrôle, est certes le message adressé par les autorités de contrôle.

28. C'est en ce sens que se conçoit la préférence donnée à l'anonymisation des données de localisation dans le cadre de tracing automatique : « *The EDPB emphasises that when it comes to using location data, preference should always be given to the processing of anonymised data rather than personal data. Anonymisation refers to the use of a set of techniques in order to remove the ability to link the data with an identified or identifiable natural person against any "reasonable" effort. This "reasonability test" must take into account both objective aspects (time, technical means) and contextual elements that may vary case by case (rarity of a phenomenon including population density, nature and volume of data). If the data fails to pass this test, then it has not been anonymised and therefore remains in the scope of the GDPR* »[119]. Le principe d'autonomie justifie les conditions mises à l'utilisation des systèmes grand public de *tracing*, qu'ils soient manuels ou automatiques (application TousAntiCovid). En effet, les personnes concernées jouissent d'une double protection : celle de la « loi », qui définit les conditions de proportionnalité et celle du consentement. Enfin, si le C.E.P.D. exige une « loi » pour encadrer le système de *tracing*, dans le même temps, il réclame que la « loi » renvoie au consentement spécifique de l'individu dans la mise en œuvre des mesures[120], en ce qu'il dispose que : « *the legal basis or legislative measure that provides the*

[119] E.D.P.B. (C.E.P.D. en français), Guidelines déjà citées, n° 14 et s.

[120] Le rapport d'experts nommés par la Commission pour étudier les bases d'une politique de partage des données entre le secteur privé et le secteur public estimait que le consentement des citoyens pour une transmission aux autorités publiques de leurs données collectées par des entreprises privées pourrait être une base légale suffisante pour justifier la création *de « big data »* dont l'exploitation servirait l'intérêt général. Le rapport parle de « consentement altruiste », in *Towards a European strategy on business-to-government data sharing for the public interest*, Final report prepared by the High-Level Expert Group on Business-to-Government Data Sharing, 19 février, 2020. La Commission européenne a présenté, ce même 19 février, ce document comme un des éléments de sa stratégie en matière de données.

lawful basis for the use of contact tracing applications should, however, incorporate meaningful safeguards including a reference to the voluntary nature of the application »[121].

La base légale des traitements dont les pouvoirs publics (des organismes de santé publique) sont responsables est donc la loi mais cette dernière prévoit explicitement le consentement comme condition de son application. Nous ajoutons que ce consentement, pour être libre, ne peut être conditionné par aucun avantage et que le refus de l'application ne peut entraîner aucune discrimination. Ce dernier point pose difficulté dans la mesure où il y a une tentation de plus en plus grande de certains commerces ou autres établissements d'exiger de pouvoir vérifier si les personnes qui souhaitent bénéficier de l'entrée dans leurs établissements disposent d'une attestation, aujourd'hui d'un test positif, demain d'une vaccination. Il sera donc important que les exigences de proportionnalité soient rappelées par les autorités, y compris de protection des données, aux opérateurs privés qui souhaiteraient imposer cette condition au bénéfice de leurs services ou à l'accès à leurs lieux.

29. Le principe de transparence reçoit des significations multiples. La transparence est requise de l'acte législatif selon la condition de légalité formelle, qui présente en matière de protection des données, une signification particulière (voir *supra,* n° 18). Dans le cadre de la mise sur pied des systèmes de *tracing* automatique, le principe implique en outre la publication en open source des algorithmes de fonctionnement. Au-delà de ce débat général, le RGPD institue également une transparence des traitements vis-à-vis des personnes concernées par ceux-ci. Les articles 12, 13, 14 et 15 exigent une information sur les caractéristiques principales du traitement et le droit d'accès aux données traitées : Qui est responsable ? Pour quelles finalités ? Quelles données sont traitées ? Si la collecte vient d'un tiers, quelles sont les sources ? À qui sont-elles destinées ? À qui se plaindre ? ... S'ajoute à ce droit à l'information, l'existence d'un droit d'accès à toutes les données, non seulement celles de base, mais également les données résultant des traitements ayant trait à la personne concernée (par exemple, la forte probabilité de la contagion, la présence de personnes infectées dans l'entourage) sous réserve que la

[121] E.D.P.B., (C.E.P.B. en français), Guidelines 04/2020 on the use of location data and contact tracing tools in the context of the COVID-19 outbreak, 21 April 2020, https://edpb.europa.eu/sites/edpb/files/files/file1 /edpb_guidelines_20200420_contact_tracing_COVID_with_annex_en.pdf.

communication ne mette pas en cause les intérêts et droits d'autrui. On ajoute que, selon les prescrits du RGPD, si le traitement aboutit à une décision, le responsable du traitement donne les informations « sur la logique sous-jacente ainsi que l'importance et les conséquences prévues de ce traitement pour la personne concernée ». Dans le cas du traçage, il sera utile pour la personne contactée de connaître ce qui a présidé à la décision de la contacter, les critères utilisés pour la considérer comme suspecte et les conséquences que cette alerte signifie pour elle (obligation d'aller se faire dépister, obligation de se confiner...).

30. Le principe de minimisation justifie que seules les données réellement nécessaires aux différentes finalités du traçage pourraient être collectées et traitées par les catégories de personnes en charge de la réalisation de ces finalités. Il reçoit une application intéressante en matière de *tracing* automatique. À cet égard, dans ses lignes directrices, l'EDPB[122] exclut l'utilisation des données de localisation : « *In the context of a contact tracing application, careful consideration should be given to the principle of data minimisation and data protection by design and by default ;*

– contact tracing apps do not require tracking the location of individual users. Instead, proximity data should be used ;

– as contact tracing applications can function without direct identification of individuals, appropriate measures should be put in place to prevent re-identification ;

–the collected information should reside on the terminal equipment of the user and only the relevant information should be collected when absolutely necessary ».

L'application de ces exigences a nourri toute la discussion dans nombre de nos pays du choix entre le protocole DP-3T (*Decentralized*

---

[122] Le « Statement » publié, le 30 mars 2020) par la présidente du Comité consultatif de la Convention n° 108 du Conseil de l'Europe et le DPO de la même institution (Déclaration conjointe sur le droit à la protection de données dans le contexte de la pandémie à COVID-19 accessible sur le site du Conseil, Déclaration d'Alessandra Pierucci et Jean-Philippe Walter (coe.int)) s'interroge sur la nécessité de ce traçage : « *Although technological tools can play an important role in addressing the current challenge, the first - essential - question we have to ask ourselves before systematic and uncritical adoption of technology (not having assessed their effectiveness and proportionality) is: Are those "Apps" the solution? Considering the absence of evidence of their efficacy, are the promises worth the predictable societal and legal risks?* ».

Privacy Preserving Proximity tracing), choisi par nombre de pays européens (Belgique, Allemagne, Italie, Portugal, etc.) et le protocole concurrent Pan-European Privacy-Preserving Proximity Tracing (PEPP-PT), choisi par la France pour son application TousAntiCovid. Les deux utilisent la technologie Bluetooth Low Energy pour suivre et enregistrer sur le système installé sur nos mobiles, nos rencontres avec d'autres utilisateurs. Les protocoles diffèrent dans leur mécanisme de déclaration. PEPP-PT oblige les clients à télécharger les journaux de contact vers un serveur de rapports central. Avec le DP-3T, au contraire, le serveur central de rapports n'a jamais accès aux journaux de contact et n'est pas responsable du traitement et de l'information des clients de contact. Il apparaît donc comme offrant une meilleure garantie de protection pour nos données et l'inscrit dans le design du système lui-même.

Cet exemple atteste de l'importance de se livrer au *Privacy Impact Assessment* prescrit par les articles 35 et s. du RGPD[123]. Idéalement, pour des applications grand public ou destinées à l'ensemble de la population, comme le sont tous les traitements établis par l'autorité publique pour lutter contre le coronavirus, il serait utile que cette évaluation puisse être faite avec l'ensemble des groupes d'intérêts, par une équipe multidisciplinaire et soit soumise préventivement à la consultation du public. La même exigence devrait s'appliquer aux traitements IA utilisés aux fins de lutte contre la pandémie[124].

---

[123] À ce sujet voir le PIA réalisé an Belgique à propos du *tracing* automatique (*Application de traçage des contacts – Belgique Analyse d'impact relative à la protection des données (AIPD),* 15 septembre 2020, à l'adresse : https://coronalert.be/wp-content/uploads/2020/09/20200915-DPIA_contactopsporingsapplicatie-Belgie-V.5_final_FR.pdf et les réflexions de la CNIL à ce même propos. La CNIL (Délibération CNIL, « Délibération n° 2020-046 du 24 avril 2020 portant avis sur un projet d'application mobile dénommée "StopCOVID" », accessible à l'adresse https://www.cnil.fr/fr/publication-de-lavis-de-la-cnil-sur-le-projet-dapplication-mobile-stopCOVID : *« Dans son avis, la CNIL rappelle que l'utilisation d'applications de recherche des contacts doit s'inscrire dans une stratégie sanitaire globale et appelle, sur ce point, à une vigilance particulière contre la tentation du "solutionnisme technologique". Elle souligne que son efficacité dépendra, notamment, de sa disponibilité dans les magasins d'application (appstore, playstore...), d'une large adoption par le public et d'un paramétrage adéquat* ».

[124] À ce propos, le très intéressant document réalisé par le secrétariat du CAHAI (Comité d'experts ad hoc créé par le Conseil de l'Europe, intitulé *« IA et lutte contre le coronavirus »* disponible sur le site du Conseil de l'Europe à l'adresse : IA et lutte contre le coronavirus -19 (coe.int).

31. La Résolution du Parlement européen du 20 novembre 2020 sur la pandémie et l'État de droit[125] résume bien le propos ci-dessus tenu : «*Considérant que, dans le cadre de la lutte contre la pandémie, les mesures restrictives des droits relatifs au respect de la vie privée et à la protection des données devraient revêtir un caractère essentiel, proportionné et temporaire ; que les nouvelles technologies ont joué un rôle important face à la pandémie, mais qu'elles posent de nouveaux défis et ont soulevé des inquiétudes ; que les gouvernements de certains États membres ont recouru à une surveillance extrême de leurs citoyens : utilisation de drones*[126]*, surveillance au moyen de véhicules de police équipés de caméras, traçage grâce aux données de localisation des prestataires de services de télécommunications, patrouilles de police et militaires, suivi de quarantaines obligatoires par des appels de la police au domicile ou obligations de déclaration au moyen d'applications ; que certains États membres ont introduit des applications de traçage des contacts, bien qu'il n'existe pas de consensus quant à leur efficacité et que le système décentralisé, pourtant le plus respectueux de la vie privée, n'est pas toujours utilisé que, dans certains États membres, la réouverture des espaces publics est allée de pair avec la collecte de données à partir des contrôles de température obligatoires et de questionnaires et l'obligation de communiquer des informations sur les contacts, parfois au mépris des obligations découlant du règlement général sur la protection des données.* »

Conclusions : soyons vigilants, nous juristes en particulier

32. Notre contribution n'a d'autre but que d'appeler les citoyens à la vigilance et à exiger que les mesures de lutte contre la COVID fassent

---

[125] Résolution déjà citée, point Aa.

[126] Sur l'utilisation de drones à des fins de lutte contre la pandémie, notons que, par une ordonnance de référé rendue le 18 mai 2020, le Conseil d'État a enjoint à « *l'État de cesser, sans délai, de procéder aux mesures de surveillance par drone, du respect, à Paris, des règles de sécurité sanitaire applicables à la période de déconfinement* ». Le Conseil d'État a estimé que, du fait de la possibilité de zoomer et d'identifier des personnes physiques, les dispositifs utilisés par la préfecture de police de Paris étaient soumis aux règles protégeant les données personnelles. Il a jugé que ces drones étaient utilisés en dehors du cadre prévu par la loi « Informatique et Libertés » et portaient une atteinte « grave et manifestement illégale au droit au respect de la vie privée » (Conseil d'État, Juge des référés, 18/05/2020, 440442, Inédit au recueil Lebon (https://www.legifrance.gouv.fr/ceta/id/CETATEXT000041897158/.)

l'objet d'un vaste débat démocratique certes éclairé par les experts mais pas uniquement par eux. Il y va de la survie de nos états de droit et de nos démocraties. Sur ce point, nous rejoignons l'invitation du Parlement européen, lorsqu'il « *invite les États membres :*

– à envisager de sortir de l'état d'urgence ou de limiter son incidence sur la démocratie, l'état de droit et les droits fondamentaux,

– à évaluer les règles constitutionnelles et institutionnelles en vigueur dans leurs systèmes internes à la lumière des recommandations de la Commission de Venise, par exemple en passant d'un état d'urgence de fait fondé sur la législation ordinaire à un état d'urgence constitutionnel de droit, offrant de meilleures garanties pour la démocratie, l'état de droit et les droits fondamentaux en cas de situation d'urgence

– à prendre en considération l'avis de la Commission de Venise, qui estime que les parlements doivent tenir leurs sessions plénières et qu'ils ne devraient pas autoriser le remplacement temporaire de députés ni réduire leur présence (même de manière proportionnelle). »

– à veiller que la déclaration et la prorogation éventuelle de l'état d'urgence, d'une part, et l'activation et l'application des pouvoirs d'urgence, d'autre part, soient soumises à un réel contrôle parlementaire et judiciaire, aussi bien interne qu'externe, et à garantir que les parlements ont le droit de mettre fin à l'état d'urgence ;

– à veiller à ce que, si des pouvoirs législatifs sont transférés à l'exécutif, tout acte juridique émanant de l'exécutif soit soumis à l'approbation ultérieure du parlement et cesse de produire ses effets s'il n'est pas approuvé dans un délai défini, à remédier au recours excessif à la législation accélérée et à la législation d'urgence,

– à examiner la manière de garantir plus efficacement le rôle central des parlements dans les situations de crise et d'urgence, en particulier leur rôle de suivi et de contrôle de la situation au niveau national,

– à prendre en considération l'avis de la Commission de Venise, qui estime que les parlements doivent tenir leurs sessions plénières et qu'ils ne devraient pas autoriser le remplacement temporaire de députés ni réduire leur présence (même de manière proportionnelle). »

La crise a également permis d'accélérer le développement du numérique dans notre quotidien. « *Les pratiques numériques en période de confinement ont conduit à un glissement des frontières entre nos différentes sphères sociales (vie domestique, vie privée, vie professionnelle). Les pratiques liées au télétravail ont par exemple fait entrer le domicile des individus dans leur sphère professionnelle. Cette recomposition des frontières sociales a donné lieu à un certain nombre de troubles et a pu faire l'objet de conflits ou de négociations, entre les individus et les organisations, qui conduisent à questionner les valeurs accordées à la vie privée. Les individus ont mis en place des stratégies et développé des compétences pour gérer les frontières entre leurs sphères sociales, du refus de l'usage de la webcam à la mise en scène d'un arrière-plan. L'intensification des pratiques numériques laisse à penser que le confinement a pu être un moment de conversion numérique, entendu comme une période qui conduit à interroger la place du numérique dans nos vies. »*[127]. Cette accélération de la place du numérique n'a pas manqué de cristalliser les tensions entre les droits fondamentaux lors de l'immixtion des gouvernements dans nos vies privées par le truchement des applications de *tracing*. Dans ce contexte, le numérique est-il la panacée[128] assurant une sortie de crise, ou à tout le moins un confinement, pérenne ? Rien n'est moins certain. Notre propos n'est certes pas de condamner l'utilisation des technologies ni de la privilégier mais de réclamer que nos autorités opèrent un juste équilibre entre les libertés individuelles d'une part, et l'intérêt général et d'autrui, d'autre part. Sans doute, serait-il utile que les gouvernements, à l'issue d'un débat ouvert, opèrent une balance à l'aune des circonstances actuelles et des risques particuliers et majeurs liés, d'une part, à la pandémie et, d'autre part, aux mesures diverses tant de nature que de portée, qu'elles soient purement sanitaires, sociales ou utilisent les ressources du numérique[129].

Comme l'écrit le Comité consultatif national d'éthique consulté par le gouvernement français[130] : « *L'un des enjeux éthiques majeurs dans cette*

---

[127] CNIL, « Thématique : Coronavirus (COVID-19) » ; à l'adresse suivante : https://www.cnil.fr/fr/coronavirus-COVID-19. Dans ce point d'étape, le 21 janvier 2021, disponible à l'adresse : https://www.cnil.fr/fr/point-detape-sur-les-activites-de-la-cnil-dans-le-contexte-du-COVID-19

[128] À cet égard, l'expérience passée de la lutte contre l'Ébola, une pandémie africaine, a bien montré que les outils numériques mis en place non seulement ont eu peu de succès mais surtout ont contribué à limiter les libertés individuelles dans des États à tendance autoritaire. Sur ce point, voir l'article de S. McDonald, « Ebola : A Big Data Disaster - Privacy, Property, and the Law of Disaster Experimentation », *CIS Papers*, 2016.01, mars 2016, accessible à l'adresse : http://cis-india.org/papers/ebola-a-big-data-disaster.

[129] Conseil de l'Europe, Joint statement on the right to data protection in the context of the COVID-19 pandemic, 30 mars 2020, http://www.coe.int/dataprotection ; consulté en dernier lieu le 20 octobre 2020.

[130] Contribution du Comité consultatif national d'éthique, *Enjeux éthiques face à une pandémie*, 13 mars 2020, op.cit.

situation, avec le passage à la dimension épidémique et collective, est d'engager la société tout entière dans une véritable démarche de responsabilité et de solidarité, parce que la lutte contre une épidémie doit être l'affaire de tous et pas seulement l'affaire des experts et des professionnels de santé ». La maladie nous embarque tous dans une aventure commune, et nous contraint aujourd'hui à sortir de notre zone de confort et à questionner le monde, questionner nos pratiques, questionner le droit. Le droit, en particulier les droits de l'homme et les modalités de leurs limitations et dérogations, sont justement là pour nous rappeler certaines préoccupations éthiques et les rappeler à nos dirigeants. Comme le notait le 14 mai, Mme Delmas-Marty dans un texte publié par l'Académie française[131], « *Dans un monde globalisé, qui supposerait une vision de l'humanité élargie à notre communauté de destin, la vie en société devrait rester plus que jamais fondée sur la confiance et non sur la défiance, cette dé-sociabilisation volontaire où l'autre est vu comme une menace et non comme un partenaire.* »

L'épreuve de la pandémie encourage à repenser tout ce qui jusqu'à présent semblait acquis. La crise de la COVID-19 a constitué et continue d'être un test de résistance pour les démocraties et la résilience des dispositifs nationaux de sauvegarde de l'état de droit et des droits fondamentaux.

---

[131] M. Delmas-Marty, « *StopCOVID : une application démocratiquement fragile* », texte accessible à l'adresse : https://academiesciencesmoralesetpolitiques.fr/2020/05/14/mireille-delmas-marty-stopCOVID-une-application-democratiquement-fragile/.

Le droit à la santé à l'épreuve de la pandémie de COVID-19 : dialogue entre le droit international des droits de l'Homme et le droit français[1]

Ioannis K. Panoussis
Doyen de la Faculté de droit de l'Université Catholique de Lille, membre du C3RD

Lina Williatte
Professeur à la Faculté de droit de l'Université Catholique de Lille, Avocat au Barreau de Lille, membre du C3RD

La pandémie de COVID-19 a soulevé et soulève toujours de nombreuses questions juridiques. La grande majorité des États dans le monde ont mis en place des mesures exceptionnelles pour faire face à cette situation inédite à laquelle nous n'avions pas de réponse juridique adéquate en vertu du droit applicable en « temps normal ». Lutter contre une épidémie suppose donc de s'inscrire dans l'« exceptionnel » pour garantir l'état de santé du plus grand nombre[2]. L'« exceptionnel » implique malheureusement de restreindre, de limiter, de déroger une partie de nos libertés pour sauvegarder la santé et le cas échéant la survie des personnes qui se trouvent sous la juridiction des États. C'est là une question que de nombreux auteurs explorent, tant les « concessions » effectuées sont nombreuses en essayant de déterminer la limite de

---

[1] Date de soumission du texte : 8 juin 2021

[2] De nombreux États ont fait le choix d'enclencher des régimes dérogatoires pour lutter contre la pandémie. Le moteur de recherches https://www.icnl.org/COVID19tracker/ recense à ce jour 107 déclarations différentes. En mai 2020, une dizaine d'États parties à la Convention européenne, une douzaine au niveau interaméricain et une quinzaine d'États parties au PIDCP avaient actionné officiellement le régime des dérogations. Voir notamment les études de M. Afroukh, « *COVID-19 et droit de dérogation : les réponses du droit international des droits de l'homme* », RDLF, 2020, chron. n° 40.

l'acceptable[3]. Les principes de nécessité et de proportionnalité sont alors constamment sollicités et appelés à la rescousse pour juger de la pertinence de telle ou telle mesure en vue de faire face aux risques épidémiques. Une telle approche s'effectue surtout sous l'angle du bénéficiaire des droits, à savoir l'individu. Mais qu'en est-il du destinataire des obligations, à savoir l'État ?

Lutter contre une pandémie implique pour les États d'œuvrer pour protéger la population contre les atteintes à sa santé et s'inscrire dans la prévention et la gestion du risque sanitaire. À supposer que le droit à la santé existe en tant que droit subjectif, quels en seraient les contours et quelles seraient les obligations qui en découleraient pour les États ? Peut-on imaginer l'émergence d'obligations positives précises pour les États afin de prévenir les risques désormais connus ?

C'est à ces questions que se propose de répondre ce dialogue entre spécialiste du droit international des droits de l'Homme et spécialiste du droit de la santé en essayant de répondre en arrière-plan à la question de la pertinence des mesures prises par les États, et en particulier la France, jusqu'à nos jours.

I. L'existence d'un droit à la santé et son contenu matériel

Le point de vue du droit international des droits de l'Homme

À n'en pas douter, le droit à la santé constitue aujourd'hui un vrai droit de l'Homme. Ce droit relève des droits de la deuxième génération et constitue une des préoccupations véhiculées par les nombreux textes relatifs aux droits économiques, sociaux et culturels adoptés dans la seconde moitié du XXe siècle[4]. C'est donc un droit-créance qui implique

---

[3] L. Laurence-Hefler revisite notamment le système des dérogations à l'épreuve de la COVID-19 dans son étude « *Rethinking Derogations from Human Rights Treaties* », American Journal of International Law, n° 115(1), pp. 20-40 (2021). Voir aussi dans cet ouvrage, la contribution de Yves Poullet *« COVID et libertés : quelques considérations ».*

[4] Ces droits dits de « deuxième génération », d'origine marxiste, se distinguent de ceux de la « première génération » sur plusieurs aspects. Ils sont souvent considérés comme programmatoires, à la différence des droits civils et politiques qui énoncent des obligations claires. Ils énoncent généralement des obligations de moyens, alors que ceux de la première génération sont perçus comme englobant des obligations que l'on pourrait qualifier de résultat. Ils renvoient enfin à l'idée d'une obligation de faire, à la différence de ceux de la première génération qui renvoient à une obligation de s'abstenir. Cette

une obligation d'agir de la part des autorités étatiques pour atteindre l'idéal annoncé[5].

On le trouve consacré de manière explicite dans tous les instruments spécialisés relevant de la deuxième génération des droits de l'Homme. Il en est ainsi de l'article 12 du Pacte international relatif aux droits économiques, sociaux et culturels, de l'article 11 de la Charte sociale européenne et de l'article 10 du Protocole de San Salvador. Cette préoccupation apparait aussi dans de nombreux textes spécialisés qui intègrent une dimension santé dans la protection de certaines catégories vulnérables de personnes[6]. Enfin, seule la Charte africaine des droits de l'Homme, conformément au principe d'indivisibilité des droits de l'Homme, lui confère une place aux côtés des droits de la première génération dans un texte juridiquement contraignant[7]. L'attitude de cette Charte correspond à l'approche de la déclaration universelle des droits de l'Homme (DUDH) qui ne distingue pas entre les droits des deux générations[8].

Ces instruments s'accordent-ils sur le sens et le contenu de ce droit à la santé ? La réponse est positive, malgré les quelques différences de langage que nous pouvons relever. On s'aperçoit par ailleurs qu'en fonction de la date d'adoption des textes internationaux, ils ont une tendance à être de plus en plus précis. Pour prendre l'exemple du Pacte international relatif aux droits civils et politiques (PIDESC), conformément au paragraphe 1 de l'article 12, les États parties reconnaissent « le droit qu'a toute personne de jouir du meilleur état de santé physique et mental qu'elle soit capable

---

différence de nature a justifié un destin légèrement différent dans la consécration de ces droits et dans la mise en place de mécanismes en assurant l'effectivité.

[5] Voir en l'occurrence l'analyse de L. Hennebel et H. Tigroudja, *Traité de droit international des droits de l'Homme*, Paris, Pedone, 2016, pp. 1257 et s. qui donne un bel aperçu de sa consécration dans les différents systèmes de protection des droits de l'Homme.

[6] Voir notamment l'article 12 de la CEDAW, les articles 24 et 25 de la Convention des Nations Unies sur les droits de l'enfant, l'article 25 de la Convention des Nations Unies sur la protection des personnes handicapées…

[7] L'article 16 de la Charte africaine des droits de l'Homme et des peuples consacre le droit à la santé aux côtés des autres droits et libertés de la première génération. Dans ce système, les interactions entre droits des deux générations sont particulièrement promues au regard de cette spécificité qui consiste à ne pas distinguer les droits des deux générations.

[8] La DUDH, en son article 25, consacre le droit à la santé en lien avec le droit à un niveau de vie suffisant et promeut une interaction avec le droit à l'alimentation, l'habillement, le logement, les soins médicaux...

d'atteindre ». Quant au Protocole de San Salvador qui est le texte le plus récent, il enrichit le paragraphe 1er en affirmant que « toute personne a droit à la santé qui est considérée comme le droit de jouir du meilleur état de santé physique, mentale et sociale »[9].

Cette triple dimension est désormais indiscutable et correspond parfaitement aux objectifs dégagés par la Constitution de l'OMS qui définit elle aussi le droit à la santé comme étant « un état de complet bien-être physique, mental et social, et pas seulement l'absence de maladie ou d'infirmité »[10]. Tous les textes s'accordent donc sur une définition extensive du droit à la santé. Il ne s'agit pas seulement d'être en bonne santé, mais cela implique des actions positives des autorités nationales, comme le précise le Comité des droits économiques sociaux (DESC) et culturels dans son observation générale n° 14[11], dans le but d'assurer la disponibilité[12], l'accessibilité[13], l'acceptabilité[14] et la qualité des soins[15].

Une fois ce cadre posé, l'ensemble des instruments précités établit des objectifs variés dans le second paragraphe en annonçant l'obligation de porter une attention toute particulière sur la prévention, l'absence de discrimination et la protection des personnes vulnérables[16]...

---

[9] La référence à la dimension sociale a été volontairement écartée dans le PIDESC à l'occasion des débats. Voir en ce sens B. Mason Meier, *« The Political Evolution of Health as a Human Right »*, in A. Mold et D. Reubi, *Assembling Health in Global Context*, Londres/New York, Routledge, 2013, pp. 79-81.

[10] Il s'agit là d'une définition retenue dès le préambule de la Constitution de l'OMS et qui s'inscrit dans une démarche holistique du droit à la santé.

[11] Comité DESC, *Le droit au meilleur état de santé susceptible d'être atteint (article 12 du PIDESC)*, Observation générale n° 14, 2000.

[12] *Idem*, §12. La disponibilité est entendue comme la nécessité de « disposer en quantité suffisante, des installations, des biens et des services ainsi que des programmes fonctionnels en matière de santé publique et de soins de santé… ».

[13] *Ibidem*. L'accessibilité renvoie à une dimension multiple incluant le principe de non-discrimination, l'accessibilité physique, économique, le devoir d'information.

[14] *Ibidem.* L'acceptabilité renvoie à la notion d'éthique médicale, mais aussi à l'acceptabilité « culturelle » de certains soins.

[15] *Ibidem.* La qualité enfin suppose que « les installations, biens et services en matière de santé doivent également être scientifiquement et médicalement appropriés et de bonne qualité… ».

[16] L'illustration la plus complète nous est fournie par l'article 10§2 qui énonce « Afin d'assurer le plein exercice du droit à la santé, les États parties s'engagent à reconnaître ce droit comme un bienfait public et notamment à adopter pour garantir l'exercice de ce droit les mesures suivantes :
a. l'octroi des soins primaires de santé, autrement dit, la mise à la disposition de tous les individus et de toutes les familles de la communauté de l'aide médicale essentielle ;

Cela étant acquis, il est important dans un second temps de constater que le droit à la santé entretient aussi des liens étroits avec certains droits relevant de la première génération des droits de l'Homme, voire même qu'il est une composante de ces derniers. Deux exemples méritent une attention toute particulière pour apercevoir l'étendue de tels liens.

Ainsi, dans le cadre de la Convention européenne des droits de l'Homme, s'est développée une jurisprudence riche en la matière démontrant, à l'instar du droit à un environnement sain, à quel point on ne peut ignorer les interactions entre les deux catégories des droits de l'Homme, même si le droit à la santé n'est pas garanti *stricto sensu*[17]. C'est ainsi qu'en prenant appui sur le droit à la vie (article 2), sur l'interdiction de la torture et des traitements inhumains ou dégradants (article 3) ou encore l'article 8 (protection de la vie privée) le droit à la santé a fait son apparition devant le prétoire de la Cour européenne des droits de l'Homme. En faisant appel à la technique de la combinaison normative, conformément au principe d'indivisibilité des droits de l'Homme, le juge décide d'interpréter la norme générale issue de la CEDH à la lumière des textes spécifiques pertinents dans le contentieux qui est présenté devant lui. C'est ainsi que, à titre d'exemple, la Cour de Strasbourg annonce dans son arrêt *Lopes de Sousa Fernandes c. Portugal* qu'elle « *a souligné à de nombreuses reprises que, même si le droit à la santé – qui est reconnu dans de nombreux instruments internationaux – ne fait pas partie en tant que tel des droits garantis par la Convention et ses Protocoles, l'obligation positive susmentionnée doit s'interpréter comme valant dans le contexte de toute activité, publique ou non,*

b. l'extension des services de santé à tous les individus relevant de la juridiction de l'État ;
c. l'immunisation complète contre les principales maladies infectieuses ;
d. la prophylaxie et le traitement des maladies endémiques, professionnelles et autres ;
e. l'information de la population sur la prévention et le traitement des problèmes de santé ;
f. la solution des problèmes de santé des groupes à plus haut risque et qui sont plus vulnérables à cause de leur pauvreté ».

[17] Voir notamment, Cour EDH, arrêt du 17 mars 2016, Vasileva c. Bulgarie, § 63 à l'occasion duquel la Cour affirme que « *It is now well established that although the right to health is not as such among the rights guaranteed under the Convention or its Protocols, the High Contracting Parties have, parallel to their positive obligations under Article 2 of the Convention, a positive obligation under its Article 8, …* ».

susceptible de mettre en jeu le droit à la vie, y compris dans le domaine de la santé publique »[18].

Le deuxième exemple est celui du juge interaméricain qui, après avoir adopté une attitude équivalente à celle du juge européen[19], a franchi, quant à lui, un pas énorme en autonomisant le droit à la santé par référence à une disposition longtemps perçue comme cosmétique. En réalité, la Convention interaméricaine contient un article 26 relatif au développement progressif qui énonce que « *les États parties s'engagent, tant sur le plan intérieur que par la coopération internationale - notamment économique et technique - à prendre des mesures visant à assurer progressivement la pleine jouissance des droits qui découlent des normes économiques et sociales et de celles relatives à l'éducation, la science et la culture, énoncées dans la Charte de l'Organisation des États Américains, réformée par le Protocole de Buenos Aires, ce, dans le cadre des ressources disponibles, et par l'adoption de dispositions législatives ou par tous autres moyens appropriés* ». Cette clause restée lettre morte pendant des années est progressivement utilisée par le juge interaméricain pour importer des normes issues des droits de la deuxième génération lorsqu'il fait face à un contentieux complexe nécessitant de se pencher sur des impératifs issus des droits économiques, sociaux et culturels[20]. Cette « clause-passerelle » justifie alors une combinaison normative permettant d'importer tel quel le contenu des dispositions d'autres instruments pertinents qui s'impose aux États-parties à la Convention. C'est par ce biais qu'en 2018 la Cour de San José, dans son arrêt *Poblete Vilches et al c. Chili*, affirme que « *the right to health is a right protected by Article 26 of the Convention. The Court will now verify the scope and content of this*

---

[18] Cour EDH, arrêt du 19 décembre 2017, *Lopes de Sousa Fernades c. Portugal* [GC], §165. Voir aussi l'excellente opinion du juge Pinto de Albuquerque qui révèle toutes les dimensions du droit à la santé dans le cadre européen.

[19] Voir, entre autres Cour IADH, arrêt du 24 août 2010, Communauté indigène Xákmok Kásek c. Paraguay, où elle fait notamment le lien avec le droit à la vie en attribuant le décès de certaines personnes au fait que celles-ci n'avaient pas bénéficié de soins adéquats, notamment d'une assistance par un personnel correctement formé aux soins obstétriques. Voir aussi l'arrêt du 21 mai 2013, Suarez Peralta c. Équateur (violation de l'obligation de contrôler et de superviser la fourniture de services de santé) ou enfin l'arrêt du 1er septembre 2015, *Gonzales Lluy et autres c. Équateur* (droit d'accès aux médicaments essentiels et manquement à l'obligation de contrôler et de superviser les transfusions sanguines).

[20] La Cour IADH utilise pour la première fois de manière autonome cette disposition dans l'arrêt du 31 août 2017, Lagos del Campo v. Peru, Series C, No. 340, §§ 142 et 145.

right for the effects of the instant case »[21]. Par cette opération prétorienne, la Cour interaméricaine se rapproche ainsi un peu plus du modèle africain et promeut de manière décomplexée l'indivisibilité des droits humains.

Au regard de ces éléments, le droit à la santé est donc bel et bien consacré en droit international des droits de l'Homme. Il reste alors à savoir quel écho cette consécration a reçu en droit interne français.

Le droit à la santé en droit français

En France, le droit à la santé semble correspondre à l'ensemble des règles juridiques qui s'appliquent à l'organisation et au fonctionnement des activités exercées pour la santé des personnes, et qui leur permettent d'accéder à des soins de qualité. Cependant, bien qu'existant, le droit à la santé n'est littéralement pas consacré en tant que tel en France. En effet, un bref regard dans le Code de la santé publique nous enseigne que c'est à travers l'affirmation de plusieurs droits au profit de la personne malade qu'on peut envisager la formulation et, dès lors, la consécration d'un droit « à » la santé.

Un droit à la santé forgé dans le socle des droits de la personne

En consacrant le principe de la démocratie sanitaire, la loi n° 2002-303 du 4 mars 2002 relative aux droits des malades et à la qualité du système de santé a créé les droits du patient. Cette loi, dite Loi « Kouchner », constitue le paroxysme d'une évolution qui avait été initiée bien en amont par la loi n° 91-748 du 31 juillet 1991 portant réforme hospitalière et qui, pour la première fois, sacralise le concept de droits des malades.

Une lecture affinée de la loi de 2002 permet de noter qu'elle articule la reconnaissance des droits du malade autour des droits fondamentaux de l'homme. En témoigne, l'insertion suite à son vote, d'un chapitre préliminaire dans le code de la santé publique : « *Droits de la personne* ». La référence faite à la notion de personne plutôt qu'à celle de malade semble plus respectueuse des patients qui relèvent de la prise en charge sanitaire. Néanmoins, il s'agit bien de la personne malade. Le code de la santé publique définit dès lors les droits fondamentaux de la personne humaine dans le système de santé. Il s'agit comme l'affirme E. Picard, « *de droits assez essentiels pour fonder et déterminer, plus ou moins*

---

[21] Cour IADH, arrêt du 8 mars 2018, *Poblete Vilches et al c. Chili*, Series C, n° 349, §110.

directement, les grandes structures de l'ordre juridique tout entier en ces catégories, dans lequel et par lesquels il cherche à se donner ainsi les moyens multiples de leurs garanties et leur réalisation »[22]. Parmi ces droits, n'apparaît pas un droit « à » la santé, mais l'affirmation de plusieurs droits qui, additionnés, permettent l'annonce d'un droit certain « à/une » santé.

Il convient pour s'en convaincre de citer :

– L'article L 1110-1 du code de la santé publique qui consacre **un droit à la protection de la santé** : « *le droit fondamental à la protection de la santé doit être mis en œuvre par tous moyens disponibles au bénéfice de toute personne. Les professionnels, les établissements et réseaux de santé, les organismes d'assurance maladie ou tous autres organismes participant à la prévention et aux soins, et les autorités sanitaires contribuent, avec les usagers, à développer la prévention, garantir l'égal accès de chaque personne aux soins nécessités par son état de santé et assurer la continuité des soins et la meilleure sécurité sanitaire possible* ». Ce droit à la protection de la santé non seulement impose à l'État de prendre toute mesure nécessaire pour protéger la santé des personnes mais aussi d'édicter des interdits pénaux visant le comportement d'une personne qui porterait atteinte à la santé d'autrui. Ainsi, le droit à la protection de la santé se présente sous deux aspects : il vise non seulement à protéger l'intérêt général en protégeant la santé publique, mais il vise également à protéger l'intérêt individuel en assurant la santé de chaque personne[23]. Au surplus, le droit à la protection de la santé décline trois autres droits sous-jacents : à savoir le droit à la prévention qui vise aussi bien, les mesures de dépistage que les actions d'information et d'éducation pour la santé,[24] le droit à l'égal accès aux soins, qu'il s'agisse d'un accès géographique ou de soins de qualité, et enfin le droit à la continuité des soins, qui suppose un nécessaire maillage territorial des acteurs et actions pour garantir non seulement une continuité mais aussi une qualité de la prise en charge médicale.

– L'article L. 1110-3 du même code affirme : « *aucune personne ne peut faire l'objet de discriminations dans l'accès à la prévention ou aux*

---

[22] Picard (E.), *L'émergence des droits fondamentaux en France*. AJDA, n° spécial, juillet-août 1998, spéc.8, également cité par Laude (A.), Mathieu (B.) et Tabuteau (D.), *Droit de la santé*. Thémis droit, PUF, Fév.2007, p.301, n° 294.

[23] Laude (A.), Mathieu (B.) et Tabuteau (D.), *Droit de la santé*. Ib. p.303, n° 296

[24] *Ibidem*. p.304 n° 297

soins ». Il s'agit ici du **principe de non-discrimination de l'accès aux soins** qui fait écho à celui d'égalité des soins ci-dessus évoqué.

– Ou encore l'article L. 1110-5 du code de la santé publique qui garantit **le droit à la qualité et la sécurité des soins** : « *toute personne a, compte tenu de son état de santé et de l'urgence des interventions que celui-ci requiert, le droit de recevoir les soins les plus appropriés et de bénéficier des thérapeutiques dont l'efficacité est reconnue et qui garantissent la meilleure sécurité sanitaire au regard des connaissances médicales avérées.* ».

L'exploitation non exhaustive de ces articles du code de la santé publique permet ainsi de vérifier que s'il n'existe pas un droit « à » la santé, il existe, à tout le moins, un droit à la protection de la santé et un droit d'accès à celle-ci qui doit aussi satisfaire des critères de qualité, de sécurité et d'efficacité.

C'est donc au travers de ce que doit satisfaire comme critères l'offre de soins (un droit protecteur de la santé, un droit à un égal accès aux soins, un droit à des soins de qualité, de sécurité, etc.), qu'il peut être concevable d'affirmer, en France, l'existence d'un droit « à » la santé.

Ce droit serait dû à la fois à la personne mais aussi à la collectivité qu'elle compose : la personne, lorsqu'elle pense être ou est malade ; la collectivité en ce, qu'elle pourrait solliciter le système sanitaire français pour invoquer un droit « à » la santé. Est-ce pour autant qu'on peut affirmer qu'en France, le droit à une/la santé est un droit de l'homme ? La réponse serait affirmative à la lecture des propos de certains auteurs qui rappellent que le droit à la protection de la santé est un droit reconnu par le préambule de la constitution du 27 octobre 1946 et a été consacré à maintes reprises par le Conseil Constitutionnel[25]. Néanmoins, c'est bien le droit à la protection de la santé qui est cité, et non pas le droit à la santé qui se trouverait consacré.

Moins qu'un droit de l'homme, le droit à une/la santé serait dès lors un droit du citoyen évoluant dans une collectivité qui doit garantir l'existence d'une organisation fiable et de qualité de son système de santé.

Si cette affirmation peut être faite, elle ne peut concerner que la personne, le citoyen qui se trouve aux portes du système de santé. Une fois, ces portes outrepassées (franchies ?), le citoyen devient un patient à qui le respect de droits fondamentaux individuels est dû. Parmi lesquels,

---

[25] *Ibidem*, p.302, n° 296

le droit au respect de la dignité (art. L1110-2 CSP[26]), le droit au respect du corps humain (art.16-1 Code civil), le droit au respect de la vie privée (art. L1110-4 CSP), etc.

Un droit à la santé forgé dans le socle des droits de la personne malade

Il semble donc qu'il existe un droit à « une santé répondant à des critères de qualité ». Néanmoins, il n'existe pas un droit « à » la santé en tant que tel. Certainement, parce qu'en France, la santé n'est pas en soi définie. Il est vrai que, systématiquement, il est fait référence à la définition qu'en donne l'OMS. Ainsi ledit droit concernerait aussi « un état de complet bien-être physique, mental et social, et pas seulement l'absence de maladie ou d'infirmité »[27]. Sauf que le droit des personnes tel qu'il est consacré par le code de la santé publique n'est envisagé que sous l'angle de la personne malade. Certes, le livre premier est intitulé : *Protection des personnes en matière de santé*, néanmoins, il est rapidement suivi par un titre premier qui vise plus spécialement les *Droits des personnes malades et des usagers du système de santé*. Ce constat s'accorde avec un autre, tiré de la lecture de l'article 16-3 du Code civil qui dispose : « *il ne peut être porté atteinte à l'intégrité du corps humain qu'en cas de nécessité médicale pour la personne ou à titre exceptionnel dans l'intérêt thérapeutique d'autrui* (...) » Le motif démontré de l'action qui satisfait à une nécessité médicale laisse supposer qu'en France, le droit à la santé est éligible au contexte répondant à une nécessité médicale ou thérapeutique mais pas encore à celui qui vise un complet bien-être de la personne. En cela, il peut être pensé que s'il pouvait être affirmé l'existence d'un droit à la santé en France, seules les personnes malades en seraient les bénéficiaires. Cette hypothèse a pu être vérifiée lors de l'analyse des décisions et actions visant à l'organisation de l'accès aux soins lors de la crise sanitaire[28].

---

[26] *La personne malade a droit au respect de sa dignité*

[27] Cf sur cette définition, déjà supra, in *Le point de vue du droit international des droits de l'Homme.*

[28] *Voir infra.*

II. La question de l'effectivité du droit à la santé en période de pandémie

Un droit invocable dans le contentieux des droits de l'Homme

Traditionnellement, on considère que les droits économiques, sociaux et culturels, dont fait partie le droit à la santé, énoncent des obligations de moyens pour les États et non pas des obligations de résultat. Certains ont par conséquent pu qualifier cette consécration limitée de *soft law* de l'*instrumentum*[29]. Ainsi, lorsque le paragraphe 1 de l'article 12, énonce que les États parties reconnaissent « le droit qu'à toute personne de jouir du meilleur état de santé physique et mental qu'elle soit capable d'atteindre », cela illustre la relativité de l'obligation en fonction de nombreux éléments contextuels qui vont définir la capacité à atteindre ce meilleur état de santé. Cela dépend de la personne elle-même, du contexte économique, sanitaire et de bien d'autres facteurs.

Cette particularité des droits de la deuxième génération est en partie à l'origine du fait que les mécanismes qui ont été mis en place étaient moins performants que les mécanismes liés aux droits civils et politiques. On constate ainsi, au niveau des Nations Unies, le faible nombre de ratifications pour le protocole additionnel ; au niveau du PIDESC, l'introduction tardive du droit à un recours individuel, adopté qu'en 2008[30] ; ou encore, pour la Charte sociale européenne, le fait que l'exercice du droit d'introduire une requête particulière n'est envisagé que dans une démarche collective[31]. En termes de justiciabilité devant des organes spécialisés, on déplore au regard de ces éléments une effectivité toute relative de cette disposition, ce contentieux ne concernant qu'un

---

[29] Weil P., *« Le droit international en quête de son identité »*, RCADI, 1992-VI, pp.234 et s. Cela étant, cet autour affirme que cela n'a point d'incidence sur le caractère contraignant de ces normes, même si les États s'accordent sur des obligations « souples ».

[30] Le protocole additionnel instaurant la procédure de communications individuelles est adopté le 10 décembre 2008 (symboliquement lors du 60ème anniversaire de la DUDH). Il est actuellement ratifié par 26 États parties (et signé par 46).

[31] Au-delà du système des rapports périodiques qui s'applique à tous, les États parties ayant ratifié le Protocole additionnel prévoyant un système de réclamations collectives de 1995 (STE n° 158) confèrent un rôle quasi-juridictionnel au Comité européen des droits sociaux. Néanmoins, comme son nom l'indique, ce système ne confère pas de droit d'action directe aux individus qui se prétendent victimes d'une violation, mais repose sur des actions collectives de partenaires sociaux ou d'organisations non-gouvernementales reconnues compétentes en la matière.

faible nombre d'États au niveau universel et reposant sur des actions collectives en Europe. Il est en revanche intéressant de noter qu'une jurisprudence de qualité et utile dans le cadre du dialogue entre juges est née auprès du comité européen. Cette jurisprudence s'est structurée autour de deux axes qui peuvent s'avérer pertinents dans la lutte contre la pandémie de COVID-19.

Le Comité a tout d'abord dégagé un axe de travail autour de l'obligation de favoriser la meilleure santé possible et d'adopter les actions préventives en ce sens. Cela a permis d'aborder des questions liées à l'environnement sain[32], à la vaccination[33], à l'éducation à la santé et à l'information[34], aux dépistages[35], à la protection des personnes vulnérables[36]... Chacun de ces éléments pourrait être à l'origine d'actions spécifiques émanant de groupes d'individus confrontés à la COVID-19, conformément aux règles relatives à l'introduction d'une requête devant le comité. Quant au second aspect, il semble encore plus en phase avec les urgences actuelles puisqu'il se focalise sur la question de l'accès aux soins de qualité[37], une question essentielle lorsque l'on s'interroge sur la capacité des hôpitaux à absorber la vague épidémique.

Ceci étant dit, le véritable impact sur l'effectivité et donc sur la justiciabilité du droit à la santé peut être mesuré à travers ses nombreuses manifestations dans le contentieux relatif aux droits civils et politiques, en

---

[32] Comité européen des droits sociaux, Réclamation collective n° 30/2005, décision sur le bien-fondé du 6 décembre 2006, Marangopoulos c. Grèce, §§ 203 et 205.

[33] Le Comité européen énonce notamment dans ses Conclusions XV-2, Belgique, p. 109, que « les États doivent disposer d'un programme de vaccination largement accessible. Ils doivent maintenir des taux de couverture vaccinale élevés en vue non seulement de réduire l'incidence des maladies mais aussi de neutraliser le réservoir de virus et ainsi atteindre les objectifs fixés par l'OMS d'éradiquer plusieurs maladies infectieuses ».

[34] Dans le même rapport, il affirme que « L'information du public, notamment par des campagnes de sensibilisation, doit être une priorité de la politique de santé publique ». Conclusions XV-2, Belgique, p. 101-104.

[35] Comité européen des droits sociaux, Conclusions 2005, Moldova, p. 486-487

[36] Dans ses conclusions XV-2, le Comité estime par exemple que la situation concernant la santé des enfants, personnes vulnérables, était contraire à l'article 11§3 en raison de l'insuffisance des taux de couverture vaccinale contre certaines maladies en Belgique et en Turquie.

[37] Il affirme notamment que « les États doivent garantir à leur population le meilleur état de santé possible compte tenu des connaissances actuelles. À cette fin, ils doivent assurer un dispositif sanitaire apte à réagir de manière appropriée aux risques sanitaires évitables, c'est-à-dire contrôlables par l'homme ». Voir notamment Conclusions XV-2, Danemark, p. 132-135 ; Royaume-Uni, p. 643.

particulier devant la Cour européenne des droits de l'homme où la procédure est entièrement juridictionnelle depuis l'adoption du Protocole 11. Comme évoqué précédemment, la préoccupation sanitaire est très présente dans le contentieux européen à travers les articles 2, 3 et 8. L'objet des questions posées aux juges de Strasbourg est très varié. Ainsi, il a été possible d'interroger l'accessibilité à certains soins de santé au titre de l'article 2[38], la confidentialité des données médicales ou encore la discrimination fondée sur l'état de santé au titre de l'article 8[39], l'exposition à des dangers présents dans l'environnement au titre des articles 8 et 2[40], l'expulsion des personnes malades au titre de l'article 3[41]...

En s'inspirant de ces questions, le contexte de pandémie que nous connaissons pourrait soulever de nombreuses questions et une vague de contentieux n'est pas à exclure. À ce jour, une seule affaire a été rendue impliquant la COVID-19 dans le cadre d'une détention en cellule de quarantaine pour 7 semaines décidée dans une procédure en lien avec un retour au pays d'origine (immigration). Cette durée a été considérée comme trop longue et mettant injustement en danger sanitaire le détenu, ce qui constitue un élément de violation de l'article 3 de la Convention[42]. Au-delà de cela, on pourrait imaginer dans l'avenir des contentieux liés à la vaccination, à l'accès aux soins rapides et adéquats au regard de la tension hospitalière, aux restrictions de circulation liées au confinement et couvre-feu, au secret médical lié aux applications stop-COVID...

Nous constatons, sur base de tous ces exemples de contentieux potentiels, un déplacement du contentieux vers les droits de la première génération des droits de l'Homme incluant une dimension liée à la santé. À ce contentieux, il faudra naturellement ajouter celui relatif aux droits impactés par les mesures anti-COVID qui fait l'objet d'une contribution

---

[38] Cour EDH, arrêt du 17 juillet 2014, Centre de ressources juridiques au nom de Valentin Câmpeanu c. Roumanie [Grande Chambre].

[39] Sur la confidentialité des données, voir notamment Cour EDH, arrêt du 29 avril 2014, *L.H. c. Lettonie* ou encore arrêt du 26 mai 2020, P.T. c. République de Moldova. Quant à la question de la discrimination, voir, Cour EDH, arrêt du 16 mars 2016, Novruk et autres c. Russie.

[40] Cour EDH, arrêt du 24 juillet 2014, *Brincat et autres c. Malte.*

[41] La jurisprudence est relativement abondante en la matière dans le cadre du contentieux de l'asile. Voir notamment, Cour EDH, arrêt du 13 décembre 2016, Paposhvili c. Belgique [Grande Chambre].

[42] Cour EDH, arrêt du 11 mars 2021, Feilazoo c. Malte, §92.

séparée[43]. Il s'agit là très certainement de la clé de l'effectivité de ce droit, ou plutôt de cette préoccupation sanitaire dans le contexte actuel.

Les manifestations de son invocabilité en droit français

Pour faire face à la crise sanitaire, unique en son genre, la France a fait émerger un régime d'exception applicable « à toute catastrophe sanitaire mettant en péril, par sa nature et sa gravité, la santé de la population » par la loi n° 2020-290 du 23 mars 2020, art. 4, qui consacre **« l'état d'urgence sanitaire »** (L.). Cette loi a été prorogée jusqu'au 10 juillet 2020 (L. n° 2020-546 du 11 mai 2020)[44]. Face à la deuxième vague épidémique, un second état d'urgence sanitaire a été mis en place. Il est en cours depuis le 17 octobre 2020[45], après avoir été reconduit par la loi n° 2020-13789 du 16 février 2021[46] et la loi n° 2021-160 du 15 février 2021[47]jusqu'au 1er juin 2021.

Ce régime d'exception a permis de mettre en exergue qu'en temps de crise, les priorités étaient notamment 1/ de garantir un accès aux soins aux personnes malades 2/ d'organiser le système hospitalier de sorte que les personnes touchées par le coronavirus puissent être prises en charge de manière qualitative et sécurisée. Bien entendu, d'autres objectifs avaient conduit les actions gouvernementales. Néanmoins, pour les besoins des propos, seuls seront analysés les deux points soulevés. Ainsi, le Conseil national de l'Ordre des médecins (CNOM) a publié une prise de position sur les « **Décisions médicales dans un contexte de crise sanitaire et d'exception** » **le 06 avril 2020**[48]. Pour l'Ordre, la question de la priorisation entre les patients « *ne saurait être retenue qu'en l'absence avérée de toute autre possibilité et s'il est constaté qu'aucune autre alternative ne se présente au terme d'une appréciation collégiale tracée dans le dossier, fondée sur l'état du patient, prenant en compte notamment ses comorbidités. L'âge du patient, sa situation sociale, son*

---

[43] Cf sur ce point la contribution de Yves Poullet.

[44] CSP, art. L. 3131-12 à L. 3131-20

[45] Décret n° 2020-1257 du 14 octobre 2020 déclarant l'état d'urgence sanitaire

[46] Loi n° 2020-1379 du 14 novembre 2020 autorisant la prorogation de l'état d'urgence sanitaire et portant diverses mesures de gestion de la crise sanitaire

[47] Loi n° 2021-160 du 15 février 2021 prorogeant l'état d'urgence sanitaire

[48] https://www.conseil-national.medecin.fr/publications/actualites/decisions-medicales-contexte-crise-sanitaire-dexception#:~:text=Dans%20une%20situation%20de%20crise,dignit%C3%A9%2C%20la%20bienfaisance%20et%20le

origine, une maladie mentale, un handicap ou tout autre facteur discriminant ne peuvent être l'élément à retenir ». En sachant que **cette priorisation est une exception puisque normalement il y a un droit à la protection de la santé, droit fondamental.** Cette déclaration du CNOM a certes servi de positionnement de la communauté médicale, mais elle s'est avérée complexe dans sa mise en œuvre en ce qu'elle exige une réflexion collégiale et réfléchie là où la décision médicale devait être prise dans un contexte d'urgence latent. Néanmoins, cette position a fait l'effet d'un aveu : celui selon lequel, l'État en ce temps précis n'était pas en capacité avérée de garantir le droit à la protection de la santé pour tous et encore moins un éventuel droit à la (une) santé. Cet aveu est aussi la reconnaissance d'un système sanitaire en crise, et particulièrement visé le système hospitalier. D'aucuns font par ailleurs remarquer que ce constat est d'autant plus regrettable que « *le système de santé français avait été classé au premier rang des systèmes de santé au monde par l'OMS en 2000* », et justifie la situation par le fait que « depuis, **il a connu de multiples réformes**, toutes porteuses d'une **rationalisation des moyens dans le cadre plus global de la maîtrise des dépenses publiques** »[49]. Ces fragilités du système de santé français, révélées ou engendrées par la crise sanitaire, peuvent faire craindre de nombreuses procédures à venir y compris devant les instances ordinales pour « discrimination » dans l'accès aux soins, non-respect de la vie et de la dignité des personnes et défaut d'accompagnement du patient en fin de vie. Néanmoins, un rapide regard sur les actions portées devant les prétoires ces derniers mois, peut être utile pour identifier l'effectivité ou non d'un éventuel droit « à » la santé.

Le 21 avril 2021, le Conseil d'État a publié sur son site internet officiel une note indiquant que depuis un an (soit avril 2020), il a jugé 647 recours déposés par des citoyens, associations, organisations professionnelles pour arbitrer entre la protection du droit à la santé et les autres libertés. Dans 51 affaires, il a ordonné des mesures ou suspendu des actes du Gouvernement et des administrations. Il ne s'agissait pas d'affaires en lien avec un éventuel droit « à » la santé[50]. Des solutions et avancées concrètes

[49] J. Saison, *Le système de santé à l'épreuve de l'urgence sanitaire*. AJDA 2020, p. 1698.

[50] Il a notamment ordonné la reprise de l'enregistrement des demandes d'asile (avril), des cérémonies dans les lieux de culte (mai), des manifestations (juin et juillet), enjoint de fournir des masques aux détenus d'une prison (mai), encadré l'usage de drones par la police (mai et décembre) et des caméras thermiques dans les écoles (juin), limité le port du masque obligatoire aux zones à risque (septembre), suspendu la restriction des critères médicaux pour bénéficier du chômage partiel (octobre), la limite de 30 personnes dans

ont été obtenues dans plus de 200 recours déposés devant le juge du Conseil d'État. Là encore, aucune de ces affaires ne semble avoir été en lien avec un droit à la santé écorné ou non garanti[51].

Que faut-il en conclure ? À ce stade, il est nécessaire de prendre le temps de la réflexion. Néanmoins, une première lecture, permet d'indiquer qu'il ne semble pas y avoir eu d'actions mettant en exergue l'existence d'un éventuel droit « à » la santé, et partant son éventuelle atteinte et ce, et alors même qu'il était clairement indiqué qu'en l'absence d'un système sanitaire utilement préparé et efficace, des choix thérapeutiques devaient être réalisés eu égard à la situation sanitaire et qu'ainsi le pouvoir public reconnaissait publiquement que des personnes malades pouvaient ne pas avoir accès aux soins. Alors si un droit « à » la santé devait exister, pourquoi n'y a-t-il pas eu d'actions devant les prétoires le mettant en exergue ?

En l'absence de décision claire sur cette question, une ordonnance prise par le Conseil d'État en date du 15 avril 2020[52] peut être subtilement utilisée pour la démonstration, Dans cette affaire, les associations « Coronavictimes » et « Comité anti-amiante Jussieu » ont demandé au Conseil d'État d'enjoindre au Gouvernement **de prendre des mesures générales pour assurer un accès égal aux soins hospitaliers et aux soins palliatifs pour les résidents en EHPAD présentant des**

---

tous les lieux de culte (novembre) et la visioconférence lors des procès au pénal (novembre et février), ordonné la reprise de la délivrance de visas de regroupement familial (janvier) ou encore autorisé les sorties aux résidents des EHPAD (mars) et le retour des Français à l'étranger sur le territoire sans avoir à justifier d'un motif impérieux (mars).

[51] Les débats, qui ont eu lieu entre les parties et le juge au cours des audiences, ont conduit le Gouvernement à améliorer concrètement ses pratiques dans environ 50 affaires : fourniture de gants et gel hydroalcoolique pour les prisons (avril 2020) ; dispense de contravention des sans-abris (avril 2020) ; élaboration de bilans sur les effets du confinement sur la santé mentale (novembre 2020) ; précision des motifs de déplacements autorisés (novembre, 2020) ; allègement de certaines interdictions par rapport aux cas particuliers présentés par les requérants (par exemple, en janvier 2021 à propos de la pratique sportive à l'école.... Le juge a aussi rappelé l'État à ses devoirs ou précisé ses obligations dans environ 130 affaires : par exemple d'aider les avocats à se fournir en masques (avril), d'agir pour prévenir les pics de pollution en lien avec les épandages agricoles, possibles facteurs aggravants de la COVID-19 (avril), de trouver avec Microsoft une solution pour le Health Data Hub (octobre), de prendre en compte dans ses mesures le caractère essentiel joué par les librairies (novembre), ou de rouvrir les salles de spectacles en cas d'amélioration de la situation sanitaire (décembre).

[52] n° 439910, Association Coronavictimes, *L'accès aux soins des personnes résidant en EHPAD.*

symptômes du COVID-19[53]**.** Le Conseil d'État statuant en référé a tout d'abord observé qu'il n'était pas établi **que de manière générale les hôpitaux refusaient l'admission dans leurs services des personnes résidant en EHPAD**[54]**.** De la même façon, le juge a observé **que les critères médicaux de l'admission en réanimation ne sont pas devenus plus stricts**, en particulier pour les personnes âgées, par crainte d'une saturation des services.

Plusieurs recommandations de sociétés savantes destinées aux professionnels de santé ont rappelé que l'admission en réanimation ne pouvait se fonder uniquement sur le critère de l'âge ou sur tout autre critère pris isolément. Le juge des référés a également relevé que, afin de garantir à chacun une fin de vie digne et la plus apaisée possible, des mesures avaient été prises pour faciliter les interventions en soins palliatifs, aussi bien pour les personnes à domicile que pour les personnes résidant dans les EHPAD[55].

Selon le Professeur Xavier Bioy, le paragraphe 4 de cette ordonnance pose néanmoins une obligation générale d'action des autorités en vue de sauvegarder la santé de la population, « objectif à l'aune duquel la légalité des mesures prises, ou (on suppose) des carences constatées, sera évaluée ». On retrouve, dit-il, cette affirmation selon laquelle « le caractère manifestement illégal de l'atteinte doit s'apprécier notamment en tenant compte des moyens dont dispose l'autorité administrative compétente et des mesures qu'elle a déjà prises. L'État n'a donc qu'une obligation de moyens, sans être tenu des moyens en question ».

---

[53] Les requérants demandaient également que l'État prenne des mesures pour permettre aux personnes en fin de vie la présence de leurs proches et pour imposer de réaliser des tests systématiques pour connaître la cause de leur décès.

[54] Le juge des référés s'appuie pour démontrer son propos sur plusieurs recommandations (comité scientifique, ministère, société savante de gériatres) préconisant au contraire d'admettre ces patients dans les hôpitaux lorsque leur état de santé le justifie, et les chiffres communiqués par le ministère des Solidarités et de la Santé attestent que leur admission se poursuit

[55] Concernant le droit de ces derniers à recevoir la visite d'un de leurs proches, le juge des référés a observé que si les visites sont bien suspendues dans les EHPAD, des autorisations exceptionnelles de visite peuvent être accordées par les directeurs d'établissement, à condition que des mesures soient prises pour protéger la santé de tous. Enfin, le juge a relevé qu'une opération générale de dépistage dans les EHPAD avait été annoncée et que le Haut Conseil de santé publique (HCSP) ne recommandait pas à ce stade de l'épidémie, et en l'état des capacités de diagnostic virologique, de réaliser un test de dépistage du COVID-19 chez les personnes décédées.

Par ailleurs, l'auteur poursuit en rappelant qu'une forme d'incertitude plane quand il s'agit d'invoquer la santé en référé. Le Conseil d'État ne fait hélas pas exception en l'évoquant d'abord comme objectif d'intérêt général, ligne d'horizon et condition de légalité de l'action administrative. On parle alors de santé publique, collective et abstraite. Il s'agit de l'objectif de valeur constitutionnelle dégagé par le Conseil constitutionnel à partir de l'alinéa 11 du Préambule de 1946 (Cons. const. 8 janv. 1991). Mais le juge l'évoque ensuite comme un droit individuel, comme liberté justifiant un référé. La santé devrait alors connaître un traitement plus concret, ouvert à l'appréciation qu'en font les requérants.

Si le code institue explicitement un droit fondamental à la protection de la santé, des mentions législatives, même redondantes, à cette protection ne suffisent pas à consacrer un droit fondamental tel que la doctrine entend ce terme et qui exigerait une source et un regard supérieur et extérieur. Un tel droit subjectif fuit le droit constitutionnel et n'appartient pas à la convention européenne.

L'affirmation de l'auteur va dans le sens d'un droit à la santé non encore affirmé comme un droit de l'homme en droit français. La lecture des décisions à venir nous informera sur la validité d'une telle affirmation[56].

III. La nature des obligations étatiques surtout dans un contexte de pandémie

Les obligations positives des États pour préserver la santé des personnes relevant de leur juridiction dans un contexte sanitaire dégradé

Il faut se référer au paragraphe 2 de l'article 12 PIDESC, 11 CSE et 10 du Protocole de San Salvador pour évoquer dans un premier temps le cadre de l'action des États. Ces dispositions exigent de la part des États parties de prendre toutes les mesures nécessaires pour assurer l'effectivité du droit à la santé. Ainsi, à titre d'exemple, l'article 12§2 affirme que « *les mesures... devront comprendre les mesures nécessaires pour assurer : a) la diminution de la mortinatalité et de la mortalité infantile, ainsi que le développement sain de l'enfant ; b) l'amélioration de tous les aspects de*

---

[56] X. Bioy, *Le droit d'accès aux soins en contexte pandémique*. AJDA 2020.1487, Dalloz.

l'hygiène du milieu et de l'hygiène industrielle ; c) la prophylaxie et le traitement des maladies épidémiques, endémiques, professionnelles et autres, ainsi que la lutte contre ces maladies ; d) la création de conditions propres à assurer à tous des services médicaux et une aide médicale en cas de maladie ». Quant à l'article 10§2 du protocole de San Salvador, il affirme dans un style plus complet qu'« *afin d'assurer le plein exercice du droit à la santé, les États parties s'engagent à reconnaître ce droit comme un bienfait public et notamment à adopter pour garantir l'exercice de ce droit les mesures suivantes : a) l'octroi des soins primaires de santé, autrement dit, la mise à la disposition de tous les individus et de toutes les familles de la communauté de l'aide médicale essentielle ; b) l'extension des services de santé à tous les individus relevant de la juridiction de l'État ; c) l'immunisation complète contre les principales maladies infectieuses ; d) La prophylaxie et le traitement des maladies endémiques, professionnelles et autres ; e) L'information de la population sur la prévention et le traitement des problèmes de santé ; f) La solution des problèmes de santé des groupes à plus haut risque et qui sont plus vulnérables à cause de leur pauvreté* ». On remarque entre les deux textes une convergence dans l'objectif, même si le Protocole de San Salvador s'inscrit dans une démarche à l'évidence plus contraignante en énonçant de nombreuses obligations positives à charge de l'État. On remarque aussi un style très différent par rapport aux paragraphes premiers de ces dispositions qui énonçaient une obligation assez vague, en se concentrant désormais sur des obligations de faire.

À n'en pas douter, cette question se pose aussi dans le cadre de la prise en considération de l'impératif de garantir la santé à travers les droits de la première génération. On pourrait même arguer que dans les systèmes liés à l'application de ces derniers, la question des obligations positives a fait l'objet de développements qui en garantissent le plein exercice, en lien avec le droit à la vie, l'interdiction de la torture et des traitements inhumains ou dégradants ou avec la protection de la vie privée. Ainsi, on peut aisément identifier des obligations à la fois en amont du constat de leur violation par l'organe international de contrôle et à la fois en aval de celui-ci[57] ou encore, on peut distinguer les obligations matérielles et celles, procédurales à la manière du juge Pinto de Albuquerque, en

[57] Voir notamment sur cet aspect notre étude, I. Panoussis, « *L'obligation générale de protection des droits de l'Homme* », RTDH, 2007, n° 70, pp. 447 et ss.

énonçant l'obligation de respecter, l'obligation de prévenir et de protéger, d'une part, l'obligation d'enquêter[58], d'autre part.

En déclinant ces obligations dans le cadre du contexte actuel et en s'inscrivant dans une démarche plus prospective, quelles pourraient être plus précisément les obligations positives qui pèsent sur les États ?

Dans le cadre de l'obligation de respecter, il s'agit dans un premier temps d'assurer l'obligation négative à charge de l'État de ne pas porter atteinte à la santé à travers l'action de ses agents et services et, dans un second temps, à cet État, de donner les moyens d'une protection réelle à tous par une action positive. Une attention toute particulière devra être réservée aux personnes les plus vulnérables dont, en particulier, les enfants, les personnes âgées, les personnes déplacées[59]... Cet impératif est explicite d'ailleurs dans tous les instruments spéciaux.

Dans la poursuite du même objectif, il s'agira aussi de respecter le choix des patients pour garantir la jouissance digne de ce droit. Cela constitue un impératif primordial. Une manifestation réelle dans la lutte contre la COVID-19 peut trouver sa source dans le souhait ou pas de se faire vacciner. Cette thématique est naturellement très actuelle à propos de la vaccination obligatoire des personnels de santé ou encore dans la mise en place d'un éventuel passeport vaccinal. On pourrait s'interroger sur l'ampleur des devoirs ou pouvoirs de l'État, surtout depuis le très récent arrêt *Vavřička* relatif à la vaccination infantile obligatoire en République tchèque qui laisse une marge d'appréciation au profit des États[60].

Ensuite, dans le cadre de la prévention, le premier enjeu est de déterminer l'existence du risque. S'il existe un risque immédiat, réel et

---

[58] Le juge Pinto de Albuquerque nous livre un véritable cours de droit international des droits de l'Homme dans son opinion dissidente sous l'arrêt du 19 décembre 2017, Lopes de Sousa Fernades c. Portugal [GC]. Voir en particulier les §§ 60 et suivants de cette opinion.

[59] Un des risques importants de cette pandémie est lié aux mesures discriminatoires qui peuvent toucher certaines personnes ou encore à la nécessité de mettre en place des actions de protection renforcées, comme a pu le préciser notamment le commissariat aux droits de l'Homme des Nations Unies.

[60] Cour EDH, arrêt du 8 avril, Vavřička et autres c. République tchèque, [GC]. Cet arrêt concerne les politiques de vaccinations obligatoires infantiles. Il serait peu pertinent de faire le lien avec la COVID-19 à ce jour, mais on pourrait s'interroger dans l'avenir de la mise en place de politiques nationales de vaccination obligatoire pour les personnes intervenant en milieu médical. Serait-il alors envisageable de donner une marge d'appréciation conséquente aux autorités nationales ?

sérieux[61] pour la santé des personnes, les autorités étatiques se doivent alors d'agir pour en prévenir la réalisation. Naturellement, pour engager une action internationale contre les autorités, il faudra prouver qu'elles avaient les connaissances suffisantes pour agir et que leurs actions étaient inadaptées à la situation[62]. Les risques liés à la COVID-19 étant désormais connus, nous pouvons raisonnablement estimer à ce titre que l'État connaît les risques[63]. Il doit alors dans un premier temps maîtriser la circulation du virus pour empêcher sa propagation. Le « comment » renvoie à la nécessité de combiner connaissance scientifique et opportunité politique, mais il est évident que l'information du public, l'éducation aux gestes barrières, le dépistage, la vaccination, les restrictions de circulation... sont autant de mesures qui poursuivent cet objectif. Toutes ces mesures relèveraient donc d'une obligation juridique, même si leur degré varierait en fonction de l'opportunité politique et sociale. À ce titre, et sachant que les États doivent prendre toutes les mesures nécessaires et adéquates pour respecter cette obligation positive, elles constituent, toutes et chacune, des manifestations de l'obligation de prévention qui pèse sur les États.

Cela étant posé comme principe, on peut vite être confronté à une difficulté réelle qui mêle opportunité politique et obligation juridique dans la mise en œuvre de ces mesures. N'oublions pas que le droit à la santé contient de nombreuses facettes et cache aussi une dimension psychologique et sociale. C'est là une question à laquelle les autorités nationales de tous les États ont été confrontées. Si les mesures visant à garantir un état physique de bonne santé se prolongent dans le temps, comment aborder alors l'impact sur la psychologie des personnes[64] ou l'impact social dû à un confinement et un isolement prolongé ? Dans ce cas, pour répondre à l'opposition entre deux impératifs de santé, la

---

[61] Cela est désormais connu et pratiqué systématiquement dans le contentieux européen. Voir notamment à propos du droit à la santé en milieu carcéral, Cour EDH, arrêt du 16 octobre 2008, Renolde c. France, §§ 80 et suiv.

[62] Voir §§ 62-63 de l'opinion dissidente du juge Pinto de Albuquerque sous l'arrêt du 19 décembre 2017, Lopes de Sousa Fernades c. Portugal [GC].

[63] Il ne faut cependant pas ignorer l'évolution dans le degré de connaissance scientifique de la maladie et de sa transmission entre le début de la pandémie et aujourd'hui, ce qui aura un impact important sur les obligations de l'État.

[64] La situation des étudiants en est l'illustration parfaite. C'est ce qui explique par exemple qu'après avoir prôné un confinement strict, des mesures plus souples ont été mises en place à destination de ce public en lien avec le respect de cette dimension psychologique.

solution juridique se trouve dans le principe de proportionnalité. La recherche d'un juste équilibre devra guider l'action des autorités étatiques. Il est fort probable que le juge des droits de l'Homme accorde en l'occurrence une large part d'appréciation aux autorités nationales en vertu du principe de subsidiarité, ces dernières étant mieux placées pour apprécier le besoin social impérieux[65].

Concernant ensuite l'aspect curatif évoqué par le juge Pinto, celui-ci renvoie à l'idée d'accessibilité et de qualité des soins. Dans le cadre de cette pandémie, cela implique l'accès au dépistage, l'accès aux médicaments et aux vaccins, l'accès aux hôpitaux et, en particulier, la disponibilité des soins intensifs. Mais en période de surcharge, la question de la priorisation des soins se pose ? On ne peut que constater que, malgré les efforts consentis, de nombreux États ont été dépassés par l'ampleur de cette crise sanitaire, la virulence des différentes vagues et l'existence de variants qui a suivi. L'exemple du Brésil, de l'Inde et bien d'autres États démontre la fragilité de nos systèmes, mais aussi le poids des responsabilités politiques. Lorsque l'opportunité l'emporte sur l'obligation de protéger, le fait d'avoir ignoré volontairement le danger sera très certainement à l'origine de nombreux contentieux[66].

Enfin, en matière d'accessibilité des soins, une question intéressante est celle de la capacité des autorités à apporter désormais les soins auprès du patient plutôt que l'inverse. La télémédecine est-elle un remède ? Doit-elle devenir une obligation ? C'est très certainement un débat prématuré, mais utile et la crise de la COVID-19 en a accéléré l'usage et les interrogations. La question de l'opportunité risque là aussi de se mêler

---

[65] Cette préconisation renvoie à l'idée en vertu de laquelle le droit à la santé pourrait faire l'objet de restrictions afin de le concilier avec… les autres facettes du même droit. À la manière des inflexions face aux autres droits de l'Homme, le droit à la santé pourrait emporter des obligations qui varieraient dans le temps et dans l'espace, en fonction des autres impératifs. L'opportunité de l'action resterait alors entre les mains de l'État. La nécessité serait appréciée en vertu de l'évolution de la situation sanitaire. Mais l'équilibre entre santé physique et santé psychologique resterait l'affaire des Etats parties, mieux placés pour en juger la pertinence en vertu du principe de subsidiarité qui jouit désormais d'un statut renforcé, le Protocole n° 15 ayant été ratifié par l'Italie le 21 avril 2021 et pouvant désormais entrer en vigueur au 1er août de la même année.

[66] On pense notamment ici aux postures de déni de la situation par certains chefs d'État ou de gouvernement. La situation du Brésil en raison de la position de Bolsonaro ou encore des Etats-Unis en raison de la politique de Donald Trump pourrait être évoquée pour démontrer le caractère déraisonnable de certains comportements étatiques. Ces derniers auraient alors failli aux obligations positives susmentionnées et seraient susceptibles d'engager la responsabilité politique de leurs Etats.

avec celle des obligations étatiques. Promouvoir une santé « mobile » en plus des services classiques de santé pourrait être un atout à condition que ces initiatives soient bien encadrées. Par ailleurs, promouvoir la télémédecine à la place de la médecine traditionnelle pourrait comporter un risque au regard des obligations positives de l'État fondées sur les quatre éléments précédemment évoqués, à savoir la disponibilité, l'accessibilité, la qualité et l'acceptabilité des soins.

La question de la télémédecine comme réponse à l'effectivité d'un droit à l'accès aux soins dans un contexte de pandémie[67]

En avant-propos, il est nécessaire de rappeler que la télémédecine, est une pratique médicale dotée en France d'un cadre réglementaire depuis la loi n° 2009-879 du 21 juillet 2009 dite loi HPST et son décret du 19 octobre 2010[68] mis à jour en 2018[69]. Cette pratique médicale a été complétée par le télé-soin qui trouve naissance dans la loi n° 2019-774 d'organisation et de transformation du système de santé promulguée le 24 juillet 2019. Cette même loi regroupe la télémédecine et le télé-soin dans un contenant légal appelé la télé-santé.

Contrairement à la télémédecine qui met en rapport un professionnel médical avec un ou plusieurs professionnels de santé, entre eux ou avec le patient et, le cas échéant, d'autres professionnels apportant leurs soins au patient, le télé-soin est défini à l'article L6316-2 CSP comme une forme de pratique de soins à distance qui met en rapport un patient avec un ou plusieurs pharmaciens ou auxiliaires médicaux dans l'exercice de leurs compétences en utilisant les technologies de l'information et de la communication. Ainsi, si la télémédecine s'adresse aux professions médicales (médecins, sage-femme et chirurgien-dentiste)[70], le télé-soin vise les professionnels de santé que sont les auxiliaires médicaux et les pharmaciens[71].

---

[67] Sur ce point, voir également la contribution de N. Nevejans

[68] n° 2010-1229 JORF n° 0245 du 21 octobre 2010.

[69] Décret du 13 septembre 2018, N° 2018-788 relatif aux modalités de mise en œuvre des actes de télémédecine. La télé-santé prend vie avec la loi d'organisation et de transformation du système de santé promulguée le 24 juillet 2019. Cette consécration légale devait s'accompagner d'un décret qui, à l'instar du décret de 2010 relatif à la télémédecine, aurait défini les conditions réglementaires de la pratique du télé soin.

[70] Telles que prévues au livre premier du Code de la santé publique.

[71] Telles qu'identifiées aux livres deuxième et troisième du Code de la santé publique.

En France, la télé-santé a été pensée par le législateur comme un « outil » devant satisfaire notamment à des objectifs d'organisation, de continuité, de permanence et de sécurité des soins, mais aussi fondamentalement comme un acte médical. À ce titre, le décret de 2010 impose aux porteurs de projet de télémédecine, d'une part, de respecter les droits fondamentaux du patient et, d'autre part, d'identifier l'obligation pour les professionnels de santé de satisfaire aux exigences légales relatives à la pratique de la médecine prévue par le code de la santé publique et le code de déontologie médicale.

La loi de 2019 promulguant le télé-soin, avait à l'instar de celle de 2009, clairement indiqué qu'un texte réglementaire devait être adopté pour définir les conditions de réalisation du télé-soin afin que le soin à distance puisse être réalisé selon les exigences légales et réglementaires applicables à la qualité et la sécurité du soin en présentiel. La crise et l'état d'urgence sanitaire n'ont pas permis au législateur de tenir ses engagements, si bien que le télé-soin s'est développé en France, sans même que ses conditions de réalisation soient identifiées, sans même pouvoir exiger que les professionnels de santé, pour qui cette pratique était nouvelle, puissent satisfaire à une obligation préalable de formation et d'adaptation aux soins à distance.

Par ailleurs, il convient de noter qu'à ce stade, et contrairement à ce qui a pu être cru par le grand public, la télé-santé n'a pas été développée pendant la crise sanitaire comme un moyen pour l'autorité publique de garantir, sinon un droit « à » la santé, à tout le moins un droit à l'accès aux soins. La télé-santé existait dans notre arsenal normatif bien avant que l'état d'urgence sanitaire ne soit déclaré.

Preuve en est, jusqu'en 2018, le déploiement de la télémédecine a été qualifié de lent et laborieux. Ceci s'expliquait, d'une part, par, l'absence de financement (hors programme ETAPES[72]) de l'assurance maladie qui imposait aux porteurs de projets de prévoir un business plan souvent hasardeux face au manque de visibilité de l'efficience d'une telle pratique et d'autre part, la crainte des professionnels de santé qui voyaient en la pratique de la télémédecine une manière d'écorcher, du fait de la

---

[72] Programmes ETAPES : Expérimentation de Télémédecine pour l'Amélioration des Parcours en Santé : expérimentation proposée dans la télésurveillance des maladies chroniques avant l'entrée de cet acte dans le droit commun de la sécurité sociale. https://solidarites-sante.gouv.fr/soins-et-maladies/prises-en-charge-specialisees/telemedecine/article/etapes-experimentations-de-telemedecine-pour-l-amelioration-des-parcours-en

dématérialisation de la prise en charge médicale, la relation de confiance indispensable au colloque singulier. À cette date, la télémédecine était connue sous la forme par laquelle elle se pratiquait le plus souvent à savoir la télésurveillance des maladies chroniques, la télé-expertise, la régulation médicale et la téléconsultation[73]. Si la télésurveillance et la télé expertise se sont développées, elles sont principalement demeurées une pratique dépassant assez peu fréquemment les frontières de l'hôpital. La régulation médicale avait donc une existence propre avant même l'entrée en vigueur du décret de 2010. L'acte qui a été le plus sollicité, notamment dans le secteur privé, a été indéniablement la téléconsultation.

Ainsi, nul n'aurait pu penser que la télémédecine pouvait se déployer aussi fortement en un temps si court. La Caisse Nationale d'Assurance Maladie annonce, le 31 mars 2020, que 486 369 téléconsultations ont été facturées à l'assurance maladie pendant la semaine du 23 au 29 mars[74]. Cette forte hausse s'expliquerait par l'assouplissement des règles de facturation dérogeant aux principes définis dans la convention médicale[75]. Pour répondre à une nécessité devenue absolue de garantir une permanence et une continuité des soins, à l'heure où les services d'urgence des établissements de santé sont saturés, les médecins traitants lèvent leurs réticences et proposent enfin la téléconsultation à leurs patients. En un seul trait de temps, la télémédecine est devenue l'outil qui permet au médecin de garder le contact avec le patient et de poursuivre la prise en charge médicale.

Ainsi, il ne peut être affirmé que pour satisfaire un droit à l'accès aux soins, pendant la crise sanitaire, l'État a mis à disposition des personnes malades et des professionnels de santé, la télé-santé, car celle-ci existait bien en amont. En revanche, il peut être affirmé que l'État a donné un nouvel essor à la pratique de la télé-santé en facilitant, d'une part, sa prise en charge financière par l'assurance maladie et, d'autre part, la levée des obligations pourtant garantes tant du respect des droits du patient que de la qualité des soins réalisés à distance.

---

[73] En d'autres termes presque dans toutes les formes de télémédecine envisagées par le décret de 2010, à l'exception de la télé assistance dont l'usage est moins répandu. Art. R6316-1 CSP

[74]https://www.ameli.fr/fileadmin/user_upload/documents/20200331_-CP_Teleconsultations_COVID_19.pdf

[75] Avenant n° 6 (signée le 14 juin 2018) de la convention nationale organisant les rapports entre les médecins libéraux et l'assurance maladie signée en 2016

En témoignent les premières lignes du décret du 9 mars 2020[76] qui rendent éligibles à la prise en charge par l'assurance maladie, la télé consultation pour les patients atteints ou potentiellement infectés par la COVID-19 réalisée par un médecin qui peut n'avoir jamais vu le patient, qui ne connaît pas son dossier médical. Étant précisé que ces conditions, sont en temps de non-crise, des conditions jugées indispensables pour garantir la qualité et la sécurité de l'acte médical réalisé à distance. Par ailleurs, le même texte autorise la téléconsultation réalisée par n'importe quels moyens technologiques, alors que depuis 2010, il est exigé le choix d'un outil dédié et ce, afin de garantir la qualité de vidéo transmission et surtout la sécurité à la fois des échanges entre le professionnel de santé et le patient (obligation de secret professionnel) mais aussi celle de la circulation des données générées par l'usage des technologies du numérique (obligations découlant du RGPD[77]).

Au surplus, il doit être noté qu'à aucun moment les textes édités pendant la crise sanitaire n'ont rappelé la nécessité d'informer le patient et de recueillir son consentement à la pratique de la télémédecine comme l'exige le décret du 19 octobre 2010 (article R6316- CSP) ou d'informer le patient sur ses droits quant à la protection de la donnée (articles 13 et 14 RGPD[78]). L'urgence sanitaire a redéfini les priorités dont, à l'évidence, n'a pas fait partie le respect du droit des patients. Enfin, il peut être souligné l'intrépidité du ministre de la Santé de permettre à des professionnels non formés à l'usage des technologies et surtout à la prise en charge à distance de leurs patients de réaliser leurs premiers essais en période d'urgence. N'est-ce pas en soi une mise en danger de la pratique du professionnel de santé qui, en souhaitant prendre soin, risque de commettre des erreurs de prise en charge ? Finalement, d'une pratique de la télémédecine très réglementée à une pratique du télé-soin sous-

---

[76] Décret n° 2020-227 du 9 mars 2020 NOR SSAS2006807D JO du 10 mars 2020. Ce texte a été suivi par d'autres : Arrêté du 19 mars 2020 NOR SSAZ2008066A, JO 20 mars 2020. Arrêté du 14 avril 2020NOR SSAZ2009592A. Arrêté du 23 mars 2020 NOR SSAX2007864A JO du 24 mars 2020. Arrêté du 25 mars 2020 NOR SSAZ2008363A. JO du 26 mars 2020. Arrêté du 31 mars 2020 NOR SSAZ2008819A, JO du 1er avril 2020. Arrêté du 14 avril 2020 NOR SSAZ 009592A. JO 15 avril 2020. Arrêté du 16 avril 2020 NOR SSAZ009852A, JO 18 avril 2020. Arrêté du 18 mai 2020 NOR SSAZ2011564A, JO 19 mai 2020.

[77] Règlement sur la Protection des Données Personnelles (UE) 2016/679 et la loi n°787-1978 informatique et liberté dans son dernier état modifié par la loi n° 2018-493 du 20 juin 2018

78 Règlement UE 2016/679.

réglementée, entre une protection accrue du professionnel qui s'essaie à la télémédecine et au patient qui en accepte la prise en charge, et le professionnel laissé pour compte qui pratique le télé-soin, face à ses obligations et au patient dont les droits fondamentaux sont partis aux oubliettes, le juriste est impatient de connaître le sort réglementaire qui sera réservé à la télé-santé au lendemain de la crise sanitaire mais aussi de l'issue des actions en responsabilité médicale générées par ces pratiques non sécurisées. Alors, certes, l'État, pendant la crise sanitaire, a facilité l'accès aux soins à distance via la télé-santé ; pour autant, il n'est pas certain que cet accès ait pu garantir des soins de qualité. [79]

Pour conclure sur les obligations positives qui pèsent sur les États, il y a indéniablement, dans le cas où les risques viendraient à se réaliser, une obligation de mener une enquête effective officielle pour déterminer les responsabilités et juger les responsables[80]. Nous pensons que cette obligation, à l'instar de ce que pratique la Cour interaméricaine dans d'autres contentieux, devrait avoir aussi une vertu liée à la consécration d'un droit à la vérité[81], surtout au regard de l'ampleur du phénomène et des mesures envisagées pour le combattre.

---

[79] L. Williatte, « *Regard juridique sur l'avènement de la télé-santé lors de la crise sanitaire* ». Revue Droit et Santé, Juillet. 2020 n° 96 pp.821-828 LEH Édition

[80] Sur cette obligation, voir I. Panoussis, « *L'obligation générale de protection des droits de l'Homme* », *RTDH*, 2007, n° 70, pp. 452 et suiv.

[81] Les organes interaméricains de contrôle ont dégagé ce droit à la vérité dans le cadre des disparitions forcées, comme on peut le voir dans l'arrêt du 25 novembre 2000, *Bamaca Velasquez c. Guatemala*, §§ 201-202. Il en est de même de la Cour européenne qui s'en est largement inspiré dans le cadre de l'arrêt du 13 décembre 2012, El-Masri c/ ex-République yougoslave de Macédoine [GC]. Nous pensons que ce droit a un véritable potentiel à l'avenir tant dans sa dimension collective qu'individuelle. En réalité, la société devrait connaître les mesures et actions envisagées par leurs autorités pour lutter contre la pandémie pour pouvoir enclencher leurs droits individuels. Cette « vérité » aurait alors une vertu indéniable sur leur capacité à agir, mais aussi serait une forme de reconnaissance des responsabilités étatiques. Voir en ce sens sur la double dimension de ce droit original L. Hennebel L. et H. Tigroudja, *Traité de droit international des droits de l'Homme*, Paris, Pedone, 2016, pp. 1300-1304.

Les aspects juridiques et éthiques de l'utilisation de l'IA comme outil de lutte contre la COVID-19[1]

NATHALIE NEVEJANS
Maître de conférences en droit privé à la faculté de droit de Douai
Membre du Centre de recherche en droit éthique et procédures
Titulaire de la Chaire « IA et Droit » à l'université d'Artois

1. Depuis le Moyen Âge, les épidémies sont au cœur des politiques publiques. L'épidémie de peste de 1347 a fait apparaître la santé publique comme un nouveau champ de préoccupation, alliant les pouvoirs publics et les médecins. Plus tard, pour enrayer l'épidémie de choléra de 1832, les pouvoirs publics ont créé des comités d'experts et des conseils en matière d'hygiène et de salubrité sur le territoire pour les aider à prendre des décisions. Dès la fin du XIXe siècle, ce système se centralise et aboutit à l'adoption de la loi relative à la protection de la santé publique le 15 février 1902[2].

2. La lutte contre la COVID-19 reprend un schéma identique, puisque les États ont été les acteurs de premier plan pour déployer des politiques publiques. Mais, contrairement aux autres épidémies, pour la première fois, l'intelligence artificielle (IA) a pu contribuer à cette lutte. L'IA est définie comme « *un système qui est soit fondé sur des logiciels, soit intégré dans des dispositifs matériels, et qui fait preuve d'un comportement intelligent, notamment en collectant et traitant des données, en analysant et en interprétant son environnement et en prenant des mesures, avec un certain degré d'autonomie, pour atteindre des objectifs spécifiques* »[3]. Dans la proposition de règlement sur une

[1] Date de soumission du texte : 2 juin 2021
[2] JORF du 19 févr. 1902.
[3] Art. 4, a, de la proposition de règlement incluse dans la résolution du 20 octobre 2020 contenant des recommandations à la Commission concernant un cadre pour les aspects

approche européenne de l'IA du 21 avril 2021, l'article 3.1 définit le système d'IA comme « *un logiciel développé à l'aide d'une ou plusieurs des techniques et approches énumérées à l'annexe I et capable, pour un ensemble donné d'objectifs définis par l'humain, de générer des résultats tels que du contenu, des prévisions, des recommandations, ou des décisions influençant les environnements avec lesquels ils interagissent* »[4].

L'annexe I sur les techniques et approches d'IA renvoie aussi bien aux techniques d'IA symbolique que d'IA « connexionniste » (*machine learning*, y compris *deep learning*). L'IA symbolique s'appuie sur un système de règles construites pour modéliser le raisonnement humain afin d'aboutir à des conclusions à partir de faits. Toutes ces règles doivent être préalablement prédéfinies par un humain, ce qui est chronophage. De plus, le système doit être entièrement programmé et n'est pas autoapprenant. Cependant, il est performant, même avec peu de données, et le résultat est explicable puisque l'humain en comprend facilement la logique. S'agissant de l'IA « connexionniste », le *machine learning* est une « *expression générique recouvrant toutes les formes et méthodes d'apprentissage artificiel* »[5]. Il s'appuie sur des algorithmes statistiques pour apprendre à reconnaître une image médicale ou un visage dans une foule, à interpréter un texte, etc. Il n'a pas besoin d'avoir été programmé explicitement à cet effet, à la condition de pouvoir s'entraîner sur une grande masse de données (*training data set*) préalablement étiquetées par un humain. Le *deep learning,* qui dérive du *machine learning*, consiste en un « *apprentissage d'un réseau de neurones comportant de nombreuses couches, réalisé en calculant le gradient de l'erreur (la dérive de l'erreur par rapport aux poids) en sortie du réseau de neurones et en modifiant les poids du réseau proportionnellement au gradient* »[6]. Le système repose sur un réseau composé d'une multitude de couches de neurones artificiels s'inspirant du cerveau humain. Il est capable d'apprendre par lui-même à partir des données brutes non étiquetées au préalable par un humain, ce qui le rend très efficace et autonome. Cependant, il a besoin

éthiques de l'intelligence artificielle, de la robotique et des technologies connexes (2020/2012(INL)).

[4] *Proposal for a Regulation of the European Parliament and of the Council on a European approach for Artificial Intelligence*, 21 avr. 2021, COM(2021) 206 final, 2021/0106 (COD). [notre traduction]

[5] S. Konieczny et H. Prade (dir.), *L'IA. De quoi s'agit-il vraiment*, éd. Cépaduès, 2020, p. 84.

[6] *Ibid.*, p. 78.

de s'entraîner sur un volume de données bien plus considérable encore que le *machine learning* (plus de 100 millions) pour avoir des résultats fiables. Bien que les chercheurs à travers le monde tentent de mettre fin à ce problème, pour l'instant les résultats du *deep learning* sont difficilement explicables, même pour son concepteur. Ce phénomène de boîte noire rend plus difficilement détectables les erreurs de la machine ou les éventuels biais.

3. L'IA a montré sa polyvalence dans la lutte contre la COVID[7]. Elle est apparue comme un outil providentiel pour détecter l'apparition de l'épidémie et évaluer sa propagation, accélérer les recherches, mettre en commun les données, surveiller l'état sanitaire de la population, éviter la propagation d'informations fausses sur la maladie sur les réseaux sociaux, accroître le suivi des personnes fragiles, optimiser les soins et soutenir les personnels de santé.

Même si l'IA posait déjà des questions juridiques et éthiques, son usage dans la lutte contre la pandémie les a non seulement ravivées, mais poussées à leur paroxysme. En effet, l'apparition du SARS-CoV-2 a imposé un emploi plus massif, généralisé et surtout précipité de solutions d'IA jusque-là cantonnées à des usages ponctuels dans des contextes très délimités. La CNIL affirme que « *la lutte contre l'épidémie de COVID-19 contribue à l'objectif à valeur constitutionnelle de protection de la santé et constitue un impératif majeur de nature à justifier, dans certaines conditions, des atteintes aux libertés fondamentales et en particulier au droit à la protection de la vie privée et des données à caractère personnel* »[8].

Le recours à des systèmes d'IA en période d'urgence sanitaire extrême a donc fissuré le rempart protecteur des règles juridiques face aux exigences impérieuses de santé publique, et a suscité des questions éthiques nouvelles.

Nous analyserons cette tension lorsqu'il s'agit de comprendre l'épidémie de la COVID au moyen des systèmes d'IA au service de la prévision des épidémies et de la recherche (Section I), de contenir l'épidémie en recourant aux outils d'IA de surveillance des personnes et de lutte contre la circulation d'informations fausses sur la maladie

---

[7] En ce sens, Comm. Eur., « *Coordinated plan on artificial intelligence 2021 review* », 21 avr. 2021, p. 40.

[8] CNIL, Délib. n° 2021-054 du 12 mai 2021 portant avis sur le projet de mise en place d'un pass sanitaire conditionnant l'accès à certains lieux, événements ou établissements impliquant de grands rassemblements de personnes, § 10.

(Section II), et enfin d'optimiser les soins contre la COVID par l'usage de technologies d'IA directement au service de la santé (Section III).

Section I. Comprendre l'épidémie de la COVID : les outils d'IA au service de la prévision des épidémies et dans le domaine de la recherche

4. En raison de sa capacité à traiter des masses de données, l'IA est un outil idéal de lutte contre la maladie. Néanmoins, le traitement d'un grand volume de données par l'IA pose de nombreuses questions juridiques concernant leur origine et leur accès. Nous le vérifierons à travers les systèmes d'IA de prévision des épidémies (A) et le recours à l'IA dans le domaine de la recherche sur la maladie (B).

A. Les systèmes d'IA de prévision des épidémies

5. La prévision des épidémies comprend leur détection, ainsi que l'évaluation de leur propagation au moyen des systèmes d'IA de plus en plus performants (1). Toutefois, l'IA doit s'entraîner sur une grosse masse de données. Un grand nombre d'entre elles pouvant être à caractère personnel, il est nécessaire de concilier la lutte contre les épidémies avec leur protection rigoureuse (2).

1./ La détection des épidémies et l'évaluation de leur propagation

6. L'IA n'avait pas prévu l'apparition de la COVID-19. Elle ne peut anticiper un événement qui n'a pas encore eu lieu, étant donné qu'elle apprend à partir des données préexistantes. Les systèmes d'IA se révèlent surtout particulièrement efficaces pour détecter les flambées épidémiques et pour en évaluer leur propagation.

7. L'efficacité avérée de la détection des flambées épidémiques par l'IA. L'IA est capable de détecter les toutes premières manifestations d'une épidémie en étudiant certains paramètres.

Comme certains pays ont une politique peu transparente pour délivrer des informations de santé publique, certains systèmes d'IA peuvent chercher par eux-mêmes des signaux faibles d'épidémie sur divers supports. Une société canadienne a ainsi créé une plateforme de surveillance sanitaire recourant aux algorithmes de *machine learning* et de traitement du langage naturel (TLN ou *Natural Language Processing*, NLP), lequel correspond pour un programme à pouvoir comprendre le langage humain tel qu'il est parlé, afin d'analyser en temps réel la presse du monde entier, les forums professionnels, les rapports de maladies touchant la faune ou la flore, les données de compagnies aériennes pour tenir compte des flux aériens, ou encore les déclarations officielles[9]. Toutefois, l'entreprise n'avertit ses clients d'éviter les zones à risque que si les experts humains en épidémiologie confirment les résultats du système d'IA. Cet outil avait détecté une flambée de pneumonies à Wuhan en Chine et identifié les villes risquant le plus d'être confrontées à l'épidémie dès le 31 décembre 2019. À titre de comparaison, les *Centers for Disease Control and Prevention* (CDC) des États-Unis avaient averti la population le 6 janvier 2020, tandis que l'Organisation mondiale de la santé (OMS) avait attendu le 9 janvier.

Il existe de nombreux autres systèmes en la matière. Une équipe américaine a ainsi créé une IA capable d'identifier les premiers signes d'une épidémie en examinant les données issues de recherches sur *Google*, de médias sociaux et de blogs, et de forums de discussion[10]. D'autres chercheurs américains en TLN, travaillant à partir des tweets publiés dans différents pays pendant la pandémie, ont pu créer un modèle capable de prédire une épidémie, quelle que soit la langue[11]. Une autre équipe américaine, qui comptabilisait les cas positifs à la COVID des anciens combattants, a utilisé un système de TLN pour lutter contre l'absence d'interopérabilité des systèmes de stockage des données due au fait que certains diagnostics étaient identifiés au moyen de résultats structurés en laboratoire, tandis que d'autres n'étaient documentés que dans des récits en texte libre[12]. Avec les mêmes techniques, des chercheurs français ont démontré l'existence d'un lien entre l'utilisation

---

[9] C. Stieg, « *How this Canadian start-up spotted coronavirus before everyone else knew about it* », *CNBC* [online], March 3, 2020, https://www.cnbc.com/2020/03/03/bluedot-used-artificial-intelligence-to-predict-coronavirus-spread.html [Toutes les références web sont considérées comme consultées au 31 mai 2021].

[10] A. Johnson, « *How Artificial Intelligence is Aiding the Fight Against Coronavirus* », Datainnovation [online], March 13, 2020, https://datainnovation.org/2020/03/how-artificial-intelligence-is-aiding-the-fight-against-coronavirus/

[11] S. Levy, *alii*, « *Cross-lingual Transfer Learning for COVID-19 Outbreak Alignment* », Association for Computational Linguistics, Proceedings of the 1st Workshop on NLP for COVID-19 at ACL 2020, July 2020.

[12] A. Chapman, *alii*, « *A Natural Language Processing System for National COVID-19 Surveillance in the US Department of Veterans Affairs* », Proceedings of the 1st Workshop on NLP for COVID-19 at ACL 2020, July 2020.

des inhibiteurs calciques et la baisse de la mortalité des patients atteints de la COVID[13].

8. La modélisation fine de la propagation d'une épidémie. Les épidémiologistes ont des difficultés pour construire des modèles prédictifs réalistes. Non seulement ils surévaluent les risques mais les modèles épidémiologiques classiques donnent une projection de l'évolution d'une maladie dans la population d'une manière compartimentée (compartiment des infectés, celui des guéris, celui des décédés, etc.). L'une des solutions est de recourir aux systèmes multi-agents capables de modéliser la propagation d'une épidémie d'une manière beaucoup plus précise. Les systèmes multi-agents sont définis comme mettant en œuvre « *un ensemble de concepts et de techniques permettant à des logiciels hétérogènes, ou à des parties de logiciels, appelés "agents" de coopérer suivant des modes complexes d'interaction* »[14]. On constate en effet que si elle bénéficie d'une importante puissance de calcul, l'IA parvient à reproduire le comportement d'un ensemble d'agents (humains, animaux, processus, robots...) qui évoluent dans un environnement donné en interagissant les uns avec les autres. Dans un contexte de pandémie COVID, le recours à un système multi-agents permet alors de modéliser finement l'hétérogénéité d'une population et les différentes caractéristiques des individus afin d'explorer une variété de scénarios de propagation d'une épidémie ou de mesures de confinement.

Il existe plusieurs projets européens. Le Centre commun de recherche de la Commission européenne travaille sur les liens entre la mobilité humaine et la propagation de la COVID, ainsi que sur l'efficacité des mesures de restriction de la mobilité pour contenir la pandémie[15]. Ce Centre a recueilli les données de 14 opérateurs de réseaux mobiles dans 19 États membres de l'UE et en Norvège. Il a montré que les mesures de confinement adoptées dans l'UE, y compris les restrictions physiques de distanciation et de mobilité, avaient permis de limiter la propagation du virus. Par ailleurs, le *Global epidemic and mobility model* élabore des

[13] A. Neuraz, alii, « *Natural Language Processing for Rapid Response to Emergent Diseases: Case Study of Calcium Channel Blockers and Hypertension in the COVID-19 Pandemic* », AP-HP COVID CDR Initiative, J Med Internet Res 2020 ; 22(8):e20773, doi: 10.2196/20773.

[14] J. Ferber, « *Les systèmes multi-agents : un aperçu général* », Technique et Science Informatiques, vol. 16, n° 8, p. 979-1012, 1997.

[15] Comm. Eur., « *Coronavirus: Mobility data provides insights into virus spread and containment to help inform future responses* », 15 July 2020.

modèles épidémiques des maladies hautement pathogènes en tenant compte des données sur la population mondiale et sa mobilité, et d'un modèle mathématique de la dynamique d'infection des individus[16]. Les données démographiques utilisées proviennent du quadrillage de la population mondiale (*Gridded Population of the World*), réalisé par l'Université de Columbia[17].

Les systèmes d'IA d'évaluation de la propagation d'une épidémie constituent un outil efficace d'aide à la décision en santé publique, puisqu'il est possible de bouger les curseurs pour évaluer *a priori* ou mesurer *a posteriori* les impacts d'une stratégie sanitaire. En créant plusieurs scénarios informatiques, combinant les mesures restrictives mises en place et différentes temporalités, des chercheurs ont prouvé que les restrictions avaient permis de diminuer de 66 % le nombre de cas de COVID en Chine mais qu'une action plus précoce aurait encore eu plus d'effets[18]. Ces systèmes permettent donc d'arrêter des choix plus éclairés, à la condition de ne pas les fonder uniquement sur le résultat de l'outil d'IA. Il suffit de penser que, début 2020, l'IA avait réalisé une simulation qui indiquait que le coronavirus pouvait contaminer jusqu'à 2,5 milliards de personnes en 45 jours et tuer 52,9 millions de personnes dans le monde[19]. L'erreur était due au fait que les chiffres bruts des modèles étaient dans l'impossibilité de tenir compte non seulement de la vitesse de contamination d'un virus encore inconnu, mais également des mesures matérielles qui seraient adoptées par les États pour contenir la pandémie, comme la distanciation sociale ou le confinement. Toutefois, même des modèles imparfaits peuvent conserver une certaine utilité, comme une étude le montre à propos du déconfinement[20].

---

[16] http://www.gleamviz.org/

[17] https://sedac.ciesin.columbia.edu/data/collection/gpw-v4

[18] S. Lai, alii, « *Effect of non-pharmaceutical interventions for containing the COVID-19 outbreak: an observational and modelling study* », March 9, 2020, https://doi.org/10.1101/2020.03.03.20029843

[19] « *Coronavirus : Quand une IA fait des prévisions alarmantes* », *Forbes* [en ligne], 8 févr. 2020, https://www.forbes.fr/technologie/coronavirus-quand-une-ia-fait-des-previsions-alarmantes/

[20] T. Evgeniou, alii, « *Pandemic Lock-down, Isolation, and Exit Policies Based on Machine Learning Predictions* », Janv. 14, 2021, INSEAD Working Paper n° 2020/22/DSC, http://dx.doi.org/10.2139/ssrn.3588401

2./ L'application des dispositions protectrices des données à caractère personnel, même en période de crise sanitaire

9. Les systèmes d'IA de prévision des épidémies utilisent des données provenant de sources variées de sorte que, non anonymisées, elles sont soumises aux dispositions protectrices des données à caractère personnel même pendant la crise sanitaire. Leur transfert hors UE peut permettre l'optimisation du fonctionnement du système de détection, à la condition d'offrir une protection maximale.

10. Données anonymisées et partage de données à caractère non personnel. Si le système d'IA utilise des données à caractère non personnel, comme des données brutes, elles circulent alors librement en application du règlement 2018/1807 sur les données à caractère non personnel[21]. Si l'IA est alimentée par des données individuelles, mais que celles-ci ont été agrégées à niveau tel que la personne n'est plus identifiable[22], le Groupe de l'article 29 considère que ces données sont anonymes[23]. Ces dernières ne nécessitent alors pas l'application du règlement général sur la protection des données (RGPD)[24], et circulent également librement en vertu du règlement 2018/1807.

L'anonymisation des données, qui est une voie à privilégier lorsque c'est possible, doit être totale et irréversible. Elle permet non seulement de protéger les données et la vie privée des personnes, mais également d'autres droits fondamentaux, comme la liberté d'aller et venir. Toutefois, il convient de rester prudent, même avec les données anonymisées, car un usage à grande échelle par un système d'IA autoapprenant peut toujours « *engendrer de nombreuses corrélations concernant non des individus mais des groupes de personnes, et entraîner subséquemment, dans des*

---

[21] Règl. (UE) 2018/1807 du 14 novembre 2018 établissant un cadre applicable au libre flux des données à caractère non personnel dans l'Union Européenne, *JOUE* L 303, 28 nov. 2018, p. 59-68.

[22] V., Comm. Eur., « *Lignes directrices relatives au règlement concernant un cadre applicable au libre flux des données à caractère personnel dans l'Union européenne* », 29 mai 2019, COM (2019) 250 final.

[23] V., Groupe de l'article 29, Avis 05E2014 sur les techniques d'anonymisation, WP216, 10 avr. 2014, p. 10

[24] Règl. (UE) 2016/679 du 27 avr. 2016 relatif à la protection des personnes physiques à l'égard du traitement des données à caractère personnel et à la libre circulation de ces données dit « RGPD », *JOUE* L 119, 4 mai 2016, p. 1-88.

opérations de profilage, des discriminations très graves touchant ces groupes de personnes »[25].

L'anonymisation facilite également le partage de données dans le cadre de la lutte contre la COVID[26]. En effet, pendant l'épidémie, il est apparu que les échanges de données tant sur le plan européen qu'international permettaient de mieux comprendre les phénomènes observés, de guider les décisions et d'accélérer les recherches[27]. La résolution européenne sur le cadre éthique de l'IA a d'ailleurs demandé « *instamment à la Commission de doter l'ECDC* [Centre européen de prévention et de contrôle des maladies] *du cadre réglementaire et des ressources permettant la collecte en temps réel des données de santé anonymisées nécessaires à l'échelle mondiale, en toute indépendance et en liaison avec les États membres, afin de remédier aux problèmes révélés par la crise de COVID-19, entre autres buts* »[28]. Dans un communiqué de presse du 28 octobre 2020, au titre des mesures pour renforcer la réponse de l'UE face à la COVID, la Commission européenne a souligné l'importance de l'amélioration de la circulation de l'information afin de suivre la façon dont le virus se propage aux niveaux régional et national et de permettre une prise de décision éclairée[29]. Un rapport du Conseil de l'Europe d'octobre 2020 souligne également l'importance pour les gouvernements et les acteurs du secteur privé de pouvoir analyser avec fiabilité des données et de profiter des avantages de leur partage[30].

11. L'application des dispositions relatives à la protection des données à caractère personnel pendant la crise sanitaire. Les systèmes d'IA ne peuvent pas toujours utiliser des données anonymisées. Si leur fonctionnement impose le recours à des données à caractère personnel, définies comme des données qui se rapportent à une personne physique identifiée ou identifiable directement ou indirectement par référence à un

---

[25] F. Michéa, « *L'appréhension de la donnée en droit de l'Union européenne* », in N. Nevejans (dir.), *Données et technologies numériques. Approches juridique, scientifique et éthique*, éd. Mare & Martin, 2021, p. 42.

[26] Sur la nécessité de rendre les données non personnelles facilement accessibles, V. *infra*, n°s 17 et s.

[27] CNPEN, « *Réflexions et points d'alerte sur les enjeux d'éthique du numérique en situation de crise sanitaire aigüe* », Bull. de veille n° 1, 7 avril 2020, p. 13.

[28] Résol. du Parlement européen du 20 octobre 2020 sur un cadre éthique en IA, préc.

[29] Comm. Eur., CP, « *Résurgence du coronavirus : la Commission intensifie ses mesures pour renforcer les mesures de préparation et d'intervention dans toute l'UE* », 28 oct. 2020.

[30] Conseil de l'Europe, « *Des solutions numériques contre la pandémie de COVID-19* », oct. 2020, p. 17.

identifiant ou à un ou plusieurs éléments spécifiques propres à son identité (article 4.1 du RGPD), leur traitement est soumis au RGPD et doit reposer sur la base légale la plus appropriée[31]. Les circonstances sanitaires exceptionnelles n'excluent en aucun cas l'application de ces règles protectrices, d'autant plus, comme le souligne le Comité européen de la protection des données (EDPB), que les mesures de lutte contre la COVID peuvent concerner des données personnelles relatives à la santé[32]. Il convient alors de distinguer trois hypothèses.

Tout d'abord, dans le cadre d'une épidémie, une autorité publique peut jouer sur les fondements du RGPD pour autoriser un traitement en l'absence de consentement de la personne concernée en vertu des articles 6 et 9 du RGPD. Pour l'EDPB, cela concerne les traitements justifiés par la sauvegarde des intérêts vitaux (articles 6.1, d, et 9.2, c, du RGPD), par l'exécution d'une mission d'intérêt public ou relevant de l'exercice de l'autorité publique dont est investi le responsable du traitement (art. 6.1, e, du RGPD), ou par les motifs d'intérêt public dans le domaine de la santé publique (art. 9.2, i, du RGPD). Le considérant 46 évoque d'ailleurs le suivi des épidémies et de leur propagation comme justifiant le traitement. Le considérant 52 relatif aux données sensibles, dont font partie les données de santé, indique que l'intérêt public justifie le traitement à des fins de surveillance et d'alerte sanitaire, de prévention ou de contrôle de maladies transmissibles et d'autres menaces graves pour la santé.

Ensuite, le traitement peut aussi être mis en œuvre dans l'UE par une entreprise privée offrant des services via une plateforme en ligne ou une application mobile de signalement d'une épidémie et de sa propagation[33].

---

[31] Ce qui peut être délicat à déterminer, comme le souligne Groupe de l'article 29, Avis n° 15/2011 sur la définition du consentement, 13 juill. 2011, WP 187, p. 8.

[32] EDPB, « *Statement by the EDPB Chair on the processing of personal data in the context of the COVID-19 outbreak* », 16 March, 2020.

[33] S'agissant de ces services, la directive « vie privée et communications électroniques » complète le RGPD et impose le consentement de l'utilisateur lui-même s'il venait à devoir être géolocalisé (art. 9), ou à défaut l'adoption d'une mesure législative spécifique, dont il doit être démontré qu'elle constitue une mesure nécessaire, appropriée et proportionnée, au sein d'une société démocratique, Dir. 2002/58/CE du 12 juillet 2002 concernant le traitement des données à caractère personnel et la protection de la vie privée dans le secteur des communications électroniques, *JOUE* n° L 201 du 31 juil. 2002, p. 0037-0047. – Réforme en cours, V., Prop. de règl. concernant le respect de la vie privée et la protection des données à caractère personnel dans les communications électroniques et abrogeant la directive 2002/58/CE (règlement « Vie privée et communications électroniques »), COM/2017/010 final, 2017/03 (COD).

Dans ce cas, à moins qu'elle traite des données anonymisées, elle applique le RGPD. Le responsable du traitement doit indiquer les finalités qu'il poursuit et la base légale sur laquelle est fondé le traitement (article 6 du RGPD). Il peut s'agir, notamment, du consentement de la personne (article 6.1, a, du RGPD) voire de l'exécution d'une mission d'intérêt public ou relevant de l'exercice de l'autorité publique dont est investi le responsable du traitement (article 6.1, e, du RGPD). Si les données traitées sont relatives à la santé, l'article 9 du RGPD en prévoit l'interdiction de principe, qui peut être levée, notamment, si la personne a donné son consentement (article 9.2, a) ou si le traitement est justifié par la sauvegarde des intérêts vitaux (article 9.2, c).

Enfin, un organisme de recherche qui réalise un traitement à des fins scientifiques doit également respecter le RGPD (cons. 159). Par « fins de recherche scientifique », il convient d'entendre, selon le même considérant, « *les études menées dans l'intérêt public dans le domaine de la santé publique* ». Un traitement de données de santé peut avoir lieu à des fins de recherche scientifique sans le consentement de la personne concernée, sur la base du droit de l'Union ou du droit d'un État membre, à la condition qu'il soit proportionné à l'objectif poursuivi, qu'il respecte l'essence du droit à la protection des données, et qu'il adopte des mesures appropriées et spécifiques pour la sauvegarde des droits fondamentaux et des intérêts de la personne concernée (article 9.2, j, du RGPD). La loi Informatique et Libertés (LIL) autorise les traitements sans le consentement des personnes concernées pour la réalisation de recherches médicales et d'études dans le domaine de la santé à certaines conditions (articles 72 et s. de la LIL). La CNIL a publié divers dossiers sur ce sujet dans le cadre de la COVID[34].

12. Les transferts des données en dehors de l'UE sous haute surveillance. Un transfert de données hors UE, qui peut être nécessaire au bon fonctionnement d'un système d'IA utilisé dans le cadre de la lutte contre la COVID, doit respecter les dispositions relatives à la protection des données à caractère personnel[35]. Les règles du transfert de données à caractère personnel hors UE s'appliquent à un établissement européen qui réalise un tel transfert vers un partenaire hors UE, ou à un établissement hors UE mais soumis au RGPD en raison du fait qu'il traite des données à caractère personnel de personnes situées dans l'UE (article 3 du RGPD).

---

[34] Voir CNIL, « *Recherches sur le COVID-19 : la CNIL se mobilise* », 26 mars 2020.

[35] En ce sens, CNPEN, Bull. de veille n° 1, préc., p. 13.

Le RGPD impose des règles spécifiques de transfert de données hors UE (articles 44 et s.), lesquelles sont applicables même aux données à caractère personnel alimentant les systèmes d'IA.

D'une part, le transfert hors UE est possible si la Commission européenne constate par voie de décision que le pays de destination a une législation reconnue comme offrant une protection des données personnelles équivalente à celle de l'UE (article 45.1 du RGPD). S'agissant des États-Unis, le *Privacy Shield* avait été reconnu par la décision 2016/1250 de la Commission européenne comme offrant un niveau de protection adéquat[36]. Dès 2018, la France émit l'idée de créer une Plateforme nationale de données de santé ou « *Health Data Hub* » en collaboration avec Microsoft pour héberger les données de santé françaises[37]. Ce projet fut concrétisé dans la loi du 24 juillet 2019 (article 41)[38]. Or depuis le *Cloud Act* de 2018 adopté aux États-Unis[39], les autorités américaines peuvent exiger des entreprises américaines fournissant des accès à internet ou des solutions *cloud*, comme Microsoft, d'accéder aux données à caractère personnel stockées sur des serveurs même situés en Europe, à l'insu des personnes et sans leur consentement dans le cadre d'une procédure judiciaire. Face au risque de surveillance des services de renseignements américains sur les données des citoyens européens, la CJUE a décidé d'invalider le *Privacy Shield* le 16 juillet 2020 dans l'affaire *Schrems II*[40].

En France, pour les besoins de la gestion de l'urgence sanitaire et de l'amélioration des connaissances sur la COVID, le groupement d'intérêt public *Health Data Hub* a été autorisé par un arrêté du 21 avril 2020[41] à recevoir plusieurs catégories de données à caractère personnel et à les

---

[36] Décision d'exécution (UE) 2016/1250 de la Commission du 12 juillet 2016 conformément à la directive 95/46/CE relative à l'adéquation de la protection assurée par le bouclier de protection des données UE-États-Unis, *JOUE*, L 207 du 1er août 2016, p. 1.

[37] Voir B. Bévière Boyer, « *Le défi de la santé transformée par l'intelligence artificielle : rapport Villani du 5 avril 2018* », RGDM, n° 67, juin 2018, p. 177-180.

[38] L. n° 2019-774 du 24 juillet 2019 relative à l'organisation et à la transformation du système de santé, *JORF* n° 0172, 26 juil. 2019, texte n° 3.

[39] *Clarifying Lawful Overseas Use of Data (CLOUD) Act of 2018*, Public Law, n° 115-141.

[40] CJUE, 16 juil. 2020, aff. C-311/18, Schrems II, JurisData n° 2020-010181.

[41] A. du 21 avril 2020 complétant l'arrêté du 23 mars 2020 prescrivant les mesures d'organisation et de fonctionnement du système de santé nécessaires pour faire face à l'épidémie de COVID-19 dans le cadre de l'état d'urgence sanitaire, JORF n° 0098 du 22 avril 2020, texte 8.

croiser pour affronter l'épidémie. *Microsoft* a été maintenu comme prestataire de la plateforme malgré les critiques[42] et la mise en garde de la CNIL[43]. Saisi de la question par un collectif, le Conseil d'État a estimé le 19 juin 2020 que l'arrêté mis en œuvre pour faire face à l'épidémie ne présentait aucune atteinte grave et illégale au respect de la vie privée et au droit à la protection des données personnelles[44]. Après une nouvelle saisine par un collectif, le Conseil d'État a finalement reconnu le 13 octobre 2020 qu'on ne pouvait exclure un risque de transferts des données de santé de la plateforme du *Health Data Hub* hébergée chez Microsoft aux services de renseignements américains[45]. Toutefois, à très court terme, il a estimé ne pas devoir suspendre la plateforme mais a imposé des précautions particulières, sous le contrôle de la CNIL. Agissant comme conseil concernant les garanties à apporter, la CNIL a soutenu la volonté du Gouvernement de transférer le *Health Data Hub* sur des plateformes françaises ou européennes[46].

D'autre part, le transfert hors UE est encore possible dans un certain nombre d'autres situations. Il en va ainsi si l'établissement expéditeur et celui destinataire des données ont signé des clauses contractuelles types, sur la base des modèles de la Commission européenne (article 46 du RGPD). Dans l'arrêt *Schrems II*, la CJUE a précisé que les clauses contractuelles types visées par la décision 2010/87 de la Commission européenne pouvaient constituer un cadre légal adapté, à la condition de présenter un haut niveau de garanties[47]. Le transfert hors UE peut encore avoir lieu entre des entités d'un groupe ayant adopté des règles d'entreprise contraignantes relevant de l'article 47, si le destinataire des données applique un code de conduite en vertu de l'article 40, ou encore en présence d'un mécanisme de certification relevant de l'article 42, assorti de l'engagement contraignant et exécutoire pris par le responsable

---

[42] V., A. Voillemet, « *L'exploitation des données de santé dans le cadre de l'intelligence artificielle* », in N. Nevejans (dir.), op. cit., p. 257-266.

[43] CNIL, délib. n° 2020-044 du 20 avr. 2020 portant avis sur un projet d'arrêté complétant l'arrêté du 23 mars 2020 prescrivant les mesures d'organisation et de fonctionnement du système de santé nécessaires pour faire face à l'épidémie de COVID-19 dans le cadre de l'état d'urgence sanitaire.

[44] CE, JR, 19 juin 2020, req. n° 440916, Lebon Inédit.

[45] CE, JR, 13 octobre 2020, req. n° 444937, Assoc. Conseil National du Logiciel Libre et a., Lebon Inédit.

[46] CNIL, « *Le Conseil d'État demande au Health Data Hub des garanties supplémentaires pour limiter le risque de transfert vers les États-Unis* », 14 oct. 2020.

[47] CJUE, 16 juil. 2020, préc.

du fichier ou son sous-traitant dans le pays hors UE d'appliquer les garanties appropriées (article 46.2). Enfin, les dérogations pour des situations particulières de l'art. 49 du RGPD ne sont pas envisageables pour la détection d'épidémie, étant donné que le texte exclut le transfert massif et répétitif de données.

B. Le recours à l'IA dans le domaine de la recherche sur la COVID

13. La pandémie de COVID-19 a largement stimulé la recherche. Tous les systèmes d'IA de fouille de données et de recherche d'un traitement ont été mis à contribution en un temps record (1). Cet effort mondial a été soutenu par un mouvement, peinant à émerger avant la pandémie, facilitant l'accessibilité des chercheurs aux données (2).

1./ Les systèmes d'IA de fouille de données et de recherche d'un traitement médical

14. Le dynamisme des chercheurs s'est manifesté par la multitude des travaux entrepris grâce aux systèmes d'IA de fouille de données et par leur efficacité renforcée par l'IA à travailler à la recherche d'un traitement et d'un vaccin contre la COVID.

15. Les systèmes d'IA de tri et d'analyse d'une masse de données. L'apparition de la COVID a engendré une frénésie de recherches, un déluge d'informations et une production d'articles conséquente. La fouille massive de données, ayant pour but d'extraire une connaissance à partir de grandes quantités de données en utilisant, notamment, des algorithmes d'IA, a vite été perçue comme une réponse appropriée. Le système utilise des méthodes d'apprentissage automatique, de TLN et d'extraction de texte (LBD). En cancérologie, en étant capable de trier des millions d'études scientifiques, l'IA avait aidé les chercheurs à identifier des liens implicites dans la littérature ne pouvant l'être par un humain[48]. Pour la COVID, en recourant à un moteur de recherche couplé à des algorithmes de TLN destinés à fouiller et trier cette masse documentaire, l'IA a facilité l'analyse et l'interprétation dans l'urgence de plus de 28 000 articles (sur un an) consacrés à la COVID, permettant ainsi de mieux comprendre la maladie. Des chercheurs français ont mis en place une plateforme de

[48] S. Pyysalo, alii, « *LION LBD: a literature-based discovery system for cancer biology* », Bioinformatics, Vol. 35, Issue 9, 1 May 2019, p. 1553-1561, https://doi.org/10.1093/bioinformatics/bty845

veille scientifique sur la COVID[49], et ont généré des résumés automatiques d'articles scientifiques grâce au TLN[50].

16. Les systèmes d'IA pour la recherche d'un traitement et de vaccins contre la COVID. L'IA a accéléré les recherches d'un traitement et de vaccins contre la COVID. Les outils d'IA ont ainsi permis de modéliser les mécanismes de pénétration du virus dans les cellules et de propagation de la COVID, et de détecter les facteurs génétiques des formes graves de la maladie. Une entreprise chinoise, en collaboration avec d'autres chercheurs, a publié le code source C++ de son algorithme de prédiction linéaire pour les structures secondaires de l'acide ribonucléique (ARN) permettant d'étudier la propagation des virus[51], ce qui a réduit le temps d'analyse de la COVID de 120 fois[52]. Toujours en Chine, l'IA a été utilisée pour effectuer des séquençages du génome[53]. L'IA a aussi rendu possible la fabrication de kits de dépistage, comme en Corée du Sud où des tests ont été entrepris à grande échelle expliquant la maitrise précoce de l'épidémie[54]. Un système d'IA développé par une filiale de Google[55] a pu également prédire en un temps très court plusieurs

---

[49] https://bibliovid.org/

[50] M. Clavey, « *COVID-19, comment l'IA peut aider à trier l'information médicale* », Industrie &Technologies [en ligne], 14 janv. 2021, https://www.industrie-techno.com/article/COVID-19-comment-l-intelligence-artificielle-peut-aider-a-trier-l-information-medicale.63524?utm_medium=social&utm_source=twitter

[51] L. Huang, alii, « *LinearFold: linear-time approximate RNA folding by 5'-to-3' dynamic programming and beam search* », Bioinformatics, Vol. 35, Issue 14, July 2019, p. i295–i304, https://doi.org/10.1093/bioinformatics/btz375

[52] « *How Baidu is bringing AI to the fight against coronavirus* », MIT Technology Review [online], 11 mars 2020, https://www.technologyreview.com/2020/03/11/905366/how-baidu-is-bringing-ai-to-the-fight-against-coronavirus/

[53] A. Chun, « *In a time of coronavirus, China's investment in AI is paying off in a big way* », South China Morning Post [online], 18 mars 2020, https://www.scmp.com/comment/opinion/article/3075553/time-coronavirus-chinas-investment-ai-paying-big-way?fbclid=IwAR3JdxPGOGaZ641HBCA-t2aasnXM9VgOSSZMYCtSfb2eGZDinOOpSWyJeVo

[54] I. Watson, alii., « *How this South Korean company created coronavirus test kits in three weeks* », CNN World [online], 13 mars 2020, https://edition.cnn.com/2020/03/12/asia/coronavirus-south-korea-testing-intl-hnk/index.html

[55] A. W. Senior, alii., « *Improved protein structure prediction using potentials from deep learning* », Nature, vol. 577, p. 706–710, 2020.

structures des protéines du SARS-CoV-2[56], permettant la conception de vaccins.

L'IA n'est pas non plus étrangère aux études sur les effets secondaires des vaccins. En effet, la plateforme française d'une start-up, qui équipe les centres régionaux de pharmacovigilance de France, utilise l'IA pour gérer en temps réel les signalements d'effets indésirables liés au vaccin contre la COVID en les codant automatiquement selon une classification internationale pour les prioriser par gravité et adapter si besoin la stratégie de vaccination[57]. Elle a pu détecter 149 déclarations de pharmacovigilance entre le 6 et le 10 février sur le vaccin d'AstraZeneca[58]. Le traitement de ces déclarations est publié toutes les semaines par l'Agence nationale de sécurité du médicament. L'IA a encore aidé à élaborer de nouveaux médicaments.

Des chercheurs français recourent à la modélisation informatique pour comprendre les mécanismes d'infection de la COVID et tester des millions de molécules naturelles ou synthétiques conçues par l'IA pour inhiber le SARS CoV-2[59]. D'un point de vue plus général, aux États-Unis, IBM, Amazon, Google et Microsoft ont mis à disposition des autorités américaines la puissance de calcul de leurs serveurs pour pouvoir traiter les très grands jeux de données en matière d'épidémiologie, de bio-informatique et de modélisation moléculaire[60].

---

[56] DeepMind, « *Computational predictions of protein structures associated with COVID-19* », 4 Aug. 2020, https://deepmind.com/research/open-source/computational-predictions-of-protein-structures-associated-with-COVID-19

[57] Site Medication Shield, https://synapse-medicine.com/fr/medication-shield/

[58] E. Moreira, « *COVID : quand l'intelligence artificielle trace les effets secondaires des vaccins* », Les échos [en ligne], 17 févr. 2021, https://www.lesechos.fr/industrie-services/pharmacie-sante/COVID-quand-lintelligence-artificielle-trace-les-effets-secondaires-des-vaccins-1291014

[59] S. Chodorge, « *IA, anticorps recombinants, plasma... Les pistes de la recherche publique pour trouver des traitements contre le COVID-19* », L'Usine Digitale [en ligne], 23 févr. 2021, https://www.usinenouvelle.com/editorial/intelligence-artificielle-anticorps-recombinants-plasma-les-pistes-de-la-recherche-publique-pour-trouver-des-traitements-contre-le-COVID-19.N1062264

[60] F. Lardinois, « *IBM, Amazon, Google and Microsoft partner with White House to provide compute resources for COVID-19 research* », Techcrunch [online], 22 mars 2020, https://techcrunch-com.cdn.ampproject.org/c/s/techcrunch.com/2020/03/22/ibm-amazon-google-and-microsoft-partner-with-white-house-to-provide-compute-resources-for-COVID-19-research/amp/

2./ Des données sur la COVID facilement accessibles aux chercheurs

17. Les chercheurs ont besoin de telles masses de données pour travailler sur la COVID qu'un consensus a commencé à se dégager pour les leur rendre facilement accessibles. En encourageant l'ouverture des données publiques et la science ouverte, ce sont aussi la compétitivité des entreprises privées et l'efficacité des organismes de recherche qui ont été stimulées.

18. L'ouverture des données publiques, facteur de compétitivité. Pour être efficaces notamment dans la lutte contre la COVID, les outils d'IA doivent brasser un grand volume de données. L'ouverture des données permet de répondre à cette nécessité, tout en accroissant la compétitivité des entreprises privées et l'efficacité des organismes publics luttant contre la COVID.

La France a une longue tradition avec le droit de savoir des citoyens, qui s'appuie sur l'article 15 de la Déclaration des Droits de l'Homme, selon lequel « *la Société a le droit de demander compte à tout agent public de son administration* ». Le droit d'accès à l'information publique a émergé avec la loi « CADA » dès 1978[61]. Mais ce fut avec la directive 2003/98/CE du 17 novembre 2003 sur la réutilisation des informations du secteur public[62], à laquelle d'autres directives ont succédé sur le même sujet[63], que le droit de réutilisation des informations publiques s'est développé. La France a débuté en 2011 sa politique d'ouverture des données publiques avec sa plateforme *data.gouv.fr* portée par l'ambition « *d'être un vecteur d'innovation et de développement économique, à destination de différents publics : universitaires,*

[61] L. n° 78-753 du 17 juillet 1978 portant diverses mesures d'amélioration des relations entre l'administration et le public et diverses dispositions d'ordre administratif, social et fiscal, *JORF* du 18 juillet 1978.

[62] Dir. 2003/98/CE du Parlement européen et du Conseil du 17 novembre 2003 concernant la réutilisation des informations du secteur public, *JOUE* L 345 du 31 déc. 2003, p. 90.

[63] Dir. 2013/37/UE du Parlement européen et du Conseil du 26 juin 2013 modifiant la directive 2003/98/CE concernant la réutilisation des informations du secteur public, *JOUE* L 175 du 27 juin 2013, p. 1. – Dir. (UE) 2019/1024 du Parlement européen et du Conseil du 20 juin 2019 concernant les données ouvertes et la réutilisation des informations du secteur public, JOUE L 172 26 juin 2019, p. 56.

chercheurs web, entrepreneurs »[64]. L'*open data* a donc très vite été annoncé comme un facteur d'innovation et de compétitivité.

La Commission d'enrichissement de la langue française, qui préfère à l'expression « *open data* » celle de « données ouvertes », la définit comme des « *données qu'un organisme met à la disposition de tous sous forme de fichiers numériques afin de permettre leur réutilisation* »[65]. Elle en livre aussi les caractéristiques en ajoutant que « *1. Les données ouvertes n'ont généralement pas de caractère personnel. 2. Elles sont accessibles dans un format favorisant leur réutilisation. 3. La réutilisation des données ouvertes peut être soumise à conditions* ».

La loi pour une République numérique du 7 octobre 2016 met en œuvre la politique d'ouverture des données publiques (articles 1 à 16)[66]. Il s'agit de mettre à disposition de tous et de manière gratuite l'ensemble des données provenant des administrations publiques, comme les documents administratifs, les décisions de justice, et même dans une certaine mesure les données produites ou issues des institutions universitaires et des établissements de recherche[67]. Avec la crise sanitaire, la plateforme s'est enrichie d'une nouvelle page pour référencer les jeux de données sur la COVID[68].

Toutefois, il convient de prendre deux précautions. Alors que la doctrine estimait que les données publiques auxquelles il était possible d'accéder ne devaient pas être à caractère personnel, même pour partie[69], la proposition de règlement sur la gouvernance européenne des données du 25 novembre 2020 devrait faire évoluer la question[70]. En effet, ce futur instrument vise à encourager la « *réutilisation, au sein de l'Union, de certaines catégories de données détenues par des organismes du secteur*

---

[64] Min. de l'économie, « *Ouverture de www.data.gouv.fr : des données publiques à réutiliser* », 5 déc. 2011.

[65] *Vocabulaire de l'informatique et du droit*, JORF n° 0103 du 3 mai 2014, texte n° 107.

[66] L. n° 2016-1321 du 7 octobre 2016 pour une République numérique, JORF n° 0235 du 8 oct. 2016, texte n° 1.

[67] A. Robin, « *Open Data - Les données scientifiques au prisme du dispositif open data* », Comm. Com. électr., sept. 2017, étude 14, spéc. n^{os} et s. – Sur les apports de la science ouverte au problème de l'accès aux publications dans la lutte contre la COVID, V. *infra* n° 19.

[68] https://www.data.gouv.fr/fr/pages/donnees-coronavirus

[69] F. Michéa, *op. cit.*, p. 42-44.

[70] Proposition de règlement du Parlement européen et du Conseil sur la gouvernance européenne des données (acte sur la gouvernance des données), 25 nov. 2020, COM(2020) 767 final, 2020/0340 (COD).

public » (art. 1.1, a), même si elles sont protégées au titre des données à caractère personnel (art. 3.1, d). Par ailleurs, il faut également surmonter le frein technique de l'interopérabilité des données. Surtout si ces dernières proviennent de différentes sources, l'IA doit pouvoir les brasser ensemble sans obstacle technique. Seule leur interopérabilité rend effectives les dispositions légales sur leur ouverture et garantit la performance du système. Les jeux de données doivent être au format numérique pour pouvoir être lus par une machine.

19. La COVID, un pouvoir accélérateur de la science ouverte. Tous les chercheurs engagés dans la lutte contre la COVID ont eu besoin de fouiller des millions de données et des milliers de publications scientifiques. Or, de nombreux grands éditeurs de revues ne donnent accès aux articles que moyennant un abonnement payant. Le chercheur non abonné peut y accéder en passant par sa bibliothèque universitaire. En matière de propriété intellectuelle, l'art. 3 de la directive 2019/790/UE sur le droit d'auteur et les droits voisins a fait avancer les choses en instaurant une nouvelle exception au droit d'auteur pour soutenir l'usage de la fouille de textes et de données (*text and data mining,* TDM) dans le cadre de la recherche scientifique[71]. Les États membres doivent mettre en place dans leurs dispositions nationales sur les droits d'auteur une exception TDM pour les reproductions et les extractions effectuées par des organismes de recherche sur les œuvres protégées, auxquelles ils accèdent de manière licite, dans le cadre d'une mission d'intérêt public à but non lucratif. Comme la directive ne précise pas la nature juridique du résultat de la TDM, il appartiendra au droit français de le faire[72].

Dans tous les cas, la fouille de données est réellement efficace si elle accède à toutes les publications. Leur ouverture garantit ainsi une circulation meilleure et plus rapide des connaissances[73]. Le Comité d'éthique du CNRS (COMETS) indique que « *l'expression "science ouverte" renvoie non seulement à l'accès ouvert aux publications et aux*

---

[71] Dir. 2019/790/UE du Parlement européen et du Conseil du 17 avril 2019 sur le droit d'auteur et les droits voisins dans le marché unique numérique et modifiant les directives 96/9/CE et 2001/29/CE, *JOUE* L 130, 17 mai 2019, p. 92.

[72] A. Bensamoun et Y. Bouquerel, *Rapport de mission « Transposition des exceptions de fouille de textes et de données : enjeux et propositions »*, Conseil Supérieur de la Propriété Littéraire et Artistique, Min. culture, déc. 2020, qui ne jugent pas opportun de qualifier tous les résultats des fouilles de « données publiques », malgré la cohérence plus grande avec la promotion de la science ouverte, p. 64.

[73] COMETS, *« Les publications à l'heure de la science ouverte »*, Avis n° 2019-40, 14 janv. 2020, p. 6.

sciences participatives, mais aussi à l'accès aux données (brutes ou traitées) de la recherche, aux codes de calcul et aux algorithmes »[74]. La Commission européenne, qui est impliquée depuis 2012 dans la promotion de la science ouverte[75], a précisé dans sa recommandation 2018/790 que « *les politiques de libre accès visent à fournir aux chercheurs et au grand public un accès gratuit, de manière ouverte et non discriminatoire et au stade le plus précoce du processus de diffusion, aux publications scientifiques évaluées par des pairs, aux données de la recherche et à d'autres résultats de recherche, et à permettre l'utilisation et la réutilisation des résultats de recherches scientifiques* » (cons. 5)[76]. La loi pour une République numérique met en place une stratégie de circulation des données et du savoir (articles 30 à 39) et invite les auteurs de recherches scientifiques financées, même pour partie, par des fonds publics à mettre à disposition gratuitement dans un format ouvert, par voie numérique, la version finale de leurs manuscrits après un certain délai (art. L. 533-4-I, al. 1er, du C. de la recherche)[77]. En matière de COVID, dès mars 2020, les États-Unis, avec d'autres pays[78], ont demandé aux éditeurs scientifiques d'ouvrir les données dans des formats lisibles même par les logiciels d'IA afin de faciliter la recherche sur le coronavirus[79], suscitant un engagement de grands éditeurs à proposer un accès gratuit aux documents et aux données pertinents[80].

---

[74] *Ibid.*

[75] Communication de la Commission européenne, « *Pour un meilleur accès aux informations scientifiques : dynamiser les avantages des investissements publics dans le domaine de la recherche* », COM(2012) 401 final, 17 juil. 2012 ; Rec. 2012/417/UE de la Commission du 17 juillet 2012 relative à l'accès aux informations scientifiques et à leur conservation, *JOUE* L 194 du 21 juil. 2012, p. 39.

[76] Rec. (UE) 2018/790 de la Commission du 25 avril 2018 relative à l'accès aux informations scientifiques et à leur conservation, *JOUE*, L 134 du 31 mai 2018, p. 12.

[77] L. n° 2016-1321 du 7 octobre 2016, préc.

[78] Australie, Brésil, Canada, Allemagne, Inde, Italie, Japon, Nouvelle-Zélande, Singapour, Corée du Sud et Royaume-Uni.

[79] K. Finley, « *Global Officials Call for Free Access to COVID-19 Research* », Wired [online], 13 mars 2020, https://www.wired.com/story/global-officials-call-free-access-COVID-19-research/

[80] W. Knight, « *Researchers Will Deploy AI to Better Understand Coronavirus* », *Wired* [online], 17 mars 2020, https://www.wired.com/story/researchers-deploy-ai-better-understand-coronavirus/

Section II. Contenir l'épidémie de la COVID : les outils d'IA au service de la surveillance des personnes et de la lutte contre la circulation d'informations fausses sur la maladie

20. Pour contenir l'épidémie, l'IA est un outil idéal car il permet une automatisation d'un certain nombre de processus. Toutefois, le recours à ces systèmes d'IA fait peser sur les droits et libertés des personnes des risques importants qu'il convient de mesurer à travers la surveillance des personnes dans un objectif de prévention contre la COVID (A.), puis de la lutte contre la circulation sur les réseaux sociaux d'informations fausses sur la maladie (B.).

A. Les systèmes d'IA de surveillance des personnes dans un objectif de prévention contre la COVID

21. La distanciation, l'isolement et la quarantaine sont des solutions classiques efficaces en santé publique. Leur intérêt est encore renforcé par le recours à des systèmes d'IA qui permettent de surveiller plus activement les personnes et le respect des consignes. Toutefois, ces mesures sont nécessairement restrictives de la liberté individuelle et doivent donc être adoptées avec prudence. Il s'agit d'examiner les technologies d'IA de suivi collectif des personnes (1), puis celles de suivi individuel (2).

1./ Le suivi collectif des personnes

22. L'épidémie a mondialisé certaines pratiques de suivi des personnes déjà déployées en Chine avant la pandémie. Parmi les technologies de suivi collectif par l'IA, nous retiendrons celles utilisées en France, à savoir les drones (a), et les systèmes de caméras vidéo intelligentes et thermiques (b). Toutes ces mesures sont censées permettre le contrôle du respect des mesures sanitaires et éviter qu'une personne malade puisse contaminer son entourage. Cependant, elles interrogent les droits et libertés, incluant la liberté d'aller et venir, le droit à la vie privée et à la protection des données à caractère personnel. Elles soulèvent également de nombreuses questions éthiques.

a - Les aéronefs circulant sans personne à bord (drones)

23. Les drones ont été utilisés par les autorités publiques pour surveiller le respect des exigences sanitaires pendant le confinement, de sorte qu'on peut hésiter sur les règles applicables au traitement de données à caractère personnel. Plus encore, ces drones interrogent quant aux risques d'atteintes aux libertés publiques, et posent des questions éthiques.

24. Drones de confinement utilisés par les autorités publiques, sécurité publique, directive Police-Justice et données à caractère personnel. Pendant la période d'état d'urgence sanitaire, le préfet de Paris a utilisé dans un rassemblement de personnes des aéronefs circulant sans personne à bord, communément appelés des drones, équipés de caméras pour faire respecter les règles de sécurité sanitaire applicables à la période de confinement.

On peut s'interroger sur le fondement juridique des mesures de surveillance mises en place par les autorités publiques dans le cadre du régime d'exception de l'état d'urgence sanitaire[81], instauré par la loi du 23 mars 2020[82], et prorogé déjà à trois reprises[83]. Si elles relèvent de la « sécurité publique », elles autorisent alors à déroger au RGPD en matière de prévention et de détection des infractions pénales (art. 2.2, d, du RGPD), et entraînent l'application de la directive 2016/680 du 27 avril 2016, dite Police-Justice[84]. Au contraire, si elles reposent sur la « santé publique », elles imposent d'appliquer le RGPD. Même si les drones, mis en œuvre par les autorités publiques dans le cadre du confinement, n'ont pas pour but de constater des infractions, mais de permettre de décider du déploiement d'une unité d'intervention sur place pour faire respecter les

---

[81] V., N. Metallinos, « *COVID-19 : l'état d'urgence sanitaire à l'épreuve du droit de la protection des données à caractère personnel* », Comm. Com. électr., mai 2020, étude 9.

[82] L. n° 2020-290, 23 mars 2020 d'urgence pour faire face à l'épidémie de COVID-19, JORF n° 0072 du 24 mars 2020, texte n° 2.

[83] L. n° 2020-546, 11 mai 2020 prorogeant l'état d'urgence sanitaire et complétant ses dispositions, JORF n° 0116 du 12 mai 2020, texte n° 1 ; L. n° 2020-1379 du 14 nov. 2020 autorisant la prorogation de l'état d'urgence sanitaire et portant diverses mesures de gestion de la crise sanitaire, JORF n° 0277 du 15 nov. 2020, texte n° 1 ; L. n° 2021-160 du 15 février 2021 prorogeant l'état d'urgence sanitaire, JORF n° 0040 du 16 févr. 2021, texte n° 1.

[84] Dir. (UE) 2016/680 du 27 avril 2016 relative à la protection des personnes physiques à l'égard du traitement des données à caractère personnel par les autorités compétentes à des fins de prévention et de détection des infractions pénales, d'enquêtes et de poursuites en la matière ou d'exécution de sanctions pénales, et à la libre circulation de ces données, et abrogeant la décision-cadre 2008/977/JAI du Conseil, *JOUE*, 4 mai 2016, L 119, p. 89.

consignes sanitaires, le Conseil d'État a estimé dans son arrêt du 18 mai 2020 qu'il s'agissait d'une question de sécurité publique rendant applicable la directive Police-justice 2016/680[85].

Même si ce fondement est discutable étant donné que le respect des consignes repose à notre avis sur des considérations de santé publique[86], il n'en demeure pas moins que les principes généraux de la Loi Informatique et Libertés vont alors s'appliquer en vertu des textes d'adaptation du droit français au RGPD et à la directive Police-Justice[87].

Au regard des risques pesant sur les données à caractère personnel, le Conseil d'État a enjoint à l'État de cesser de procéder aux mesures de surveillance par drone et propose deux solutions alternatives[88].

D'une part, les autorités publiques peuvent remédier à l'atteinte par l'adoption d'un texte réglementaire, pris après avis de la CNIL, autorisant, dans le respect des dispositions de la Loi Informatique et Libertés applicables aux traitements relevant du champ d'application de la directive Police-Justice, la création d'un traitement de données à caractère personnel. L'article 31 de la Loi Informatique et Libertés impose que ce texte réglementaire soit un arrêté adopté par le ministre compétent. Mais le régime d'exception de l'état d'urgence sanitaire ne peut se substituer à l'arrêté prescrit[89].

D'autre part, elles peuvent choisir de doter les drones de dispositifs techniques interdisant en toutes circonstances l'identification des personnes filmées. Dans tous les cas, le Conseil d'État n'a pas qualifié les données recueillies par le drone de données sensibles, au sens de l'article 9 du RGPD, car il ne mettait pas en œuvre des techniques de reconnaissance faciale.

Le Conseil d'État confirme le 22 décembre 2020, s'agissant toutefois de drones déployés dans le cadre de manifestations, que la captation d'images par des drones relevant des autorités publiques lors d'opérations de maintien de l'ordre public constitue un traitement de données à

---

[85] CE, JR, 18 mai 2020, *La Quadrature du Net et la Ligue des droits de l'homme*, req. n° 440442 et 440445, Lebon Inédit.

[86] V. aussi, A. Danis-Fatôme, « *Un dispositif policier visant à faire respecter les mesures de confinement contraire au droit de la protection des données personnelles* », Comm. Com. électr., juil. 2020, comm. 58, n° 2.

[87] N. Metallinos, *op. cit.*, n° 7.

[88] CE, JR, 18 mai 2020, préc., § 19.

[89] A. Danis-Fatôme, *op. cit.*, n° 3.

caractère personnel, et affirme que ce type de procédure ne peut être autorisé que par le législateur[90].

25. Drones de confinement, risques d'atteintes aux libertés publiques et questions éthiques. L'article 22 de la proposition de loi « sécurité globale » visait à encadrer les « caméras installées sur des aéronefs circulant sans personne à bord », et autorisait les services de l'État et ceux de la police municipale à surveiller les rassemblements de personnes par drones[91]. Saisie par le président de la commission des lois du Sénat, la CNIL a rendu son avis sur la proposition de loi le 26 janvier 2021[92]. S'agissant des drones utilisés par les pouvoirs publics, la CNIL relève qu'ils présentent des risques d'atteintes aux libertés publiques et à la vie privée des individus. La captation d'images est non seulement réelle, mais elle permet aussi un suivi des personnes dans leurs déplacements, à leur insu et sur une durée pouvant être longue. Elle risque également d'influer sur l'exercice par les citoyens d'autres libertés fondamentales, comme le droit de manifester, la liberté de culte, ou la liberté d'expression. La CNIL souhaite que le législateur conditionne l'utilisation des caméras aéroportées à une expérimentation préalable. Elle veut à tout prix éviter la tentation de ce qu'elle qualifie de « solutionnisme technologique », lequel consiste à transformer des problématiques humaines, sociales ou encore sociétales en des questions dont la résolution passe essentiellement par des dispositifs techniques, alors que ces derniers sont susceptibles de présenter des risques pour les libertés publiques.

Adoptée définitivement le 15 avril 2021, c'est désormais l'article 47 qui concerne les drones dans la loi « sécurité globale »[93]. Cependant, soumise à un contrôle de constitutionnalité, le Conseil constitutionnel a largement censuré le 20 mai 2021 ce texte en affirmant qu'« *au regard des motifs pouvant justifier le recours à des aéronefs équipés de caméras et circulant sans personne à bord par les services de l'État concourant à la sécurité intérieure et à la défense nationale et ceux de police municipale et des conditions encadrant ce recours, le législateur n'a pas assuré une conciliation équilibrée entre les objectifs de valeur*

---

[90] CE, JR, 22 décembre 2020, La Quadrature du Net, req. n° 446155, Lebon Tables.

[91] Prop. de loi pour une sécurité globale préservant les libertés, 29 mars 2021CMP, AN n° 4030, Sénat n° 495

[92] CNIL, délib. n° 2021-011 du 26 janvier 2021 portant avis sur une proposition de loi relative à la sécurité globale.

[93] L. n° 2021-646 du 25 mai 2021 pour une sécurité globale préservant les libertés, JORF n° 0120 du 26 mai 2021, texte n° 1.

constitutionnelle de prévention des atteintes à l'ordre public et de recherche des auteurs d'infractions et le droit au respect de la vie privée »[94]. Le fait de recourir à des drones n'est pas remis en cause, mais ce sont les conditions dans lesquelles les services pourront le faire qui sont largement critiquées. En revanche, les Sages valident les dispositions de l'art. 47 prohibant « *la captation du son depuis ces aéronefs, l'analyse des images issues de leurs caméras au moyen de dispositifs automatisés de reconnaissance faciale, ainsi que les interconnexions, rapprochements ou mises en relation automatisés des données à caractère personnel issues de ces traitements avec d'autres traitements de données à caractère personnel* », puisque celles-ci sont respectueuses des droits et libertés des personnes.

b - Les systèmes de caméras vidéo intelligentes et thermiques

26. Il existe des systèmes de caméras de vidéoprotection auxquels on ajoute un aspect logiciel, qui permettent la détection du port de masque ou du respect des mesures de distanciation sociale. D'autres systèmes de caméras utilisent la thermographie infrarouge pour détecter les états fiévreux, signes possibles de la COVID. Ces deux sortes de technologies posent des problématiques différentes en matière de RGPD et d'éthique.

27. Déploiement de systèmes de caméras vidéo intelligentes et RGPD. Des expériences utilisant des systèmes d'IA de détection des porteurs de masques ont eu lieu dans la ville de Cannes, la station de métro Châtelet-Les Halles[95] ou l'aéroport de Roissy, à des fins statistiques. La CNIL a réagi le 17 juin 2020 en listant une série de points de vigilance et de règles à respecter, mais sans sanctionner[96]. Selon cette autorité, ces dispositifs envisagés sur la voie publique, ainsi que dans ou aux abords des commerces, des transports ou encore des lieux de travail ont des conséquences importantes en termes de vie privée des personnes, qu'il

---

[94] § 141, Déc. n° 2021-817 DC du 20 mai 2021 sur la loi pour une sécurité globale préservant les libertés, JORF n° 0120 du 26 mai 2021, texte n° 2.

[95] A. Exposito, « *La détection automatique des masques dans le métro parisien remise en cause* », Les ateliers du CFJ [en ligne], 13 mai 2020, https://ateliers.cfjlab.fr/2020/05/13/la-detection-automatique-des-masques-dans-le-metro-parisien-remise-en-cause/

[96] A. Vitard, « *Prise de température, port du masque... La CNIL alerte sur les caméras "intelligentes"... sans sanctionner* », 17 juin 2020, https://www.usine-digitale.fr/article/prise-de-temperature-port-du-masque-la-cnil-alerte-sur-les-cameras-intelligentes-sans-sanctionner.N976366

s'agisse de passants, de clients ou de salariés[97]. En dépit de leurs bénéfices en termes de santé publique, on peut craindre une analyse ou une collecte de données des personnes se déplaçant dans ces lieux. Aussi, dans la mesure où des images permettent d'identifier des personnes, le déploiement de ces dispositifs, même à titre expérimental, impose de respecter le RGPD, même pendant la crise sanitaire[98].

Le responsable du traitement doit donc indiquer les finalités qu'il poursuit et la base légale sur laquelle est fondé le traitement, en application de l'article 6 du RGPD. Celui-ci peut notamment reposer sur le consentement de la personne (article 6.1, a)[99], sur l'exécution d'une mission d'intérêt public ou relevant de l'exercice de l'autorité publique dont est investi le responsable du traitement (article 6.1, e), ou sur les fins des intérêts légitimes poursuivis par un organisme privé (article 6.1, f). Le caractère nécessaire et proportionné du recours à ces systèmes de caméras intelligentes doit être notamment démontré en tenant compte des moyens moins intrusifs, de l'importance des données traitées, du périmètre du déploiement de ces systèmes tant dans l'espace que dans le temps, ainsi que des remontées d'informations aux responsables de traitement[100]. De même, en raison des captations automatiques de l'image des personnes, il apparaît difficile en pratique que la personne concernée puisse exercer son droit d'opposition pour les traitements fondés sur les articles 6.1, e ou f, du RGPD (article 21.1 du RGPD)[101]. Dans ce cas, les dispositifs concernés doivent être spécifiquement autorisés par un cadre légal dédié prévu par le droit de l'Union ou par le droit français (art. 23 du RGPD).

Si les systèmes de caméras vidéo intelligentes sont susceptibles d'analyser ou de traiter des données relatives à la santé ou des données biométriques[102], l'article 9 du RGPD en interdit le traitement. L'interdiction peut être levée, notamment, si la personne a donné son consentement (article 9.2, a)[103], ou si le traitement est justifié par la

---

[97] CNIL, « *Caméras dites "intelligentes" et caméras thermiques : les points de vigilance de la CNIL et les règles à respecter* », 17 juin 2020.

[98] *Ibid.*

[99] Encore faudrait-il pour qu'il y ait consentement valable que la personne concernée ait été en situation de pouvoir exercer un choix, comme le rappelle le Groupe de l'article 29, avis n° 15/2011, préc. p. 14.

[100] *Ibid.*

[101] CNIL, « *La CNIL appelle à la vigilance sur l'utilisation des caméras dites "intelligentes" et des caméras thermiques* », 17 juin 2020.

[102] Voir aussi le cas particulier des caméras thermiques, *infra* n° 28.

[103] Avec la même remarque sur le consentement de la note 99.

sauvegarde des intérêts vitaux (article 9.2, c), par les motifs d'intérêt public dans le domaine de la santé publique (article 9.2, i)[104], ou par des motifs d'intérêt public importants (art. 9.2, g). Toutefois, en raison des risques élevés pour les droits et libertés des personnes physiques, le RGPD impose alors une analyse d'impact relative à la protection des données avant de procéder au traitement (art. 35).

Si le système est déployé par les autorités publiques à des fins de prévention et de détection des infractions pénales, ce qui pourrait être possible en cas de détection d'un masque absent, au regard du risque élevé pour les droits et les libertés des personnes physiques, la directive Police-Justice 2016/680 du 27 avril 2016[105], applicable à la place du RGPD, impose de réaliser une analyse d'impact relative à la protection des données (article 27.1), soumise à consultation obligatoire de la CNIL et à l'adoption d'un texte réglementaire.

28. Le cas spécifique des caméras thermiques et RGPD. Les dispositifs thermiques sont placés à l'entrée d'un bâtiment destiné à l'accueil du personnel ou du public. La prise automatique de température peut être frontale ou non. Ils peuvent être associés à une alarme sonore, ou encore enregistrer les données à titre de preuve.

En 2020, une école élémentaire d'une commune avait utilisé ce système pour prendre sur le poignet la température des enfants, préalablement identifiés par la machine, au moyen d'un détecteur à infrarouge[106]. Comme la température corporelle doit s'analyser en une donnée relevant du domaine de la santé, il en découle que la prohibition de principe de l'article 9.1 du RGPD doit s'appliquer, ainsi que les exceptions de l'article 9.2[107]. Dans une autre affaire, une commune avait déployé des caméras thermiques dans un bâtiment municipal et dans les écoles dans le cadre de la lutte anti-COVID[108]. Si le système installé dans les locaux municipaux n'était pas soumis au RGPD[109], le Conseil d'État,

---

[104] Dans ce cas, un texte spécifique de l'Union ou de l'État français doit donc venir autoriser le système.

[105] Dir. (UE) 2016/680 du 27 avril 2016, préc.

[106] A.-S. Damecour, « *Asnières : un dispositif de prise de température par infrarouge à l'école* », Le Parisien [en ligne], 14 mai 2020, https://www.leparisien.fr/hauts-de-seine-92/asnieres-un-dispositif-de-prise-de-temperature-par-infrarouge-a-l-ecole-14-05-2020-8317152.php

[107] V. *supra,* n° 27, p. 16.

[108] CE, JR, 26 juin 2020, n° 441065, Ligue des droits de l'homme, Lebon Tables ; JCP A 2020, act. 399.

[109] Il ne réalisait aucun enregistrement et son usage n'était pas obligatoire.

saisi par la Ligue des droits de l'Homme, avait ordonné à la commune de cesser d'utiliser les caméras thermiques portables déployées dans les écoles car elles traitaient des données de santé des élèves et du personnel de manière automatisée et ce, en l'absence de consentement de chaque intéressé, d'un texte encadrant le motif d'intérêt public l'ayant rendu nécessaire, ou d'un texte régissant la politique de prévention lorsque le système est mis en œuvre par des professionnels de santé tenus au secret médical. Dans toutes ces hypothèses, on constate que la question du consentement est problématique, puisque le simple refus de se soumettre à une prise de température a pour effet d'interdire l'accès. D'ailleurs, même si l'intéressé donne son consentement, le simple fait qu'il ne puisse pas accéder aux locaux en cas de refus exclut que le consentement soit donné librement[110], car il ne peut exercer un véritable choix[111].

S'agissant spécifiquement des employeurs, l'EDPB estime qu'ils peuvent procéder à des traitements de données à caractère personnel dans le cadre d'une épidémie en l'absence de consentement de la personne concernée[112]. Il en va ainsi, selon l'EDPB, lorsque le traitement des données personnelles est nécessaire pour l'employeur pour faire respecter une obligation légale, comme les règles concernant la santé et la sécurité sur les lieux de travail (article 9.2, c, du RGPD)[113] ou pour des motifs d'intérêt public dans le domaine de la santé publique (article 9.2, i, du RGPD)[114]. Tel n'est pas l'avis du ministère du Travail qui indique que les captations automatisées de température doivent être exclues par les entreprises[115]. Pour lui, le contrôle de température classique n'étant pas obligatoire, si le salarié ayant exercé son droit de refuser n'est pas autorisé à rejoindre son poste, il peut tout de même percevoir le salaire correspondant à la journée de travail perdue[116]. Il en va de même pour la CNIL qui interdit aux employeurs de réaliser des opérations automatisées de captation de température, à moins qu'un texte en prévoie expressément

---

[110] CE, JR, 26 juin 2020, préc.

[111] G 29, avis n° 15/2011, préc., p. 14.

[112] EDPB, « Statement by … », préc.

[113] À la condition que l'employeur n'ait pas des moyens moins intrusifs pour assurer la protection des salariés. V., CNIL, *« L'obligation légale : dans quels cas fonder un traitement sur cette base légale ? »*, 2 déc. 2019.

[114] Dans ce cas, un texte spécifique de l'Union ou de l'État français doit donc venir autoriser le système.

[115] Min. Travail, « *Protocole national pour assurer la santé et la sécurité des salariés en entreprise face à l'épidémie de COVID-19* », 8 avril 2021, p. 15.

[116] *Ibid.*

la possibilité[117]. En revanche, en Belgique, l'Autorité de Protection des Données valide un tel système de contrôle d'accès, même automatisé, à la condition que le RGPD soit respecté[118].

29. Le déploiement de systèmes de caméras vidéo intelligentes dans l'espace public, approche éthique. Selon la CNIL, l'espace public est le lieu où s'exercent de nombreuses libertés individuelles, comme le droit à la vie privée et à la protection des données personnelles, la liberté d'aller et venir, le droit d'expression, le droit de réunion, le droit de manifester, la liberté de conscience et d'exercice des cultes, etc. [119]. L'anonymat dans l'espace public est une garantie de leur exercice, qui pourrait être mise à mal par la captation d'images par des caméras intelligentes. Le CNPEN a exprimé ses préoccupations dès le 7 avril 2020 concernant les différents types de suivis numériques[120]. D'un point de vue éthique, il apparaît nécessaire de délimiter dans tous ses aspects les mesures de surveillance. À cette fin, il faut, par avance, fixer les garanties de la personne, les recours possibles, etc. Il est important également de limiter les mesures de surveillance dans le temps ou dans l'espace. Le Comité national pilote d'éthique du numérique (CNPEN) relève l'existence d'un défi éthique lié à la temporalité[121].

Faute de cadre précis, il existe de sérieux risques de banalisation et de pérennisation de la surveillance de masse[122], qui pourraient perturber le fonctionnement de notre démocratie. La CNIL réclame depuis plusieurs années la tenue d'un débat démocratique sur l'ensemble des nouveaux usages vidéo[123], notamment en matière de reconnaissance faciale[124]. Elle déplore l'absence de texte les concernant, alors qu'il existe un

---

[117] CNIL, « *Coronavirus (COVID-19) : les rappels de la CNIL sur la collecte de données personnelles par les employeurs* », 23 sept. 2020.

[118] APD, « *Prise de température dans le cadre de la lutte contre le COVID-19* », 4 févr. 2021,
https://www.autoriteprotectiondonnees.be/professionnel/themes/COVID-19/prise-de-temperature

[119] CNIL, « *Caméras dites "intelligentes" et caméras thermiques [...]* », préc. – Dans le même sens, CAHAI, « *Progress report* », CM(2020)90-final, 23 sept. 2020.

[120] CNPEN, Bull. de veille n° 1, préc.

[121] *Ibid.*

[122] CAHAI, « *Progress report* », préc. ; CNPEN, Bull. de veille n° 1, préc. ; CNIL, « *Caméras dites "intelligentes" et caméras thermiques [...]* », préc.

[123] CNIL, « *La CNIL appelle à la tenue d'un débat démocratique sur les nouveaux usages des caméras vidéo* », 19 sept. 2018.

[124] CNIL, « *Reconnaissance faciale : pour un débat à la hauteur des enjeux* », 15 nov. 2019.

encadrement spécifique des dispositifs de vidéoprotection dans le Code de la sécurité intérieure[125].

Reste à ajouter que l'annexe III de la proposition de règlement sur l'IA du 21 avril 2021 classe comme étant à haut risque les systèmes d'IA destinés à être utilisés pour l'identification biométrique à distance des personnes physiques (1.a), de sorte qu'ils devront satisfaire à des exigences spécifiques[126]. Il s'agira de réaliser une évaluation des risques, d'apporter des garanties sur la qualité des données pour réduire au minimum les risques et les résultats ayant un effet discriminatoire, d'enregistrer les activités pour assurer la traçabilité des calculs et résultats, de délivrer une information claire aux utilisateurs, de conserver un contrôle humain approprié pour réduire les risques, et de maintenir un niveau élevé de robustesse, de sécurité et d'exactitude. Les systèmes d'IA à haut risque feront l'objet d'un contrôle de conformité et recevront un marquage CE avant leur mise sur le marché.

30. Le cas spécifique des caméras thermiques et problèmes éthiques. Des problèmes éthiques particuliers se posent concernant les caméras thermiques.

D'une part, s'agissant de la fiabilité du système d'IA, le Haut Conseil de la Santé Publique recommande de ne pas instaurer un contrôle d'accès par prise de température pour dépister la COVID dans les établissements recevant du public, les entreprises et administrations, et de nombreux autres lieux publics, en raison du manque de fiabilité de ces mesures de la température[127]. Il est en effet important de fixer un haut niveau d'exigences en termes de fiabilité. Il faut donc savoir si l'échantillonnage des données d'entraînement du système a été suffisamment diversifié et a inclus des personnes de différents sexes, âges, poids, tailles, etc. Le fonctionnement du système doit aussi être détaillé, de sorte que l'on connaisse l'impact de divers facteurs, comme la météo, le port d'un masque ou d'un vêtement, les activités préalables des personnes, etc. Il faut également connaître le taux d'exactitude du système d'IA, car si un faux positif est problématique en termes de droits humains, un faux négatif aurait des conséquences en termes de santé publique.

---

[125] CNIL, « *Caméras dites "intelligentes" et caméras thermiques [...]* », préc.

[126] Proposal for a Regulation, préc.

[127] HCSP, « *Contrôle d'accès par prise de température dans le cadre de l'épidémie à COVID-19* », https://www.hcsp.fr/explore.cgi/avisrapportsdomaine?clefr=810

S'agissant de l'usage du système, si les images thermiques réalisées par une autorité publique ne permettent pas d'identifier une personne et n'ont qu'un but statistique, le RGPD n'a pas vocation à s'appliquer. Pourtant, même dans ce cas, une grande vigilance éthique s'impose car les statistiques peuvent engendrer des phénomènes de stigmatisation et de discrimination d'une catégorie de population donnée. Par ailleurs, en cas de détection d'une température élevée, le système aurait un impact direct sur la liberté d'aller et venir de la personne, dont on ignorerait si elle est atteinte de la COVID. Le refus d'accès devrait lui permettre d'en contester le résultat, spécialement lorsqu'un refus injustifié pourrait lui causer un préjudice. La personne doit aussi pouvoir solliciter d'un humain une mesure par un autre système, car on perçoit bien qu'un refus automatique non assorti d'une forme de contrôle humain serait dangereux en termes de libertés fondamentales[128].

2./ Le suivi individuel des personnes : les applications mobiles

31. Le suivi individuel des personnes a pris des formes différentes. En Europe, le choix s'est porté sur des applications mobiles de suivi qui ont posé des questions concernant les données à caractère personnel.

32. Les différentes formes de suivi individuel. Le suivi individuel des personnes prend des formes variées, avec des astreintes plus ou moins importantes selon les pays. À Singapour, dès qu'une personne est testée positive à la COVID, les autorités l'interrogent sur tous ses contacts[129]. Ces derniers sont alors astreints à rester confinés par une ordonnance de quarantaine de 14 jours. Le respect des mesures est contrôlé par téléphone et au moyen de la géolocalisation, ainsi que par contrôles à domicile aléatoires. Les contrevenants encourent une sanction pénale de 10 000 dollars d'amende et/ou une peine d'emprisonnement de six mois. En Europe, le recours à l'IA et à d'autres technologies numériques a permis de mettre en place des applications mobiles destinées à avertir les personnes utilisatrices en cas de contact avec un malade. Comme toutes les autres applications européennes, le système français « TousAntiCOVID » fonctionne par *contact tracing*, et « *utilise le signal Bluetooth d'un téléphone pour détecter un "smartphone" à proximité et*

[128] V. cons. 10, proposition de règlement sous résolution du Parlement européen du 20 octobre 2020 sur un cadre éthique en IA, préc.

[129] K. Vaswani, *« Coronavirus: The detectives racing to contain the virus in Singapore »*, BBC [online], 19 March 2020, https://www.bbc.com/news/world-asia-51866102

ainsi établir de manière anonyme que plusieurs personnes se sont croisées. [...] Les autres utilisateurs avec qui la personne malade est restée en contact prolongé durant sa période de contagiosité sont ainsi averties par une notification ». L'objectif de ces applications est de réduire les contaminations en incitant les personnes alertées à rester chez elles et à réaliser un test de dépistage.

33. Les applications mobiles et les données à caractère personnel. Le Gouvernement avait mis en place l'application mobile « StopCOVID » dès le 29 mai 2020[130]. Basée sur le volontariat et ne recourant pas à la géolocalisation, elle a fait l'objet d'avis successifs de la CNIL sur sa conformité au RGPD.

Dans son premier avis du 24 avril 2020, la CNIL s'est exprimée sur le principe de la mise en œuvre d'une telle application et a formulé un certain nombre de précautions. Après avoir souligné que la finalité du traitement est limitée à l'alerte de personnes exposées au risque de contamination (article 5.1, b, du RGPD), la CNIL a estimé que la base légale la plus appropriée était celle de la mission d'intérêt public (articles 6.1.e, du RGPD et 5.5° de la LIL)[131]. L'EDPB a d'ailleurs émis un avis dans le même sens le 21 avril 2020[132].

S'agissant de données relatives à la santé, le traitement peut être fondé sur des motifs d'intérêt public dans le domaine de la santé publique, dès lors que ce traitement est nécessaire, qu'un texte spécifique de l'Union ou de l'État français en autorise le système, et qu'il prévoit « *des mesures appropriées et spécifiques pour la sauvegarde des droits et libertés de la personne concernée* » (art. 9.2, i du RGPD).

Dans son avis du 25 mai 2020, la CNIL s'est prononcée sur le projet de décret du Gouvernement[133]. Elle a estimé que l'utilité de l'application et la nécessité du traitement projeté pour accomplir la mission d'intérêt public ainsi confiée à l'autorité publique, au sens des règles de protection des données, sont suffisamment démontrées en amont de la mise en œuvre

---

[130] D. n° 2020-650 du 29 mai 2020 relatif au traitement de données dénommé « StopCOVID », *JORF* n° 0131 du 30 mai 2020, texte n° 17.

[131] CNIL, Délib. n° 2020-046 du 24 avril 2020 portant avis sur un projet d'application mobile dénommée « StopCOVID ».

[132] EDPB, « *Lignes directrices 4/2020 relatives à l'utilisation de données de localisation et d'outils de recherche de contacts dans le cadre de la pandémie de COVID-19* », 21 avr. 2020, § 29.

[133] CNIL, Délib. n° 2020-056 du 25 mai 2020 portant avis sur un projet de décret relatif à l'application mobile dénommée « StopCOVID ».

du traitement. Elle a ajouté que concernant la proportionnalité du dispositif, il existait déjà de nombreuses garanties afin de limiter les atteintes à la protection des données, auxquelles se sont ajoutées des garanties complémentaires. Cependant, après avoir effectué un premier contrôle, la CNIL a constaté un certain nombre d'irrégularités[134], corrigées pour l'essentiel lors d'un nouveau contrôle[135]. Malgré tout, le 22 octobre 2020, le Gouvernement a remplacé l'application par une autre baptisée « TousAntiCOVID », qui n'a pas donné lieu à la saisine de la CNIL[136].

Se prononçant le 17 décembre 2020 sur un projet de décret qui souhaitait faire évoluer les conditions de mise en œuvre des traitements de données nécessaires au fonctionnement de l'application « TousAntiCOVID », la CNIL a estimé suffisamment démontrée l'utilité de l'introduction d'un dispositif d'enregistrement des visites dans certains établissements recevant du public dans la perspective de leur réouverture, car les cas contacts pourront bénéficier d'examens prioritaires[137]. Le décret est finalement adopté le 12 février 2021[138].

Dans le cadre du déconfinement, la CNIL s'est prononcée le 12 mai 2021 en urgence sur le projet de loi relatif à la gestion de la sortie de crise sanitaire voté le 11 mai 2021, et contenant un pass sanitaire intégré à l'application « TousAntiCOVID »[139]. Elle souligne le caractère inédit du dispositif et appelle à plus de garanties pour prévenir les dérives éventuelles. La loi est finalement adoptée le 31 mai 2021[140] et impose le pass sanitaire jusqu'au 30 septembre 2021. Le Conseil constitutionnel a

---

[134] Not., l'application téléchargée n'était pas celle validée, et elle collectait un nombre bien plus important de données que la première version.

[135] CNIL, Déc. n° MED-2020-015 du 15 juillet 2020 mettant en demeure le ministère des Solidarités et de la Santé ; Délib. du bureau de la CNIL n° MEDP-2020-003 du 16 juillet 2020 décidant de rendre publique la mise en demeure n° MED-2020-015 [...].

[136] Aucune modification substantielle touchant au traitement de données personnelles. La nouvelle application propose seulement de nouvelles fonctionnalités.

[137] CNIL, Délib. n° 2020-135 du 17 décembre 2020 portant avis sur un projet de décret modifiant le décret n° 2020-650 du 29 mai 2020 relatif au traitement de données dénommé « StopCOVID », *JORF* n° 0039 du 14 févr. 2021, texte n° 52.

[138] D. n° 2021-157 du 12 février 2021 modifiant le décret n° 2020-650 du 29 mai 2020 relatif au traitement de données dénommé « StopCOVID », *JORF* n° 0039 du 14 févr. 2021, texte n° 17.

[139] CNIL, Délib. n° 2021-054 du 12 mai 2021, préc.

[140] L. n° 2021-689 du 31 mai 2021 relative à la gestion de la sortie de crise sanitaire, *JORF* n° 0125 du 1er juin 2021, texte n° 1.

validé le pass sanitaire étant donné qu'il est limité aux grands rassemblements[141].

B. L'IA de lutte contre la circulation sur les réseaux sociaux d'informations fausses sur la COVID[142]

34. L'épidémie a engendré la circulation à grande vitesse sur les réseaux sociaux, les sites web, les forums ou les messageries instantanées d'une surabondance d'informations reprises de manière virale et pouvant être fausses. Une Déclaration conjointe des Nations Unies et plusieurs de ses agences (OMS, Unicef, UNESCO...) du 23 septembre 2020 a même qualifié le phénomène d'« *infodémie* »[143]. La Commission européenne insiste sur l'importance de la lutte contre ces informations fausses propagées sur les réseaux sociaux[144]. Leur circulation peut être due à une désinformation dans le but de tromper, ou à une mésinformation qui est seulement due à une mauvaise connaissance du sujet ou à un manque de rigueur intellectuelle sans volonté de tromper. Même les médecins peuvent être concernés dès lors qu'ils communiquent sur les réseaux sociaux. Ces derniers utilisent un système d'IA pour modérer les contenus sur la COVID, ce qui interroge sur le sort de la liberté d'expression (1) et les limites juridiques et éthiques de la modération automatique (2).

1./ La liberté d'expression face à l'IA de modération des contenus portant sur la COVID

35. Les réseaux sociaux ont une responsabilité limitée concernant les contenus partagés. S'ils recourent à des outils d'IA de modération pour enrayer la prolifération de fausses nouvelles (*fake news*), ils doivent cependant les distinguer des opinions devant être respectées au titre de la liberté d'expression. La pandémie a rendu cette mission encore plus délicate.

---

[141] Déc. n° 2021-819 DC du 31 mai 2021 sur la loi relative à la gestion de la sortie de crise sanitaire, *JORF* n° 0125 du 1er juin 2021, texte n° 2.

[142] Sur cette question de la désinformation, lire également la contribution de Yves POULLET

[143] Déclaration conjointe de l'OMS, des Nations Unies, de l'UNICEF, du PNUD, de l'UNESCO, de l'ONUSIDA, de l'UIT, de l'initiative Global Pulse et de la FICR, 23 sept. 2020,

[144] Comm. eur., CP, *« Résurgence du coronavirus [...]*, préc.

36. Responsabilité et modération des réseaux sociaux. L'utilisateur du réseau social, qualifié d'éditeur de contenus (article 6-III, 1 de la loi du 21 juin 2004, dite « LCEN »[145]), est protégé au titre de la liberté d'expression et de communication en ligne[146] mais est cependant responsable civilement et pénalement d'un contenu illicite qu'il diffuserait sur les réseaux sociaux. Il en va différemment du réseau social lui-même[147], lequel s'analyse en une plateforme généralement qualifiée de fournisseur d'hébergement au sens de la directive 2000/31/CE[148]. La plateforme est soumise à une obligation légale de suppression d'un contenu manifestement illicite qui lui est signalé. Sa responsabilité civile ou pénale ne peut être engagée à défaut de signalement d'un contenu illicite ni si elle a agi promptement dès le signalement pour le retirer ou en rendre l'accès impossible (article 6-I, 2 de la directive 2000/31/CE et article 3 de la LCEN). Cependant, en dehors de l'obligation spécifique de mettre en place un dispositif de signalement de certains contenus, comme une publication malveillante, l'hébergeur de contenus n'est soumis à aucune obligation de surveillance générale des informations, et n'a pas de rôle proactif pour rechercher des contenus illicites (article 15 de la directive 2000/31/CE et article 6-I, 7 de la LCEN). Il ne pèse donc sur l'opérateur de plateforme en ligne aucune obligation de lutter contre les fausses informations en matière de COVID[149]. Cette obligation existe seulement en matière électorale depuis la loi du 22 décembre 2018[150] qui impose à l'opérateur de mettre en œuvre des mesures pour lutter contre les fausses informations sur les réseaux, notamment en recourant au signalement de contenu (art. 11-I). On peut noter que la proposition de règlement modifiant la directive 2000/31/CE (*Digital Services Act*) du 15 décembre 2020 reprend les mêmes règles concernant l'immunité (article 5) et l'absence d'obligation générale de surveillance (article 7), mais introduit de nouvelles obligations pour lutter contre les contenus illicites, notamment celle de mettre en place des mécanismes de

---

[145] L. n° 2004-575 du 21 juin 2004 pour la confiance dans l'économie numérique, dite « LCEN », *JORF* n° 0143 du 22 juin 2004, texte n° 2, transposant la directive 2000/31/CE du 8 juin 2000 relative à certains aspects juridiques des services de la société de l'information, dite « commerce électronique », *JOCE* n° L 178 du 17 juil. 2000, p. 1.

[146] Cons. const., 18 juin 2020, n° 2020-801 DC, *JO* 25 juin 2020, texte n° 2.

[147] TGI Paris, réf., 13 avr. 2010, Hervé G. c/ Facebook France, www.legalis.net.

[148] Art. 14 de la directive 2000/31/CE ; art. 6-I, 2 de la LCEN.

[149] Sauf dans les cas où la fausse information constituerait aussi un contenu illicite.

[150] L. n° 2018-1202 du 22 décembre 2018 relative à la lutte contre la manipulation de l'information, *JORF* n° 0297 du 23 déc. 2018, texte n° 2.

notification et d'action permettant aux utilisateurs de signaler des contenus qu'ils jugent illicites (article 14)[151].

L'OMS a collaboré avec les réseaux sociaux pour faciliter la redirection des utilisateurs vers des sources fiables sur la COVID ou pour les aider à signaler des informations erronées. Ainsi, par exemple, *YouTube* a adopté le 20 mai 2020 un « règlement concernant les informations médicales incorrectes sur la COVID-19 » dans lequel il interdit les contenus sur la maladie qui propagent des informations médicales incorrectes contredisant celles des autorités sanitaires locales ou de l'OMS en matière de COVID. Cependant, en détenant le pouvoir de trancher entre le licite et l'illicite, la plateforme devient la seule juge du contenu et fixe elle-même les limites de la liberté d'expression des utilisateurs. En revanche, *Facebook* et *Instagram* ne censurent pas les fausses informations sur la COVID, mais ajoutent une bannière signalant un contenu comportant une désinformation, ce qui semble plus respectueux de la liberté d'expression. Face aux différentes pratiques, la Commission européenne encourage les plateformes à une plus grande transparence en ce qui concerne la désinformation[152].

37. L'étendue de la protection de la liberté d'expression en période de pandémie. La liberté d'expression est protégée même pendant la crise sanitaire, car elle constitue un droit constitutionnel reconnu à tout citoyen en vertu de l'article 11 de la Déclaration des droits de l'homme et du citoyen. La protection s'étend même à la communication ou à la réception d'informations ou d'idées, en vertu de l'article 10, § 1 de la Convention européenne des droits de l'homme. L'article 10, § 2 du même texte constitue cependant un rempart contre l'épidémie de fausses informations en matière de COVID, en ce qu'il précise que l'exercice de la liberté d'expression comporte aussi des devoirs et des responsabilités.

La liberté d'expression peut ainsi être soumise à certaines restrictions prévues par la loi lorsqu'elles sont des mesures nécessaires dans une société démocratique, notamment à la protection de la santé. La CEDH procède à l'examen de la proportionnalité de la limitation de la liberté au but poursuivi. D'une manière générale, la marge d'appréciation des États,

---

[151] Proposition de règlement du Parlement européen et du Conseil relatif à un marché intérieur des services numériques (Législation sur les services numériques) et modifiant la directive 2000/31/CE, 15 déc. 2020, COM(2020) 825 final, 2020/0361 (COD).

[152] Communication conjointe au Parlement européen, au Conseil européen, au Conseil, au CES et au Comité des régions, « Lutter contre la désinformation concernant la COVID-19 – Démêler le vrai du faux », JOIN/2020/8 final, 10 juin 2020, p. 9 et s.

déjà faible face à la liberté d'expression, devient quasiment inexistante quand les débats relèvent de l'intérêt général[153]. Ainsi, la Cour européenne a jugé dans l'arrêt *Hertel c/ Suisse* du 25 août 1998 que la liberté d'expression s'applique tout autant aux informations ou aux idées inoffensives qu'à celles qui heurtent, choquent ou inquiètent, même si elles semblent dénuées de tout fondement, et qui doivent être acceptées dans une société démocratique car « *dans un domaine où la certitude est improbable, il serait particulièrement excessif de limiter la liberté d'expression à l'exposé des seules idées généralement admises* »[154].

Les discussions, même en ligne, sur la COVID devraient s'analyser en des propos d'intérêt général. Cependant, toute personne tenant ces propos doit agir de bonne foi de façon à fournir des informations exactes et dignes de crédit, qu'elle soit journaliste ou simple citoyen engagé dans le débat public[155]. Au regard de la jurisprudence de la Cour européenne qui protège même les idées minoritaires apparaissant dénuées de tout fondement[156], un utilisateur d'un réseau social devrait pouvoir s'exprimer sur la COVID dans le cadre d'un débat public, à la condition de rester mesuré.

La question de la liberté d'expression se pose aussi à l'égard des médecins dont la parole, encadrée par des textes, est toujours très attendue en tant qu'experts. Les pouvoirs publics ont même encouragé les médecins à participer au débat public, y compris sur les réseaux sociaux, par un décret du 22 décembre 2020[157], à la condition de le faire avec prudence au regard des informations scientifiquement étayées (art. R. 4127-19-1, II, du CSP).

2./ Les limites juridiques et éthiques de la modération des contenus par l'IA

38. Nous analyserons la modération des contenus par l'IA au regard des pouvoirs de la plateforme, et de son impact éthique.

---

[153] A. Debet, « *Un an de jurisprudence de la Cour européenne des droits de l'homme en matière de communication* », Comm. Com. électr., déc. 2007, chron. 11, n° 16.

[154] CEDH, 25 août 1998, n° 59/1997/843/1049, *Hertel c/ Suisse*, § 50.

[155] CEDH, 15 févr. 2005, n° 68416/01, Steel et Morris c/ Royaume-Uni, Rec. CEDH 2005, II ; *AJDA* 2005, p. 1895, chron. J.-F. Flauss.

[156] CEDH, 25 août 1998, préc. ; 15 févr. 2005, préc.

[157] D. n° 2020-1662 du 22 décembre 2020 portant modification du code de déontologie des médecins et relatif à leur communication professionnelle, *JORF* n° 0311 du 24 déc. 2020, texte n° 58.

39. La modération des contenus par l'IA et pouvoirs de la plateforme. La lutte contre la diffusion de fausses informations sur la COVID peut se faire en recourant à des outils d'IA[158]. Rien ne s'y oppose juridiquement puisque le considérant 40 de la directive 2000/31/CE indique que « *les dispositions de la présente directive sur la responsabilité ne doivent pas faire obstacle au développement et à la mise en œuvre effective, par les différentes parties concernées, de systèmes techniques de protection et d'identification ainsi que d'instruments techniques de surveillance rendus possibles par les techniques numériques* ». Ce texte constitue « *une base légale, bien que non obligatoire, pour fonder le recours aux dispositifs automatiques de modération des contenus* »[159].

Les réseaux sociaux disposent déjà d'algorithmes de modération des contenus. Un « classifieur » d'apprentissage automatique utilisant des algorithmes de détection attribue un score de prévalence à chacun des contenus signalés par les utilisateurs et hiérarchise les contenus les plus problématiques. Le système de classification fonctionne sur du texte, des images ou des vidéos. Après cette phase algorithmique, la plateforme sollicite des modérateurs humains (*fact-checkers*) pour vérifier les contenus sur lesquels il convient de s'attarder et décider des sanctions à adopter en cas de fausse information, comme la suppression d'un contenu ou la mise en place d'une bannière. Un algorithme recherche alors tous les contenus identiques ou quasi identiques sur la plateforme pour pouvoir leur appliquer automatiquement la même décision. L'utilisateur, dont le contenu est supprimé ou même marqué d'une bannière, peut exercer un recours auprès de la plateforme[160].

La phase de modération humaine a été perturbée pendant la pandémie, non seulement en raison de la profusion des publications sur la COVID mais également à cause des conditions du télétravail des modérateurs[161]. Le CNPEN estime que le recours à un algorithme de modération automatique permettrait d'affronter ce défi[162]. Cependant ces décisions automatiques auraient pour effet d'amplifier davantage les pouvoirs des plateformes. L'algorithme, qui prendrait seul une décision de censure

[158] En ce sens, CNPEN, *« Enjeux d'éthique dans la lutte contre la désinformation et la mésinformation »*, Bull. de veille n° 2, 21 juillet 2020, p. 8.
[159] C. Castets-Renard, « *Régulation des plateformes en ligne* », J.-Cl. Eur., Fasc. 1245, 18 nov. 2019, n° 54.
[160] Page Facebook de la ville de Bitche (Moselle) supprimée car l'algorithme avait pris « Bitche » pour une insulte, ce qui est interdit dans les CGU.
[161] CNPEN, Bull. de veille n° 2, préc., p. 10.
[162] *Ibid.*, p. 8.

d'un contenu de manière automatique, sans transparence, sans justification et sans validation humaine, pourrait engendrer des atteintes disproportionnées à la liberté d'expression.

40. La modération des contenus, approche éthique. La performance du *machine learning* est fonction du volume de données étiquetées par un humain et de la qualité des données d'entraînement disponibles.

Le système d'IA doit pouvoir éviter les erreurs de classification en étant capable de détecter le contexte du contenu publié. On parle de « faux positifs » lorsque l'algorithme classe une information comme fausse alors qu'il s'agit, par exemple, d'un contenu humoristique ou ironique, ou lorsqu'il n'est pas capable de faire le lien entre le texte et son sens[163]. Ces erreurs de classement sont susceptibles de porter atteinte à la liberté d'expression de l'utilisateur. En revanche, les « faux négatifs », apparaissant lorsque l'algorithme ne parvient pas à détecter un contenu problématique, ne portent pas atteinte à la liberté d'expression mais laissent néanmoins en circulation des informations fausses sur la COVID. Au regard de ces limites, on constate qu'il serait délicat de recourir à un algorithme automatique de modération sans contrôle humain[164].

Outre les conséquences sur leur liberté d'expression, la modération par l'IA des réseaux sociaux peut aussi faire naître un risque de discrimination de certains utilisateurs[165]. Si une IA de modération utilisant les technologies du *machine learning* s'entraîne sur des données biaisées ou discriminatoires, elle reproduira le phénomène. La transparence et l'explicabilité de l'IA ont pour objet de garantir que la prise de décision par le système est fiable. La transparence constitue une exigence éthique générale englobant le principe de l'explicabilité, lequel concerne à la fois

---

[163] Erreur du système de modération de YouTube qui, s'agissant de la description d'une partie d'échecs, avait analysé les expressions comme « noirs contre blancs » comme une incitation à la haine raciale.

[164] Le contrôle humain est d'ailleurs déjà évoqué par les « *Lignes directrices en matière d'éthique pour une IA digne de confiance* », Groupe d'experts de haut niveau sur l'intelligence artificielle, Comm. eur., 8 avr. 2019, p. 15 : « […] *il convient de veiller à la supervision et au contrôle humains sur les processus de travail des systèmes d'IA.* » – V. aussi, CNPEN, Bull. de veille n° 2, préc., p. 11.

[165] V., CNPEN, Bull. de veille n° 2, préc., p. 10.

les données et le système d'IA[166]. Le rapport Villani fait de l'explicabilité de l'IA l'une des conditions de son acceptabilité sociale[167].

La notion d'explicabilité peut être définie comme « *la capacité d'expliquer à la fois les processus techniques d'un système d'IA et les décisions humaines qui s'y rapportent [...]. L'explicabilité technique suppose que les décisions prises par un système d'IA puissent être comprises et retracées par des êtres humains* »[168]. La transparence n'est une exigence légale pour les opérateurs de plateforme en ligne qu'en matière électorale[169]. Toutefois, on peut penser qu'au regard des conséquences de la modération par l'IA sur la liberté d'expression des utilisateurs, il faudrait encourager les plateformes à assurer la transparence de leur algorithme pour toutes les formes de modération de fausses informations, incluant celles sur la COVID. Il pourrait s'agir par exemple de justifier systématiquement la décision de modération[170]. Le CNPEN recommande également de promouvoir la transparence et l'explicabilité, ce qui implique non seulement que leur algorithme soit auditable, mais qu'elles puissent exposer aux utilisateurs les critères qui fondent la décision algorithmique de façon à protéger la liberté d'expression[171].

La proposition de règlement sur le *Digital Services Act* apporte des éléments de réponse à ces inquiétudes[172]. Les plateformes en ligne devront fournir dans leurs conditions générales des renseignements ayant « *trait, notamment, aux politiques, procédures, mesures et outils utilisés à des fins de modération des contenus, y compris la prise de décision fondée sur des algorithmes et le réexamen par un être humain* » (article 12.1). La proposition fixe également des normes élevées de transparence en cas de recours à des moyens automatisés de modération de contenus (article 23.1, c), ou encore impose le recours à des audits indépendants pour les très grandes plateformes en ligne (article 28).

---

[166] « *Lignes directrices en matière d'éthique pour une IA digne de confiance* », préc., p. 22.

[167] Rapport de la mission Villani, « *Donner un sens à l'intelligence artificielle : pour une stratégie nationale et européenne* », 28 mars 2018, p. 142.

[168] *Ibid.*

[169] Les opérateurs doivent adopter des mesures complémentaires concernant « *la transparence de leurs algorithmes* », art. 11-I, 1°, L. n° 2018-1202 du 22 décembre 2018, préc.

[170] V., Rapport de la mission « *Régulation des réseaux sociaux [...]* », préc., p. 26.

[171] CNPEN, Bull. de veille n° 2, préc., p. 11.

[172] Proposition de règlement relatif à un marché intérieur des services numériques, préc.

Section III. Optimiser les soins contre la COVID : les outils d'IA au service de la santé

41. L'IA ne permet pas seulement de connaître et de contenir l'épidémie de la COVID, elle permet également d'optimiser les soins et d'être au service de la santé non seulement des personnes vulnérables (A.) mais également des personnels de santé (B.).

À. L'IA au service de la protection des personnes vulnérables contre la COVID

42. L'épidémie impacte à la fois la vie des malades mais également celle des bien-portants, spécialement lorsqu'ils sont vulnérables. Aussi, la télémédecine, qui s'est considérablement déployée pendant la pandémie, a vu émerger quelques outils d'IA (1). De même, un certain intérêt est apparu pour les robots placés auprès des personnes vulnérables confinées ou atteintes de la COVID (2).

1./ La télémédecine

43. Les règles applicables à la télémédecine ont été adaptées à la crise sanitaire pour renforcer la protection des personnes vulnérables. Des outils d'IA, qui ont pu contribuer à la télémédecine du XXIe siècle, ont cependant posé des questions juridiques et éthiques en période COVID.

44. L'adaptation des règles de télémédecine à la crise sanitaire. La télémédecine fait l'objet d'un encadrement légal depuis la loi HPST du 21 juillet 2009[173], remaniée par la loi « Ma santé 2022 » du 24 juillet 2019[174]. Elle est définie à l'article L. 6316-1 du CSP comme étant « *une forme de pratique médicale à distance utilisant les technologies de l'information et de la communication* ». Elle permet de mettre en rapport à distance des patients avec des professionnels de santé au moyen du numérique dans divers actes de télémédecine, à savoir la téléconsultation,

---

[173] L. n° 2009-879 du 21 juillet 2009 portant réforme de l'hôpital et relative aux patients, à la santé et aux territoires, *JORF* n° 0167 du 22 juil. 2009, texte n° 1. – Décret d'application, D. n° 2010-1229 du 19 octobre 2010 relatif à la télémédecine, *JORF* n° 0245 du 21 oct. 2010, texte n° 13, partiellement abrogé, D. n° 2018-788 du 13 septembre 2018 relatif aux modalités de mise en œuvre des activités de télémédecine, *JORF* n° 0212 du 14 sept. 2018, texte n° 11.

[174] L. n° 2019-774 du 24 juillet 2019 relative à l'organisation et à la transformation du système de santé, *JORF* n° 0172 du 26 juil. 2019, texte n° 3.

la téléexpertise, la télésurveillance médicale, la téléassistance médicale et la réponse médicale (art. R. 6316-1 du CSP).

Il existe de nombreuses règles destinées à éviter la disparition de la médecine en présentiel. L'objectif est de tenir compte des nouvelles technologies en médecine en conservant les mêmes exigences de qualité des soins et de sécurité pour le patient. Cependant, les patients n'avaient pas vraiment adhéré à cette nouvelle pratique de la médecine. Par exemple, fin 2019 en France, le nombre de consultations à distance était de 3 300 par semaine.

La crise de la COVID a été un facteur d'accélération du déploiement de la télémédecine puisqu'elle a permis, spécialement pour les consultations mineures ou de routine, de limiter les contacts entre le personnel soignant et le patient, ou entre les patients. De mars à avril 2020, ce sont 5,5 millions de téléconsultations qui ont été remboursées par l'Assurance Maladie[175].

Pour affronter l'urgence de la crise sanitaire de la COVID, certaines des dispositions légales ont évolué. Des mesures dérogatoires aux conditions habituelles de prise en charge et de facturation par l'Assurance maladie ont été mises en place pour permettre d'assurer la continuité des soins jusqu'à la fin de l'état d'urgence sanitaire[176]. Les règles imposant au médecin téléconsultant d'avoir vu le patient au moins une fois dans les 12 derniers mois en consultation physique ou de répéter annuellement la rencontre physique en cas de suivi prolongé[177] ont été suspendues pendant la période de crise sanitaire pour les patients susceptibles d'être atteints de la COVID ou reconnus atteints. De même, l'Assurance Maladie a décidé de prendre en charge à 100 % jusqu'à la fin de l'état d'urgence sanitaire toutes les consultations à distance pour tous les patients, quel

---

[175] « *Téléconsultation et COVID-19 : croissance spectaculaire et évolution des usages* », 21 juil. 2020, https://www.ameli.fr/exercice-coordonne/actualites/teleconsultation-et-COVID-19-croissance-spectaculaire-et-evolution-des-usages

[176] A. du 16 octobre 2020 modifiant l'arrêté du 10 juillet 2020 prescrivant les mesures générales nécessaires pour faire face à l'épidémie de COVID-19 dans les territoires sortis de l'état d'urgence sanitaire et dans ceux où il a été prorogé, *JORF* n° 0253 du 17 oct. 2020, texte n° 23.

[177] Art. 28.6.1.1 de l'Avenant n° 6 à la convention nationale organisant les rapports entre les médecins libéraux et l'Assurance Maladie à la convention médicale, A. du 1er août 2018 portant approbation de l'avenant n° 6 à la convention nationale organisant les rapports entre les médecins libéraux et l'assurance maladie signée le 25 août 2016, *JORF* n° 0183 du 10 août 2018, texte n° 16.

qu'en soit le motif[178], ou encore d'assimiler le téléconseil téléphonique à une téléconsultation par téléphone prise en charge à 100 %[179]. C'est un exemple fort qui montre qu'en période de crise sanitaire, une médecine « dégradée » peut se mettre en place puisqu'il n'est même pas fait usage d'une vidéotransmission, à la condition qu'elle ne perdure pas une fois l'épidémie terminée[180].

45. Des outils d'IA au cœur de la télémédecine du XXIe siècle. Le développement des systèmes d'IA pour la télémédecine fait l'objet d'une attention soutenue des chercheurs et des investisseurs. Ils ont été développés essentiellement dans le domaine de la téléconsultation en période COVID. Il en va ainsi d'un *chatbot* français, agréé par le ministère des solidarités et de la santé, créé spécifiquement pour le télésuivi médical des malades de la COVID placés en quarantaine à leur domicile[181]. Il consiste en un robot conversationnel qui interroge le patient sur son état dans les situations à risque. S'il constate une dégradation, il peut choisir entre accroître la fréquence de ses interrogations ou alerter l'équipe médicale en lui livrant les réponses préalables du patient. Ce dernier accède à la solution depuis un téléphone, une tablette ou un ordinateur au moyen d'un lien URL envoyé par l'équipe médicale, qui doit avoir au préalable renseigné les coordonnées du patient dans la plateforme logicielle. Cette solution a été mise à disposition gratuitement au CHU de Toulouse[182]. De nombreuses applications similaires ont été utilisées dans toute la France dans le cadre du suivi à domicile des personnes malades,

---

[178] « COVID-19 : tout savoir sur la téléconsultation et les actes à distance », 9 nov. 2020, https://www.ameli.fr/assure/actualites/COVID-19-tout-savoir-sur-la-teleconsultation-et-les-actes-distance

[179] Alors qu'en dehors de la crise sanitaire, l'art. R. 4127-53-I, al. 3 du CSP prévoit que « *le simple avis ou conseil dispensé à un patient par téléphone ou par correspondance ne peut donner lieu à aucun honoraire* », V., « COVID-19 : le point sur les mesures dérogatoires pour les médecins », 26 nov. 2020, https://www.ameli.fr/medecin/actualites/COVID-19-le-point-sur-les-mesures-derogatoires-pour-les-medecins

[180] Lire, par ex., P. Simon, « *Le pratico-pratique d'une télésanté de qualité après la période COVID-19* », 17 mai 2020, http://www.telemedaction.org/423570493

[181] M. Angel, « *COVID-19 : le CHU de Toulouse s'équipe d'un chatbot pour le suivi de patients à distance* », L'Usine Digitale [en ligne], 29 avr. 2020, https://www.usine-digitale.fr/article/COVID-19-le-chu-de-toulouse-s-equipe-d-un-chatbot-pour-le-suivi-de-patients-a-distance.N958911

[182] P. Merlet, « *COVID-19 : BOTdesign rompt l'isolement des patients au CHU de Toulouse* », La Tribune [en ligne], 7 avr. 2020, https://toulouse.latribune.fr/innovation/2020-04-07/COVID-19-botdesign-rompt-l-isolement-des-patients-au-chu-de-toulouse-844560.html

confinées, par les médecins[183]. En téléconsultation, des objets connectés dotés d'un algorithme ont permis au médecin ne pouvant procéder à des examens cliniques d'accéder directement à des informations sur le patient, comme ses constantes, ou de l'explorer sommairement[184].

46. Les aspects juridiques et éthiques posés par la télémédecine en période COVID. Certains aspects étroitement liés aux droits des patients sont maintenus pendant la crise sanitaire, comme son droit à l'information et au recueil de son consentement libre et éclairé (art. R. 6316-2 du CSS). De même, les règles du RGPD relatives aux données à caractère personnel, si elles ne sont pas anonymisées[185], sont applicables, avec une attention particulière concernant les données de santé[186].

Il convient d'abord d'attirer l'attention des fabricants de systèmes d'IA qui continuent à faire héberger leurs données par Microsoft, malgré les risques liés au transfert des données à caractère personnel hors UE[187]. Il est indispensable que les *clouds* utilisés en télémédecine soient européens. Plus encore, une pratique s'est développée pendant les pics épidémiques de mettre à la disposition des patients des outils d'IA[188], comme des *chatbots* ou des applications de questionnaires en ligne, qui n'ont pas fait l'objet d'une procédure de mise sur le marché en application des exigences du règlement « Dispositifs médicaux »[189]. Cette situation n'est pas spécifique à l'Europe, puisqu'aux États-Unis, la *Food and Drug*

---

183 V. les exemples cités par CNPEN, « *Enjeux d'éthique liés aux outils numériques en télémédecine et télé-soin dans le contexte de la COVID-19* », *Bull. de veille*, n° 3, 21 juil. 2020, p. 15.

184 F. Soyez, « *On a testé la téléconsultation connectée : une nouvelle ère pour la télémédecine* », CNET France [en ligne], 15 juil. 2019, https://www.cnetfrance.fr/news/on-a-teste-la-teleconsultation-connectee-une-nouvelle-ere-pour-la-telemedecine-39887565.htm

185 V., *supra,* n° 10.

186 V. *supra,* n° 27, p. 16.

187 V., *supra,* n° 12.

188 V. *infra*, n° 53.

189 Règl. (UE) 2017/745 du Parlement européen et du Conseil du 5 avril 2017 relatif aux dispositifs médicaux, modifiant la directive 2001/83/CE, le règlement (CE) n° 178/2002 et le règlement (CE) n° 1223/2009 et abrogeant les directives du Conseil 90/385/CEE et 93/42/CEE, *JOUE* L 117/1 du 5 mai 2017, p. 1, dont la mise en application a été repoussée au 26 mai 2021 en raison de la COVID.

Administration a aussi autorisé en urgence l'utilisation d'un algorithme d'IA non testé[190].

Après la pandémie, il faudra vérifier que ces outils présentent les garanties de sécurité suffisantes pour les patients s'ils venaient à continuer à être utilisés. Au surplus, même si les objets de santé connectés ont pu jouer un rôle auprès des médecins qui ont pu recueillir certaines informations sur l'état de santé sur le malade confiné chez lui. Par exemple, il conviendra, après la fin de la crise sanitaire, de privilégier l'usage exclusif de dispositifs médicaux connectés conformes au règlement « Dispositifs médicaux », plutôt que d'objets connectés en santé qui ne répondent pas à ces exigences[191].

Il existe également des interrogations éthiques concernant le risque de déshumanisation de la médecine, qui imposent une attention soutenue pendant la crise sanitaire en raison du recours accentué à des outils d'IA.

La déshumanisation de la relation médecin-patient pourrait concerner les deux protagonistes. D'un côté, le médecin, fatigué par la multiplication des téléconsultations, pourrait finir par ne voir le patient que comme un être virtuel, surtout s'il ne l'a jamais rencontré auparavant, comme l'y autorisent les règles dérogatoires pendant la pandémie[192]. De l'autre côté, le patient assisté par un *chatbot* ou un objet connecté pourrait perdre l'envie d'écouter les recommandations d'un médecin qui ne lui apparaitrait que virtuel.

Toutefois, si on opère un bilan coûts-avantages en période de pandémie, il semble que le choix de la téléconsultation soit le plus éthique malgré les critiques que nous avons émises. D'une part, il permet de préserver ou de sauver de nombreuses vies sans trop perdre en qualité de la relation de soins. D'autre part, la télésurveillance médicale à domicile est devenue un sujet de préoccupation des chercheurs en raison du vieillissement des populations[193]. Comme l'affirme Pierre Simon, ancien

---

[190] Editorial, « *Artificial intelligence for COVID-19: saviour or saboteur ?* », Lancet Digit Health 2021, vol. 3, issue 1, e1-e66, Open Access Published:January, 2021DOI:https://doi.org/10.1016/S2589-7500(20)30295-8

[191] Sur la distinction, V. B. Espesson-Vergeat, *« Le "patient-consommateur" de soins et les objets de santé connectés : Regard sur les qualifications et enjeux juridiques », in* N. Nevejans (dir.), *op. cit.*, p. 267 et s.

[192] V., *supra,* n° 44.

[193] N. Kalid, *alii*, « Based Real Time Remote Health Monitoring Systems: A Review on Patients Prioritization and Related "Big Data" Using Body Sensors information and Communication Technology », *J Med Syst.* 2017 Dec 29 ;42(2) :30, doi: 10.1007/s10916-017-0883-4.

président-fondateur de la société de télémédecine en France, « *nous passerons de l'hospitalocentrisme du XXe siècle au "Homespital" (l'hôpital au domicile) du XXIe. L'[*intelligence artificielle médicale*] arrive à point nommé pour aider à mettre en place ces nouvelles organisations de soins* »[194]. En cela, la pandémie aura peut-être préparé l'arrivée massive de ces nouveaux outils d'IA.

2./ Les robots auprès des personnes vulnérables confinées ou atteintes de la COVID

47. Pendant le confinement, certaines personnes vulnérables ont recouru à des robots personnels. Leur emploi a présenté de grands bénéfices mais a recelé aussi certains inconvénients en termes juridique et éthique.

48. L'engouement des personnes vulnérables pour les robots pendant la crise sanitaire. Il existe plusieurs sortes de robots déployés auprès des personnes vulnérables ou des malades atteints de la COVID. Les robots d'assistance à la personne et de téléprésence tendent à être déployés auprès des personnes malades ou âgées, à domicile ou à l'hôpital. Il en va ainsi, en France, de *Kompaï* qui est utilisé dans les EHPAD. Les avantages sont importants puisque la machine permet de lutter contre les symptômes de solitude des personnes âgées générés par le confinement ou des personnes malades placées à l'isolement. Plusieurs études sur l'introduction de robots compagnons dans des maisons de soins ont prouvé leurs effets bénéfiques sur la santé mentale des patients[195]. De plus, les robots de téléprésence diminuent les risques d'infection des patients en éloignant les proches ou les soignants. Enfin, des robots compagnons ont été utilisés directement à domicile pour partager le quotidien des personnes pendant la pandémie et les distraire.

49. Les avantages et inconvénients des robots personnels en période de pandémie, approches juridique et éthique. Alors que les robots placés auprès des personnes vulnérables posent souvent la question

---

194 P. Simon, « *Intelligence artificielle et pratique de la télémédecine* », SIH Solutions [en ligne], 12 janv. 2021, https://www.sih-solutions.fr/une/intelligence-artificielle-et-pratique-de-la-telemedecine/

195 Par ex., W. Moyle, alii, « *Exploring the Effect of Companion Robots on Emotional Expression in Older Adults With Dementia: A Pilot Randomized Controlled Trial* », Journal of Gerontological Nursing 39(5):1-7, March 2013, DOI: 10.3928/00989134-20130313-03

du remplacement de l'aidant ou de la famille par une machine[196], c'est précisément l'effet recherché en période de pandémie. Le CNPEN estime que pour faire face au confinement des personnes isolées, âgées et/ou handicapées dans des institutions ou à domicile, les interfaces numériques de communication, comme les robots de téléprésence, peuvent répondre au droit au maintien d'un lien social[197]. Les robots personnels sont particulièrement intéressants pour les personnes âgées confinées à leur domicile qui désespèrent de ne pouvoir continuer à entretenir des relations avec leur famille. Il en va de même pour les patients hospitalisés, voire en réanimation, dont les proches sont tenus éloignés.

Un robot placé auprès d'un patient, éventuellement hospitalisé ou en réanimation, risque de retransmettre ou d'enregistrer des images ou des sons de celui-ci. Le CNPEN signale l'existence d'un risque d'atteinte à la dignité et au respect de la vie privée d'une personne malade ou potentiellement en fin de vie. Toutefois, on peut douter de l'existence d'une atteinte à la vie privée si le malade, ou son tuteur, curateur ou personne de confiance, a donné son consentement. Dans tous les cas, selon le CNPEN, il faut garantir la non-malfaisance de ces interfaces numériques en prévoyant un accompagnement dans leur choix et dans leur mise en œuvre, et une procédure relative à l'effacement ou à la conservation des enregistrements qui auront été réalisés[198].

B. L'IA au service de la protection des personnels de santé contre la COVID

50. L'IA présente un grand intérêt pour les personnels de santé. Leur déploiement à l'hôpital a profité de la pandémie, mais a suscité de nombreuses interrogations juridiques et éthiques. Nous le vérifierons, d'une part, concernant le recours à des systèmes d'IA d'aide au diagnostic et à la décision, outils destinés à simplifier le travail des médecins en phase de pic épidémique (1), et, d'autre part, relativement aux robots au service des soignants employés pour protéger les personnels de santé (2).

---

[196] N. Nevejans, *Traité de droit et d'éthique de la robotique civile*, LEH éditions, coll. « Science, éthique et société », 2017, n°s 1306 et s.
[197] CNPEN, Bull. de veille n° 1, préc., p. 7.
[198] *Ibid.*

1./ Le recours à l'IA d'aide au diagnostic et à la décision par les médecins

51. La pandémie a accéléré le déploiement des outils d'IA d'aide au diagnostic et à la décision, au risque de s'affranchir des exigences de mise sur le marché des dispositifs médicaux d'IA. Si les futures réglementations européennes sur l'IA apportent certains éléments de réponse, bien des questions juridiques et éthiques, déjà pressantes avant l'apparition de la COVID, restent en suspens, tandis que des problèmes éthiques spécifiques de l'IA d'aide au tri des patients se posent.

52. La COVID, facteur d'accélération du développement des outils d'IA d'aide au diagnostic et à la décision. L'épidémie a incité les médecins à utiliser des outils d'IA efficaces pour les diagnostics à grande échelle. En cancérologie, Watson d'*IBM* est capable d'analyser l'ensemble du dossier du patient et de tenir compte des 160 000 études d'oncologie clinique publiées chaque année pour établir un diagnostic et proposer un traitement[199] et, dans 30 % des cas, de proposer davantage d'options thérapeutiques que les médecins.

Pendant la crise sanitaire, ces systèmes ont été employés pour aider à poser un diagnostic. Certaines équipes se sont concentrées sur l'analyse d'échantillons de toux[200] ou la détection de problèmes pulmonaires par tomodensitométrie[201]. D'autres ont utilisé un système d'IA travaillant à partir d'un scanner thoracique et de données cliniques et biologiques pour diagnostiquer rapidement les infections par la COVID avec une fiabilité de 92 %[202].

L'IA d'aide à la décision, qui a pour objet de proposer un résultat au médecin sous la forme d'un *scoring* associé à différentes probabilités, peut reposer sur de l'IA symbolique ou de l'IA connexionniste (*machine*

---

[199] « *Cancérologie : l'IA Watson d'IBM fait déjà mieux que les médecins* », Caducee.net [en ligne], 2 nov. 2016, https://www.caducee.net/actualite-medicale/13304/cancerologie-l-ia-watson-d-ibm-fait-deja-mieux-que-les-medecins.html

[200] A. Imran, « *AI4COVID-19: AI enabled preliminary diagnosis for COVID-19 from cough samples via an app* », Inform Med Unlocked 2020;20:100378, doi: 10.1016/j.imu.2020.100378.

[201] T. Simonite, « *Chinese Hospitals Deploy AI to Help Diagnose COVID-19* », Wired [Online], 26 fév. 2020, https://www.wired.com/story/chinese-hospitals-deploy-ai-help-diagnose-COVID-19/

[202] X. Mei et alii, « *Artificial intelligence–enabled rapid diagnosis of patients with COVID-19* », Nat Med 26, 1224-1228 (2020), https://doi.org/10.1038/s41591-020-0931-3

learning ou *deep learning*)[203]. Pour la COVID, une équipe française associée à une start-up a créé un algorithme de *scoring* qui, après avoir analysé un scanner des poumons et 5 paramètres biologiques, a pu calculer précisément un score de gravité permettant de classer le patient en fonction de la probable évolution de sa santé, de son risque de transfert en réanimation et de la nécessité d'une assistance respiratoire[204]. Cet algorithme *open source* développé en quelques mois a été entraîné et validé sur un millier de patients, mais n'a pas fait l'objet d'une procédure de marquage CE préalable[205]. Un autre système d'IA recourant à l'apprentissage automatique a permis de générer un modèle de tri rapide et capable d'identifier les patients arrivant aux urgences selon leur statut COVID[206].

53. Les risques de relâchement des exigences de mise sur le marché des dispositifs médicaux d'IA en période de pandémie. Alors que le *machine learning* nécessite une grande quantité de données étiquetées avec soin pour obtenir une fiabilité statistique, il est possible que le contexte COVID n'ait pas permis d'accéder à des données suffisantes en termes quantitatifs et qualitatifs. Une étude a souligné que, majoritairement, les modèles d'IA d'aide au diagnostic ou à la décision pour la COVID publiés étaient mal rapportés et à haut risque de biais[207], conduisant les concepteurs à surévaluer leur performance prédictive. Il existe également un risque que les systèmes d'IA déployés dans l'urgence n'aient pas eu assez de temps pour s'entraîner, de sorte qu'on ne peut être certain qu'ils sont « *fiables – c'est-à-dire apportant une aide à la décision fidèle à la réalité clinique –, robustes – c'est à dire peu ou pas sensibles*

---

[203] Pour les notions, *supra*, n° 0.

[204] N. Lassau et alii, « *Integrating deep learning CT-scan model, biological and clinical variables to predict severity of COVID-19 patients* », Nat Commun 12, 634 (2021), https://doi.org/10.1038/s41467-020-20657-4

[205] A. Vitard, « *COVID-19 : L'Institut Gustave Roussy utilise l'IA pour anticiper le risque d'aggravation de l'état d'un patient* », L'Usine Digitale [en ligne], 3 février 2021, https://www.usine-digitale.fr/article/COVID-19-l-institut-gustave-roussy-utilise-l-ia-pour-anticiper-le-risque-d-aggravation-de-l-etat-d-un-patient.N1056764

[206] A. A. S. Soltan, alii, « *Rapid triage for COVID-19 using routine clinical data for patients attending hospital: development and prospective validation of an artificial intelligence screening test* », Lancet Digital Health Dec. 11, 2020, Vol. 3, n° 2, DOI:https://doi.org/10.1016/S2589-7500(20)30274-0

[207] M. Roberts, alii, « *Common pitfalls and recommendations for using machine learning to detect and prognosticate for COVID-19 using chest radiographs and CT scans* », Nature Machine Intelligence, vol. 3, p. 199–217, 2021, https://doi.org/10.1038/s42256-021-00307-0

à la présence de données erronées – et justes – c'est-à-dire donnant des résultats ne discriminant aucun type de population au sein des patients concernés »[208].

On peut craindre aussi que la COVID affranchisse encore davantage les systèmes d'IA des exigences de la réglementation européenne en matière de dispositifs médicaux. Cette situation est d'autant plus inquiétante qu'une importante étude comparative États-Unis et Europe de janvier 2021, portant sur près de 462 dispositifs médicaux basés sur l'apprentissage automatique, montre que, sur l'ensemble des 240 algorithmes d'IA en santé répertoriés dans l'Union européenne, 35 % de ces dispositifs médicaux sont de classe I (risques faibles), 40 % de classe IIa (risques modérés/mesurés), 12 % de classe IIb (risques élevés/importants), 5 % en diagnostic *in vitro*, et 1 % en classe III (risques élevés)[209]. Comme les obligations du fabricant croissent avec la classe, en termes de preuves de la sécurité et des performances du dispositif médical aux organismes notifiés, les auteurs estiment que le fait qu'ils soient si rarement amenés à rapporter ces preuves pour les IA dispositifs médicaux révèle peut-être une évaluation moins rigoureuse en Europe qu'aux États-Unis. Un tel constat posé hors période COVID ne peut que susciter une vive inquiétude en pleine crise sanitaire.

54. Les apports des futures réglementations européennes sur l'IA. Les systèmes d'IA d'aide au diagnostic et à la décision seront concernés par les futures réglementations au sein de l'UE.

D'une part, au regard de la proposition de règlement sur l'IA du 21 avril 2021, s'il ne relève pas de l'annexe III (article 6.2), un système d'IA constituant en lui-même un produit couvert par la législation d'harmonisation de l'Union énumérée à l'annexe II, où figure le règlement « Dispositifs médicaux »[210], sera classé comme à haut risque

---

[208] D. Gromier (entretien avec), « *L'intelligence artificielle au secours de la médecine face au COVID-19* », Atlantico [en ligne], 9 mars 2021, https://atlantico.fr/article/decryptage/l-intelligence-artificielle-au-secours-de-la-medecine-face-au-COVID-19-traitements-technologie-algorithmes-ia-innovation-pandemie-damien-gromier

[209] U. J. Muehlematter, alii, « *Approval of artificial intelligence and machine learning-based medical devices in the USA and Europe (2015-20): a comparative analysis* », Lancet Digit Health 2021; 3: e195–203, Vol. 3, Issue 3, E195-E203, March 01, 2021, Open Access Published:January 18, 2021, DOI:https://doi.org/10.1016/S2589-7500(20)30292-2.

[210] Règl. (UE) 2017/745, préc.

(article 6.1)[211]. Il devrait en aller ainsi des systèmes d'IA d'aide au diagnostic ou à la décision. Outre le respect des exigences du règlement « Dispositifs médicaux », le système d'IA devra répondre à celles énoncées au chapitre 2 (art. 8) et au chapitre 3 du titre III de la proposition de règlement sur l'IA[212].

D'autre part, la qualification de « haut risque » d'un système d'IA a des conséquences sur le régime de responsabilité. La proposition de règlement contenue dans la résolution d'octobre 2020 sur la responsabilité civile en IA envisage de créer une responsabilité objective du fait des systèmes d'IA à haut risque pour son opérateur (art. 4.1)[213], c'est-à-dire pour ceux qui l'utiliseront. Ils ne pourront s'exonérer de leur responsabilité qu'en cas de force majeure, mais ne pourront y échapper en invoquant l'autonomie du système (art. 4.3).

55. Les questions juridiques et éthiques déjà pressantes avant l'apparition de la COVID. Le recours à un système d'IA d'aide au diagnostic et à la décision par le médecin semble élargir son obligation d'information du patient à propos du système et imposer le recueil de son consentement[214]. Cela n'est pas sans lien avec les problématiques éthiques touchant à l'explicabilité et à la transparence de l'outil. Il est, en effet, difficile pour le médecin d'informer son patient sans comprendre comment fonctionne le système d'IA. Ce dernier doit donc être conçu pour pouvoir rendre des comptes sur la façon dont il produit le résultat. Cependant, en raison de la boîte noire du *deep learning,* le médecin ignore comment la machine décide ni pourquoi elle aboutit au résultat qu'elle propose, de sorte qu'il lui est impossible de vérifier sur quelles données l'algorithme s'est fondé pour aboutir au résultat, et *a fortiori* de le mettre en doute. De même, le médecin ne peut être certain que les données d'entraînement de l'IA ne sont pas biaisées et discriminatoires. Comme le médecin ne saurait invoquer l'utilisation de l'IA pour diluer sa

---

[211] Proposal for a Regulation, préc.

[212] V., *supra,* n° 29, p. 18.

[213] Résol. du Parlement européen du 20 octobre 2020 contenant des recommandations à la Commission sur un régime de responsabilité civile pour l'intelligence artificielle (2020/2014(INL)), P9_TA(2020)0276.

[214] En ce sens, N. Nevejans, « *L'influence des logiciels d'aide à la décision sur le processus décisionnel médical à la lumière du droit et de l'éthique* », in C. Hervé et M. Stanton-Jean (dir.), *Innovations en santé publique, des données personnelles aux données massives (Big Data)*, éd. Dalloz, coll. « Ethique biomédicale et normes juridiques », 2018, p. 119 et s.

responsabilité civile[215], il est important qu'il puisse maintenir son contrôle sur le système. Le Livre blanc sur l'IA de la Commission européenne de février 2020 avait déjà insisté sur la nécessité d'un contrôle humain pour les systèmes à haut risque[216], tout comme la résolution d'octobre 2020 sur l'éthique de l'IA[217]. En France, l'article 11 du projet de loi relatif à la bioéthique[218], adopté en deuxième lecture par le Sénat le 3 février 2021, place à la fois la sécurisation de la bonne information du patient et la garantie d'une intervention humaine au cœur des traitements algorithmiques[219]. L'information délivrée au patient sur le recours à l'IA suppose donc que le médecin soit capable d'expliquer le traitement algorithmique opéré par le système. Toutefois, le consentement du patient n'est pas requis, de sorte qu'il semble ne pas pouvoir s'opposer à son recours. À moins que le fabricant puisse *by design* prendre toutes les dispositions pour que le médecin puisse en conserver la maitrise, on peut aussi craindre que le principe de la garantie humaine soit difficile à mettre en œuvre par un praticien peu aguerri au fonctionnement de l'IA, et qui risque alors de simplement valider son résultat, surtout en période de pandémie.

56. Les problèmes éthiques spécifiques de l'IA d'aide au tri des patients. L'IA d'aide au tri de patients évoque le dilemme du tramway (*Trolley Problem*). Celui-ci consiste en une expérience de pensée,

---

[215] *Ibid.*, p. 120 et s., spéc. p. 124 et s. – Sur toute la question de la responsabilité civile, V., L. Mazeau, *« Intelligence artificielle et responsabilité civile : Le cas des logiciels d'aide à la décision en matière médicale »*, *RPPI* 2018, p. 38-43, *hal*-01852548.

[216] Comm. eur., Livre Blanc « *Intelligence artificielle : Une approche européenne axée sur l'excellence et la confiance* », 19 févr. 2020,, COM(2020) 65 final, p. 24-25.

[217] Art. 7 de la proposition de règlement incluse dans la résolution, préc.

[218] Pour une analyse globale sur le projet tel que déposé à l'Assemblée nationale le 24 juillet 2019, V., B. Bévière-Boyer, *« Numérique en santé : le projet de loi relatif à la bioéthique a accouché d'une souris »*, *in* N. Nevejans (dir.), *op. cit.*, p. 243-256.

[219] Ce texte a pour objet d'introduire un nouvel art. L. 4001-3 dans le CSP : « *I. – Lorsque, pour des actes à visée préventive, diagnostique ou thérapeutique, est utilisé un traitement algorithmique dont l'apprentissage est réalisé à partir de données massives, le professionnel de santé qui décide de cette utilisation s'assure que la personne concernée en a été informée au préalable et qu'elle est, le cas échéant, avertie de l'interprétation qui en résulte.*

I bis. – Aucune décision médicale ne peut être prise sur le seul fondement d'un traitement mentionné au I.

II. – Un principe de garantie humaine s'applique à ces traitements algorithmiques. La mise en œuvre de ce principe est notamment assurée par le fabricant dans les conditions prévues dans le cadre de la mise sur le marché du traitement algorithmique. »

évoquée pour la première fois par Philippa Foot en 1967[220], permettant de s'interroger sur la moralité du choix de l'expérimentateur qui, dans une situation de dilemme, est contraint de décider entre faire un acte pour sauver un groupe de personnes, mais nuisant à une seule autre, ou ne rien faire. Selon la théorie utilitariste, la meilleure option morale est de choisir de nuire à une seule personne plutôt qu'à plusieurs. Les médecins sont déjà souvent confrontés à des interrogations éthiques lorsqu'ils doivent décider de l'admission d'un patient en réanimation ou de l'opérer. Une réflexion sur les bénéfices/risques doit se faire, si possible dans le cadre d'une procédure collégiale, au regard de la loi « Léonetti Claeys » du 2 février 2016[221]. Mais de manière générale, les actes de traitements et de soins « *ne doivent pas être mis en œuvre ou poursuivis lorsqu'ils résultent d'une obstination déraisonnable* » (art. L. 1110-5-1 du CSP).

Cette solution reste-t-elle valable en cas de situation de catastrophe sanitaire ? Même en période de pandémie, les obligations déontologiques du médecin restent les mêmes à l'égard du patient. Le 6 avril 2020, le Conseil national de l'ordre des médecins a indiqué dans un avis sur les « Décisions médicales dans un contexte de crise sanitaire et d'exception » que la question de la priorisation entre les patients ne pouvait être retenue qu'à défaut de toute autre alternative, au terme d'une appréciation collégiale tracée dans le dossier, fondée sur l'état du patient, prenant en compte notamment ses comorbidités[222]. Pourtant, pendant la première vague de la COVID, lorsque l'hôpital était débordé par les patients, un tri de patients en réanimation a été effectué, parfois en quelques minutes, avec une procédure collégiale pouvant être très limitée[223]. Toutefois, comme l'indique le Conseil d'État, saisi d'un recours en référé par des associations demandant d'enjoindre au Gouvernement de prendre des mesures générales pour assurer un accès égal aux soins des résidents en EHPAD présentant des symptômes de la COVID, il n'est pas établi que,

---

220 P. Foot, « *The Problem of Abortion and the Doctrine of the Double Effect* », Oxford Review, n° 5, 1967.

221 L. n° 2016-87 du 2 février 2016 créant de nouveaux droits en faveur des malades et des personnes en fin de vie, JORF n° 0028 du 3 févr. 2016, texte n° 1.

222 https://www.conseil-national.medecin.fr/publications/actualites/decisions-medicales-contexte-crise-sanitaire-dexception

223 Sur ce point, voir, C. Manaouil, « *Réflexions sur le tri des patients en période de crise sanitaire* », Dalloz actualités, 30 avr. 2020.

de manière générale, les hôpitaux ont refusé l'admission dans leurs services des personnes résidant en EHPAD[224].

Si la priorisation de patients par un humain pose une question d'éthique médicale[225], qu'en serait-il si la décision devait être prise par un système d'IA ? Le tri de patients est un choix éthique et humain par essence. Un auteur affirme ainsi qu'« *une décision morale requiert un agent moral, c'est-à-dire une entité dotée d'une certaine conception du "bien" et d'un libre arbitre, donc capable de prendre des décisions morales qu'elle peut justifier et dont elle est tenue responsable* », de sorte que « *ce n'est pas parce qu'une machine a plus de chances de maximiser les objectifs poursuivis par une entité morale lorsqu'elle prend une décision engageant sa responsabilité, que sa décision doit être considérée comme préférable* »[226].

Plus que jamais, il est impératif de maintenir l'existence d'un contrôle humain lors d'un tri par l'IA, de sorte que son résultat ne soit qu'un élément de choix parmi d'autres pour l'équipe médicale. Si on admet facilement cette exigence, on peut craindre toutefois que l'IA soit seule « aux commandes » en situation de crise extrême engendrant un débordement des hôpitaux.

2./ Les robots au service des personnels soignants

57. Les recours aux robots pour le service des personnels soignants se sont multipliés pendant la COVID, mais posent toutefois des questions éthiques à court et long terme.

58. La COVID, un facteur d'accroissement des demandes de robots pour le service des personnels soignants. Les robots au service des personnels soignants, déjà variés, se sont multipliés avec la pandémie[227]. Certains ont été utilisés pour la désinfection des locaux des

---

[224] Cons. 21, CE, JR, 15 avril 2020, République Française c/Association Coronavictimes et a., req. n° 439910.

[225] Voir G. Andrade, « *Medical ethics and the trolley Problem* », Journal of Medical Ethics and History of Medicine 12(4):1-15, March 2019, DOI: 10.18502/jmehm.v12i3.766

[226] H. Etienne, « *Solving moral dilemmas with AI to address the social implications of the COVID-19 crisis* », Conference: ICRL 2021 Science and Engineering of Deep Learning, May 2021, p. 6.

[227] Nous les distinguons des systèmes d'IA utilisés en télémédecine, étant donné que le principal bénéficiaire de la mesure n'est plus le patient, mais le personnel soignant, *supra,* n° 45.

hôpitaux, y compris des lieux de passage et des chambres des malades. La Commission européenne a fait l'acquisition de 200 robots de désinfection livrés fin février 2021 aux hôpitaux européens. Ces robots téléopérés par un humain depuis l'extérieur peuvent désinfecter les chambres en détruisant le virus avec des rayons ultraviolets[228]. C'est également la lumière ultraviolette qui est utilisée en Chine et dans de nombreux pays asiatiques par leurs robots de désinfection autonomes qui circulent non seulement dans les chambres des patients, mais aussi les salles d'opération[229].

D'autres robots ont aidé le personnel à prendre les constantes des patients ou à échanger avec le malade confiné dans sa chambre. Ainsi, certains hôpitaux thaïlandais ont employé des robots pour permettre aux médecins et aux infirmières de parler aux patients en réduisant leur risque de contamination[230]. De même, en Italie, des robots infirmiers de type humanoïde ont été laissés au chevet des patients pour donner aux soignants le temps de s'occuper des cas plus graves et réduire la consommation de masques ou de blouses[231]. Le Rwanda a également fait l'acquisition de prototypes d'un robot humanoïde pour affronter le manque de matériel de protection et la pénurie de personnels médicaux[232]. Ce modèle est polyvalent car il peut aider les médecins à assurer un traitement à distance des patients sans s'exposer au virus, se déplacer dans l'hôpital pour accomplir les tâches demandées à distance par le personnel soignant, ou encore réaliser des tâches auxiliaires, comme servir les repas ou transporter des échantillons pour analyse au laboratoire. Enfin, d'autres robots ont assuré la distribution du matériel hospitalier ou des

---

[228] Comm. eur., CP, « *Coronavirus : First EU disinfection robots arrive in hospitals* », Feb. 26, 2021.

[229] F. Bergé, *« Coronavirus : ces robots qui soulagent le travail du personnel soignant dans les hôpitaux »*, BFMTV [en ligne], 4 avril 2020, https://www.bfmtv.com/economie/coronavirus-ces-robots-qui-soulagent-le-travail-du-personnel-soignant-dans-les-hopitaux_AN-202004040111.html

[230] « *Thai hospitals deploy 'ninja robots' to aid virus battle* », *CNA* [online], 19 Mar 2020, https://www.channelnewsasia.com/news/asia/india-COVID-19-infections-cross-18-million-mark-14712796

[231] F. Lo Scalzo, « *Tommy the robot nurse helps keep Italy doctors safe from coronavirus* », Reuters [online], https://www.reuters.com/article/us-health-coronavirus-italy-robots/tommy-the-robot-nurse-helps-keep-italy-doctors-safe-from-coronavirus-idUSKBN21J67Y

[232] *« COVID-19 : Des robots pour assister le personnel soignant au Rwanda »*, SciDev.Net [en ligne], 25 mai 2020, https://www.scidev.net/afrique-sub-saharienne/news/COVID-19-robots-assister-personnel-soignant-rwanda-25052020/

médicaments, même en zone de quarantaine, sans contact avec le personnel[233].

59. Les questionnements éthiques, du court au long terme. En période de pandémie, le recours à des robots n'a pas vocation à remplacer les personnels soignants existants, mais plutôt à affronter les manques de personnels, comme au Rwanda ou en Italie, de lits de réanimation, comme en France, ou de masques ou de blouses, comme dans de nombreux pays. En période d'urgence sanitaire, les bénéfices immédiats en termes de protection de leur santé et de bon fonctionnement des établissements apparaissent comme évidents.

Cependant, sachant que le système français tend à supprimer les lits, à fermer les hôpitaux et à réduire les personnels, la présence de ces robots interroge tout naturellement sur les conséquences à long terme et leur risque de pérennisation. Une réflexion devra être menée après la fin de la pandémie pour faire le bilan des apports du robot secteur par secteur, afin de lui réserver les usages dans lesquels il présente le plus de bénéfices en termes de santé pour les soignants et les malades, sans s'arrêter aux seules considérations liées aux économies réalisées pour le système de santé.

Il serait également important après la crise de faire un bilan environnemental pour déterminer si l'emploi d'un robot à la place de consommables participe du respect des exigences du développement durable, au sens des articles 6 et 9 de la Charte de l'environnement[234].

Conclusion

60. Il est difficile de rester campé sur l'existence d'un corpus de règles juridiques rigides pour s'opposer aux grands bouleversements causés par le déploiement des systèmes d'IA dans des secteurs où ils pourraient aider à sauver des vies humaines. Les périodes de crise sont souvent un prétexte pour les abdications juridiques, les dérogations à la réglementation sont justifiées pragmatiquement par l'efficacité technologique d'un outil

[233] F. Bergé, préc.

[234] Loi constit. n° 2005-205 du 1er mars 2005 relative à la Charte de l'environnement, *JORF* n° 51 du 2 mars 2005, texte n° 2, art. 6 : « *Les politiques publiques doivent promouvoir un développement durable. À cet effet, elles concilient la protection et la mise en valeur de l'environnement, le développement économique et le progrès social* », et art. 9 : « *La recherche et l'innovation doivent apporter leur concours à la préservation et à la mise en valeur de l'environnement.* »

comme l'IA. On renonce à l'application de certaines règles de droit, on en module d'autres et on en crée beaucoup de nouvelles, le tout dans l'urgence. Le déploiement de l'IA dans la précipitation risque cependant de limiter les réflexions juridiques et éthiques préalables et de conduire à adopter des décisions de crise finissant par être pérennisées.

Alors que les capacités extraordinaires des systèmes d'IA ne doivent en aucun cas être ignorées au prétexte que le droit ne les a pas encadrés, il serait malgré tout dangereux de mettre en place un outil qui pourrait porter atteinte aux droits humains. Il existe un socle de valeurs fondamentales tant juridiques qu'éthiques auxquelles il convient de ne jamais renoncer, même dans les situations difficiles. Ces valeurs doivent imprégner les actions politiques et législatives, guider l'action sur le terrain des soignants, et imprégner le comportement des malades et des bien-portants. L'Europe doit construire un système équilibré, qui n'a pas peur d'utiliser l'IA, mais qui le fait avec prudence en conservant comme objectif la protection des droits et libertés de ses citoyens. On peut alors espérer que l'accélération des innovations et des recherches en IA, et l'élan de la population en faveur des outils technologiques se poursuivront après la pandémie pour construire la médecine du XXIe siècle.

Numérique, travail et COVID[1]

Elodie Letombe
Maître de conférences à la Faculté de Droit de l'Université Catholique de Lille, membre du C3RD

En septembre 2015, le rapport « Mettling » intitulé « Transformation numérique et vie au travail » est remis au ministre du Travail. Dès les premières pages, l'auteur souligne que « *l'enjeu pour les entreprises est d'anticiper les changements à l'œuvre pour parer les risques qu'ils comportent, saisir les potentialités qu'ils recèlent et être capables d'en initier d'autres afin que la performance économique s'accompagne d'une amélioration de la qualité de vie au travail* ». Et, il ajoutait : « *C'est par sa capacité à maitriser, anticiper, orienter les différents changements en cours et à venir que la France saura mettre à profit la révolution numérique pour en faire une source de développement économique et de progrès social.*[2] » Printemps 2020 : la France doit faire face à la pandémie du COVID-19 en confinant sa population, ses entreprises, ses travailleurs, ses chefs d'entreprise. Les termes du rapport ont une certaine résonance...

L'urgence de la situation sanitaire et les conséquences sociales et économiques qu'elle engendre rendront-elles compte de l'effectivité de l'anticipation alors tant prônée quelques années auparavant ? Même si toutes n'y étaient pas préparées, les entreprises ont dû s'adapter pour éviter un arrêt complet de leur économie. Pour certaines, l'usage des technologies numériques s'est accéléré, révélant de nouvelles façons de travailler. Le télétravail s'est généralisé voire normalisé. La visioconférence n'est plus réservée aux « grandes » entreprises. Les dossiers sont accessibles à distance sur le réseau de la société. Un

---

[1] Date de soumission du texte : 1er juillet 2021

[2] « *Transformation numérique et vie au travail* », Rapport sous la direction de Mettling (B.), Septembre 2015, p. 5-6.

problème informatique sur le poste de travail est résolu par un logiciel de prise en main à distance. Etc. Ces quelques exemples rendent simplement compte de l'évolution de la manière de travailler, de l'organisation du travail ; ce qui n'est pas sans conséquences sur l'ensemble des relations de travail, tant d'un point de vue juridique que managérial.

Le télétravail l'illustre parfaitement. Si le code du travail pose les règles applicables au télétravail, suite notamment à plusieurs accords, européen[3] et nationaux interprofessionnels[4], la pandémie a accéléré la négociation d'un nouvel accord soucieux « d'expliciter l'environnement juridique applicable au télétravail ». Aussi, plusieurs études relèvent l'impact des outils numériques sur le management des salariés. Ces derniers sont plus autonomes et indépendants à l'égard de leur hiérarchie. Le numérique défie le management, bousculant ainsi ses codes traditionnels. La subordination, essence même de la relation de travail salarié, n'est plus celle conçue et énoncée dans l'arrêt « Société Générale[5] » mais fait place à une autonomie contrôlée. Le salarié, devenu autonome, reste néanmoins sous le contrôle d'un pouvoir omniprésent, assis sur les nouvelles technologies. En effet, comme le soulignent M. Lokiec et Mme Rochfeld, « *cette nouvelle surveillance des travailleurs, assise sur le Big Data intégré au RH analytics, conduit ainsi à une métrique du travailleur par la donnée qui oblige à revisiter nos modes de pensée et à placer la surveillance au cœur de la réflexion sur le pouvoir et la subordination dans les rapports contemporains de travail.*[6] »

Finalement, la crise du COVID-19 n'a fait que mettre en évidence et aux yeux de tous le fait que la relation de travail, dans l'ère du numérique, se transforme inévitablement et considérablement. Les entreprises, dans un tel contexte sanitaire, se sont emparées de ces outils numériques. Or, l'encadrement juridique auquel ces outils sont soumis est complexe et peu maitrisé par ses utilisateurs et ce défaut de maîtrise risque d'engendrer par conséquent des comportements illégaux sans doute non voulus par leurs auteurs. Si cette technologie s'est révélée être un outil de continuité de l'activité économique (I.) mais aussi un outil de protection de la santé des salariés (II.), sa mise en œuvre dans l'entreprise suppose une conciliation

[3] Accord-cadre européen du 16 juillet 2002.

[4] Accords nationaux interprofessionnels du 19 juillet 2005 et du 26 novembre 2020.

[5] Cass. soc. 13 novembre 1996, n° 94-13.187.

[6] P. Lokiec, J. Rochfeld, « *Nouvelle surveillance, nouvelle subordination ?* », in « *À droit ouvert* », Mélanges en l'honneur d'Antoine Lyon-Caen, Dalloz, Coll. Etudes, Mélanges, Travaux, 2018, p. 546.

entre le respect des droits fondamentaux et les intérêts respectifs de ses acteurs, sous peine d'atténuer l'effectivité des objectifs assignés.

1. Le numérique : outil indispensable de continuité de l'activité de l'entreprise

Le télétravail a été le principal outil ayant permis la poursuite de l'activité de l'entreprise. Face à l'épidémie et aux contraintes sanitaires qu'elle a générées, il a été - est toujours - un dispositif auquel les entreprises ont eu recours, même celles dont les directions pouvaient être frileuses à l'idée de faire de leurs nombreux collaborateurs des travailleurs à distance. Le numérique s'est révélé être un outil de premier secours, vital pour notre économie, si bien que le télétravail, dont il en est la principale incarnation, est devenu une obligation[7]. Ainsi, d'une forme de travail négociée par les partenaires sociaux de l'entreprise[8], il s'est imposé comme un nouveau mode d'organisation du travail considéré comme un simple aménagement du poste de travail. Comme l'énonce l'article L. 1222-11 du code du travail, « en cas de circonstances exceptionnelles, notamment de menace d'épidémie, ou en cas de force majeure, la mise en œuvre du télétravail peut être considérée comme un aménagement du poste de travail rendu nécessaire pour permettre la continuité de l'activité de l'entreprise et garantir la protection des salariés. »

L'arrêt « Zurich Assurances » rendu par la chambre sociale de la Cour de cassation le 2 octobre 2001[9] semble alors bien lointain lorsqu'il énonce que « le salarié n'est tenu ni d'accepter de travailler à son domicile ni d'y installer ses dossiers et instruments de travail ». La haute juridiction avait admis que cet inspecteur divisionnaire d'assurances avait eu raison de prendre acte de la rupture du fait de la modification de son contrat de travail imposée unilatéralement par l'employeur. Au visa de l'article 9 du code civil et de l'ancien article L. 120-1 du code de travail[10], la Cour rappelait que le domicile n'était pas un lieu de travail comme un autre. Sanctuaire de la vie privée et familiale, même de l'intimité de la vie privée comme formulé par le second alinéa de l'article 9[11], le salarié peut

[7] Sur le caractère obligatoire, voir II. Ci-dessous.
[8] Article L. 1222-9 C. trav.
[9] Cass. soc. 2 octobre 2001, n° 99-42.727.
[10] Actuel article L. 1121-1 C. trav.
[11] J-E. Ray, « *La légitime censure des télé-travaux forcés* », D. 2001, p. 1039. Voir aussi, F. Favennec-Hery, « *Vie privée dans l'entreprise et à domicile* », RJS, 12/2001, p. 940.

s'opposer à ce que son domicile devienne un lieu d'activité professionnelle. Si la solution de la haute juridiction repose sur le mécanisme de la modification du contrat de travail articulé à celui du respect des droits fondamentaux, il n'a pas été question durant la crise de COVID de laisser au salarié le choix d'accepter ou de refuser que son poste de travail devienne mobile, sans affectation à un espace précis[12].

Dès lors que l'article L. 1222-11 du code du travail est respecté, le caractère volontaire du télétravail n'est plus la règle. Sa mise en place devient une manifestation du pouvoir unilatéral de l'employeur de déterminer l'organisation du travail et de fixer les conditions applicables au sein de son entreprise.

Par conséquent, se pose la question des risques pris par le salarié refusant de travailler à son domicile ? Si l'employeur dispose d'un tel pouvoir, le salarié peut-il être sanctionné ? Peut-il aussi l'être parce qu'il se rend physiquement dans l'entreprise, lieu d'exécution de son contrat de travail ? Son refus peut être constitutif d'un acte d'insubordination et donc d'une faute s'il ne repose pas sur un motif légitime. En effet, on ne saurait retenir la faute contractuelle du salarié s'il n'a pas été mis à la disposition de ce dernier le matériel nécessaire, ou si le salarié doit faire face à des contraintes familiales telle que la garde de jeunes enfants à domicile. Il est donc préférable pour l'employeur de s'assurer des raisons de ce refus. Dans l'autre hypothèse, le salarié, se rendant sur le site de l'entreprise, commet également un acte d'insubordination légitimant le prononcé d'une sanction disciplinaire, dont le fondement repose sur l'obligation de sécurité à laquelle est tenu tout salarié. En venant travailler dans les locaux de l'entreprise, alors que l'employeur impose le télétravail, le salarié ne respecte pas son obligation de sécurité posée à l'article L. 4122-1 du code du travail.

La généralisation du télétravail, du fait de l'épidémie, entraîne, de manière évidente, une accentuation des problématiques déjà identifiées et régulièrement rappelées, se cristallisant principalement sur la confrontation entre, d'une part, le contrôle de l'activité des travailleurs et de la durée du travail et, d'autre part, la garantie du respect des droits fondamentaux, tels que le droit au respect de la vie privée, ou le droit au respect de la vie personnelle[13] du salarié. Même à distance, le travail du

---

[12] B. Geniaut, « *COVID-19 et télétravail* », Dr. Soc. 2020, p. 607.

[13] La notion de vie personnelle créée par le doyen Waquet dépasse l'intimité de la vie privée, recouvrant la vie privée du salarié mais aussi ses libertés civiles et civiques. Elle a eu les honneurs de la jurisprudence de la Cour de cassation, énonçant ainsi le principe

salarié est l'objet d'une surveillance. Alors que le télétravail suppose l'autonomie du salarié mais aussi une certaine confiance qui lui est accordée, certains employeurs sont toujours préoccupés de s'assurer que le salarié ne vaque pas à des occupations plus personnelles que professionnelles pendant son temps de travail. C'est la raison pour laquelle, certains d'entre eux utiliseront des procédés techniques qui, sous couvert d'une sécurité informatique jugée par eux nécessaire, se révèleront être des outils permettant de contrôler l'activité du salarié. Des captures d'écran régulières, des visioconférences enregistrées, l'analyse de mouvements de souris, sont autant d'outils qui permettent à l'employeur de rendre effectif son pouvoir de contrôler l'exécution du contrat de travail et d'en sanctionner les manquements. Leur utilisation n'est pas nécessairement spécifique à la situation du télétravail. Elle sera néanmoins plus fréquente et appelle à des modalités d'exercice particulières en raison de la collecte des données que supposent certaines techniques. En effet, des logiciels intelligents analysent des données générées par le salarié lui-même, assurant la quantification de la performance au travail et la prédiction de la qualité, la quantité et la constance de l'activité du travailleur[14].

Il est dès lors attendu des employeurs qu'ils respectent leur obligation de transparence tant à l'égard du salarié que, dans les entreprises de plus de 50 salariés, des représentants du personnel. D'une part, cette obligation de transparence se traduit par le devoir de l'employeur d'informer le salarié, devoir doublement fondé. L'article L. 1222-4 du code du travail énonce en effet une règle générale, applicable à tout processus de surveillance, selon laquelle aucune information concernant le salarié personnellement ne peut être collectée par un dispositif qui n'a pas été porté préalablement à sa connaissance[15]. À ce premier fondement, s'ajoute l'article 12. 1. du RGPD[16], spécifique à la collecte des données. Celui-ci impose une information « *concise, transparente,*

---

selon lequel un motif tiré de la vie personnelle du salarié ne peut en principe justifier un licenciement disciplinaire, sauf s'il constitue un manquement de l'intéressé à une obligation découlant de son contrat de travail. Cf Cass. soc. 18 mai 2007, *RJS* 7 : 07 p. 607, concl. C. Mathon. Sur cette notion : P. Waquet, « *Vie personnelle et vie professionnelle du salarié* », CSB 1994, n° 64, p. 289 ; « Vie privée, vie professionnelle et vie personnelle », *Dr. Soc.* 2010, p. 14.

[14] P. Lokiec et J. Rochfeld, *op. cit.* p. 549-550.

[15] Article L. 1222-4 C. trav.

[16] RGPD (UE) 2016/679.

compréhensible, et aisément accessible en des termes clairs et simples » à la personne concernée.

Le règlement européen étend même les objets sur lesquels porte l'exigence de transparence. En sus de la technique et du moyen de contrôle utilisé, est également attendue de l'employeur une information relative aux finalités du traitement auquel sont destinées les données à caractère personnel ainsi que la base juridique du traitement[17]. D'autre part, ayant pour mission d'assurer une expression collective des salariés permettant la prise en compte de leurs intérêts dans les décisions relatives notamment à l'organisation du travail[18], le comité social et économique doit être informé et consulté, préalablement à la décision de mise en œuvre dans l'entreprise, sur les moyens ou les techniques permettant un contrôle de l'activité des salariés. Le non-respect de cette obligation emporte des conséquences individuelles et collectives. À l'égard du salarié, le dispositif mis en place est illicite et inopposable. La preuve des faits fautifs établie au moyen de celui-ci est irrecevable devant le juge prudhommal. À l'égard du CSE, l'absence de consultation constitue un trouble manifestement illicite justifiant la saisine du juge des référés. Ce dernier peut ainsi décider de suspendre le dispositif de contrôle de l'activité des salariés jusqu'à ce que les représentants du personnel soient consultés[19]. Aussi, l'employeur est susceptible d'engager sa responsabilité pénale pour délit d'entrave au fonctionnement régulier de cette institution représentative du personnel.

L'obligation de transparence de l'employeur, traduite par l'information et la consultation préalable du comité social et économique a pour objectif de s'assurer du respect de l'article L. 1121-1 du code du travail. En donnant son avis, le comité apprécie la pertinence et la proportionnalité entre les techniques de contrôle utilisées et le but recherché à savoir : la surveillance des salariés, c'est-à-dire le respect de leurs obligations contractuelles, et aussi, l'évaluation des salariés à des fins de promotion professionnelle ou de formation. Le contrôle de l'activité du salarié, aussi légitime qu'il soit, ne doit pas porter une atteinte démesurée aux droits fondamentaux, tels que le droit au respect de la vie privée et le droit à la protection des données personnelles affirmé à

---

[17] Articles 13 et 14 RGPD.

[18] Article L. 2312-8 et L. 2312-38 Code du travail.

[19] Cass. soc, 10 avril 2008, *RJS* 6/08 n°690 ; Cass. soc, 26 février 2020, n° 18-24.758.

l'article 8 de la charte des droits fondamentaux de l'Union Européenne[20]. À ce titre, la CNIL[21], rappelle les limites du pouvoir de contrôle de l'employeur et fournit des précisions utiles dans le contexte actuel de télétravail massif en raison de la crise sanitaire. Ainsi, elle juge excessive une surveillance constante au moyen de dispositifs vidéo ou par le partage permanent de l'écran ou l'utilisation de « *keyloggers* ». De tels procédés sont « invasifs et s'analysent en une surveillance permanente et disproportionnée des activités des employés ». Elle recommande même aux employeurs de ne pas imposer l'activation de leur caméra aux salariés en télétravail qui participent à des visioconférences. « *Le télétravail, particulièrement lorsqu'il est subi en raison de la crise sanitaire peut porter atteinte au droit au respect de la vie privée, tout particulièrement aux autres personnes présentes au domicile.*[22] »

Si le télétravail bouleverse le travail dans ses rapports avec la notion de lieu et altère, par conséquent, la frontière entre vies personnelle et professionnelle, le même constat s'opère lorsqu'il s'agit de le confronter au temps de travail. Le rapport au temps est sensiblement heurté. D'abord, tout comme le contrôle de l'activité du salarié, l'employeur a le droit de contrôler le temps de travail. Le législateur[23], d'ailleurs, l'invite à le faire mais sans pour autant en préciser les outils, ce qui a pu conduire au détournement de certains outils de surveillance comme la géolocalisation qui a généré un contentieux donnant l'occasion à la CNIL et à la Cour de cassation de rappeler les principes de son utilisation[24].

---

[20] Article 8 de la charte des droits fondamentaux de l'Union Européenne : *« 1. Toute personne a droit à la protection des données à caractère personnel la concernant. 2. Ces données doivent être traitées loyalement, à des fins déterminées et sur la base du consentement de la personne concernée ou en vertu d'un autre fondement légitime prévu par la loi.* » ; CJUE 6 octobre 2015, Maximilian Schrems c. Data Protection Commissionner, aff. C-362/14, § 39, « *L'importance tant du droit fondamental au respect de la vie privée, garanti par l'article 7 de la Charte, que du droit fondamental à la protection des données à caractère personnel, garanti par l'article 8 de celle-ci, est en outre soulignée dans la jurisprudence de la Cour (V. arrêts Rijkeboer, aff. C-553/07, pt 47 ; Digital Rights Ireland e.a., aff. C-293/12 et C-594/12, pt 53, ainsi que Google Spain et Google, aff. C-131/12, pts 53, 66 et 74, et jur. citée).* »

[21] Commission Nationale Informatique et Libertés.

[22] CNIL, Questions-réponses Actualité 12-11-2020.

[23] Article L. 3171-1 C. trav et suivant.

[24] Le principe essentiel est énoncé en ces termes : « *Le recours à la géolocalisation des véhicules mis à la disposition du personnel d'exploitation itinérant n'est pas justifié dès lors qu'il existe dans l'entreprise d'autres dispositifs pour contrôler le temps de travail de ces salariés itinérants, moins intrusifs que la géolocalisation.* » Cass. soc 3 novembre

Dans la situation du télétravailleur, le temps de travail se mesure à l'aide de systèmes diversifiés allant du badgeage informatique, au suivi numérique, ou à ce qui a été le plus certainement utilisé dans l'hypothèse d'un télétravail dit forcé par la COVID, et donc mis en place subitement, à savoir l'auto-déclaration du salarié. Pourtant le télétravail confiné n'efface pas les obligations légales relatives à la mesure du temps de travail. Par exemple, si des heures supplémentaires ont été effectuées, celles-ci doivent être rémunérées conformément aux règles applicables. Encore, pour les salariés bénéficiaires d'une convention de forfait calculé en jours, leur temps de travail doit aussi être vérifié par le décompte des demi-journées ou journées de travail[25]. Enfin, rappelons que les règles relatives à l'obligation de transparence énoncées précédemment sont aussi applicables aux outils de mesure de la durée du travail. La CNIL le rappelle notamment en ces termes : « comme tout traitement de données personnelles, un système de contrôle du temps de travail qu'il s'effectue à distance ou sur "site" doit notamment avoir un objectif clairement défini et ne pas être utilisé à d'autres fins ; être proportionné et adéquat à cet objectif ; nécessiter une information préalable des personnes concernées »[26].

Enfin, la vigilance doit aussi être portée par les managers sur le risque professionnel de la surcharge de travail. Le risque de l'hyperconnexion est à craindre. Or, le temps de connexion en télétravail est du temps de travail et il appartient à l'employeur de contrôler ce temps, aussi bien les horaires que l'amplitude[27]. C'est la raison pour laquelle, il est d'ailleurs recommandé que, dans ce nouveau monde numérique du travail, le télé-management privilégie la surveillance au contrôle[28].Cela suppose de « *veiller à assurer la sécurité des télétravailleurs en évitant leur épuisement lié à une surcharge anormale d'activité par le sentiment de ne pas atteindre les exigences ou les attentes de la direction*[29]. » La déconnexion s'impose[30]. Sous quelle forme ? Un droit à la déconnexion ?

2011, *RJS* 1/12 n° 4 ; Cass. soc. 17 décembre 2014, *RJS* 3/15, n° 171 ; Cass. soc. 16 décembre 2020, *RJS* 3/21, n° 134

[25] Article L. 3121-65 Code du travail.

[26] CNIL Questions réponses actualité 12-11-2020.

[27] En ce sens, INRS, Dossier « *COVID-19 et prévention en entreprise* », 2021.

[28] S. Niel, *« Les DRH à l'heure du télé-management »*, Les cahiers du DRH, n° 276, 1er juin 2020.

[29] *Ibidem.*

[30] B. Mettling, op. cit. p. 21-22.

Un devoir de déconnexion ? Si la nature de celle-ci appelle à débat[31], le régime juridique du télétravail doit nécessairement comprendre un dispositif garantissant au salarié la faculté de se déconnecter comme c'est le cas pour les accords collectifs autorisant les conventions individuelles en forfait jours[32].

L'expérience de ces derniers mois du télétravail « forcé-confiné » n'a fait que conforter ou porter aux yeux de tous l'accroissement de la dématérialisation de la relation de travail mais aussi des risques qui en découlent. La normalisation se faisant, les entreprises devront nécessairement s'approprier ces risques et les encadrer. Si le numérique, comme l'illustre le recours au télétravail, a répondu à l'objectif de continuité de l'activité économique, il présente aussi des vertus protectrices de la santé des salariés menacée par la COVID.

2. Le numérique : outil limité de protection du salarié

Si, quelques lignes plus haut, a été évoquée l'hypothèse du salarié refusant de travailler à distance, n'a pas été soulevé le cas de l'entreprise qui refuse de mettre en place le télétravail. En effet, dans le contexte encore actuel de l'épidémie imposant des périodes de confinement, la mise en place du télétravail est apparue comme une obligation pour les employeurs[33]. Était-elle fondée juridiquement ? Un employeur pouvait-il s'y soustraire, se contentant des gestes barrières et des masques dans les locaux de l'entreprise ? La réponse a été clairement donnée par le Conseil d'État, dans une décision en date du 19 octobre 2020[34]. Le protocole sanitaire national, sur lequel s'est appuyé le ministère du Travail pour énoncer que le télétravail était la règle pour toutes les activités qui le permettent, n'est pourvu d'aucun effet juridique. Le Conseil d'État énonce que ce protocole « *constitue un ensemble de recommandations pour la déclinaison matérielle de l'obligation de sécurité de l'employeur*

---

[31] G. Loiseau, « *La déconnexion : observations sur la régulation du travail dans le nouvel espace-temps des entreprises connectées* », Dr soc. 2017, p. 463 ; C. Mathieu, M.M. Peretie, A. Picault, « *Le droit à la déconnexion : une chimère ?* », Rev. dr. trav. 2016, p. 592 ; E. Letombe, « *Droit à la déconnexion : article L. 2242-8 7°, issu de la loi du 8 août 2016* », LPA, 28 novembre 2017, n° 237, p.5

[32] Article L. 3121-64 Code du travail

[33] Ministère du Travail, « *Protocole national pour assurer la santé et la sécurité des salariés en entreprise face à l'épidémie de COVID-19* », 8 avril 2021.

[34] CE 19 octobre 2020, n° 444809.

dans le cadre de l'épidémie de COVID-19 ». Et il ajoute : « *le protocole a pour seul objet d'accompagner les employeurs dans leurs obligations d'assurer la sécurité et la santé de leurs salariés au vu des connaissances scientifiques sur les modes de transmission du SARS-CoV-2 et n'a pas vocation à se substituer à l'employeur dans l'évaluation des risques et la mise en place des mesures de prévention adéquate dans l'entreprise* ».

Les termes utilisés mettent ainsi en relief l'importance de l'obligation de sécurité de l'employeur. L'utilisation du numérique est ainsi un outil de prévention face au risque épidémique de la COVID et donc une mesure se révélant nécessaire pour assurer la sécurité et protéger la santé des salariés, conformément au dispositif établi à l'article L. 4121-1 du code de travail. Ainsi, si le protocole n'a pas de force obligatoire en tant que tel, et par conséquent, ne peut justifier des poursuites ou sanctions engagées contre l'employeur, ce dernier, néanmoins, débiteur de l'obligation de sécurité, reste tenu de mettre en place les principes généraux de prévention[35]. Il est dès lors attendu de l'employeur de prendre toutes les mesures, de mener toutes les actions possibles pour prévenir, éliminer ou à défaut réduire le risque. Le télétravail en fait partie.

Mais que faut-il faire lorsque l'activité ne permet pas le télétravail ? Quid des activités non éligibles au télétravail[36] ? Quelles mesures de prévention l'employeur doit-il utiliser pour satisfaire à son obligation de sécurité ? Comment doit-il réagir face au développement de solutions et outils numériques tels que des sites internet présentant des questionnaires de santé, des bracelets électroniques, des scans ou caméras thermiques, sans oublier les caméras dites intelligentes[37] ? En effet, des entreprises pourraient être séduites par l'utilisation de bracelets électroniques, comme ce fut le cas pour l'activité du port d'Anvers où des bracelets Bluetooth ont été portés pour appliquer les règles de distanciation sociale sur le lieu de travail. La tentation est forte d'avoir recours à ces outils subordonnant alors la possibilité de travailler dans l'entreprise à l'état de santé des salariés.

Le problème de la conciliation de l'obligation de sécurité avec le respect des droits fondamentaux, tels que le droit au respect de la vie

---

[35] Article L. 4121-2 C. trav.

[36] À propos des activités éligibles, voir ANI du 26 novembre 2020 pour une mise en œuvre réussie du télétravail, p. 5.

[37] À propos de ces solutions numériques, voir « *Solutions numériques pour lutter contre la COVID-19. Rapport sur la protection des données 2020* », Conseil de l'Europe, octobre 2020, p.20.

privée se pose. Ce problème en induit un autre, caractéristique à ce type de techniques numériques : la nécessaire conciliation de l'obligation de sécurité[38] avec celles relatives à la protection des données de santé.

C'est à propos de cette conciliation nécessaire que la CNIL attire l'attention des employeurs en leur rappelant qu'ils doivent d'abord prendre des mesures collectives (respect des gestes barrières, port du masque, mise à disposition de gel hydroalcoolique...) plutôt que des mesures individuelles susceptibles de collecter des données de santé, données à caractère personnel[39]. Pour rappel, selon les termes de la CNIL fondés sur le RGPD, « les données à caractère personnel concernant la santé sont les données relatives à la santé physique ou mentale passée, présente ou future, d'une personne physique qui révèlent des informations sur l'état de santé de cette personne ». Plus précisément, l'énumération faite au considérant 35 du RGPD comprend « des informations obtenues lors du test ou de l'examen d'une partie du corps ou d'une substance corporelle ». De plus, ces données de santé sont également qualifiées de « sensibles » faisant dès lors l'objet d'une interdiction de principe de traitement énoncée à l'article 9 du RGPD qui doit être respectée par les employeurs. Pourrait-on néanmoins considérer qu'en raison des circonstances exceptionnelles d'état d'urgence sanitaire, les employeurs, débiteurs de l'obligation de sécurité puissent transgresser cette interdiction de principe et donc les règles afférentes à la protection des données ?

La CNIL et le comité européen de la protection des données soulignent que, même dans de telles circonstances, il n'est pas permis aux employeurs, au nom de leur obligation de sécurité, d'enfreindre les règles afférentes à la protection des données sensibles. La CNIL à travers ses différentes communications expose, avec une certaine fermeté, la nécessité de fixer le cadre posé par le RGPD. Par exemple, elle relève qu'« en l'état du droit (notamment de l'article 9 du RGPD), et sauf à ce qu'un texte en prévoie expressément la possibilité, sont interdites aux employeurs les relevés de température des employés ou visiteurs dès lors qu'ils seraient enregistrés dans un traitement automatisé ou dans un registre papier ; les opérations automatisées de captation de température ou au moyen d'outils tels que des caméras thermiques.[40] »

[38] Obligation incombant à l'employeur et aux salariés.
[39] Sauf exceptions limitativement énumérées aux §2 à 4 de l'article 9 RGPD.
[40] CNIL, Questions-réponses Actualité 12-11-2020.

Son homologue britannique, l'ICO,[41] adopte une solution plus flexible autorisant les employeurs dans le contexte sanitaire actuel, à traiter les données de santé, celles des salariés et visiteurs, lorsque cela est nécessaire pour protéger la santé des employés. En effet, l'ICO rappelle d'abord l'application des principes de proportionnalité et de nécessité à la surveillance des salariés. Puis, elle considère que si l'employeur désire utiliser de tels systèmes pour s'assurer que les mesures de santé et de sécurité sont effectivement respectées par les salariés, celui-ci devra effectivement évaluer la nécessité et la proportionnalité et réfléchir aux changements nécessaires que cela peut impliquer et à la manière dont l'utilisation de la technologie aidera l'entreprise à atteindre ses objectifs[42]. Ainsi le raisonnement opéré par l'autorité de contrôle britannique est sensiblement différent de celui adopté par l'autorité française. L'interdiction n'est pas le principe. Le recours aux caméras thermiques, par exemple, est possible si l'entreprise y a recours de façon proportionnée, justifiée et peut démontrer que ses objectifs seront atteints par leur usage.

La démarche de la CNIL repose sur la vigilance et la prudence déduites du respect du cadre juridique posé par le RGPD. Mais la complexité du dispositif juridique de protection appelle à des avis parfois divergents, notamment concernant l'utilisation des caméras thermiques[43]. En effet, sur le fondement de son article 2, le RGPD a vocation à s'appliquer en cas de traitement des données personnelles automatisé en tout ou partie et au traitement de données personnelles contenues ou appelées à figurer dans un fichier. La notion de traitement est donc essentielle, conditionnant l'application dudit règlement. Néanmoins sa définition énoncée à l'article 4 est assez large. Il s'agit de « *toute opération ou tout ensemble d'opérations effectuées ou non à l'aide de procédés automatisés et appliquées à des données ou des ensembles de données à caractère personnel, telles que la collecte, l'enregistrement, l'organisation, la structuration, la conservation, l'adaptation ou la modification, l'extraction, la consultation, l'utilisation, la communication par transmission, la diffusion ou toute autre forme de mise à disposition, le rapprochement ou l'interconnexion, la limitation, l'effacement ou la*

---

[41] Information Commissionner's Office.

[42] ico.org.uk / Data protection and coronavirus information hub / Coronavirus recovery – data protection advice for organisations / Surveillance.

[43] G. Haas, L. Goutorbe, *« COVID-19 : le Conseil d'État fait retomber la fièvre autour des caméras thermiques »*, *D. IP/IT*, 2020, p. 636.

destruction ». Or, concernant l'usage des caméras thermiques, le processus technique peut aller de la simple mesure accessible au seul travailleur, à savoir la lecture de la température corporelle, à un enregistrement externe au dispositif employé conditionnant, par exemple, l'accès aux locaux de l'entreprise.

À ce titre, même si l'affaire ici en cause concerne des locaux abritant divers services municipaux, la décision rendue par le Conseil d'État, en date du 26 juin 2020[44], mérite attention. En effet, à sa lecture, il apparait que les juges ont accordé une importance particulière à la fonction du dispositif de surveillance, conditionnant ainsi l'application du RGPD. En l'espèce, la fonction identifiée était celle d'une information instantanée strictement individuelle et personnelle. Plus précisément, le Conseil d'État considère que« lorsqu'une caméra thermique, installée à la disposition d'un public donné, a pour seule fonction de donner aux personnes qui le souhaitent une information instantanée, sans intervention d'un tiers ou d'une personne manipulant l'équipement, sans aucune conséquence quant à l'accès à un lieu, un bien ou un service, et sans enregistrement ou communication de la donnée autrement qu'à l'intéressé, de sorte que l'information instantanée saisie par l'équipement n'est pas accessible ni utilisable par son responsable, qui ne pratique ainsi avec cet équipement aucune collecte de données, cette caméra ne peut être regardée comme donnant lieu à un traitement au sens et pour l'application du RGPD. En revanche, alors même que des caméras thermiques utilisées ne procèdent pas à l'enregistrement de données, si elles permettent la saisie d'une information, par une personne agissant au nom de celle qui en a décidé l'emploi, et que cette dernière, sur le fondement de cette donnée, décide d'une action, elles doivent être regardées comme donnant lieu à des opérations de collecte et d'utilisation de données, donc à un traitement au sens de l'article 4 du RGPD. »

La référence à la fonction de l'outil semble supplanter « la technique » de la prise de température opérée par la caméra thermique ou intelligente. En effet, une caméra thermique qui capte de manière automatisée la température corporelle d'une personne s'y exposant, au moyen d'un procédé numérique perfectionné suppose nécessairement la collecte, celle-ci constituant un traitement automatisé au sens de l'article 4, 2) du RGPD, peu importe qu'il y ait conservation ou enregistrement ultérieur. Or, le Conseil d'État ne relève pas cette considération technique pour

---

[44] CE 26 juin 2020, n° 441065.

décider de la qualification ou non du traitement. Il écarte la qualification de traitement en se fondant sur le postulat selon lequel seuls les usagers ou le personnel administratif volontaires ont accès aux résultats, sans aucun contrôle par les agents municipaux ni aucune conséquence sur le droit d'accès aux locaux[45].

De cette décision, les employeurs ne doivent pas en tirer des conclusions trop hâtives. La prudence est de mise face au déploiement de ces outils de surveillance dont ils ne maitrisent pas nécessairement la totalité des aspects techniques que suppose le fonctionnement de ces procédés numériques perfectionnés. Si le relevé de température semble anodin, il révèle des données à caractère personnel et qualifiées de « sensibles », pour lesquels le principe de l'interdiction du traitement s'applique. Par conséquent, si l'employeur entreprend un contrôle de la température des salariés et visiteurs de son entreprise à l'aide de ces outils, il doit, pour ne pas être dans l'illégalité, être en mesure de justifier de l'une des conditions énoncées à l'article 9. 2)[46] qui, concernant le cadre professionnel, pourraient être soit la condition de la sauvegarde des intérêts vitaux de la personne concernée[47], soit celle des motifs d'intérêt public dans le domaine de la santé publique, sur la base du droit de l'Union, ou du droit de l'état membre[48]. À cela s'ajoute, le respect des principes généraux posés par le RGPD, tels que la transparence, le respect de la finalité déterminée.

Par ailleurs, il est aussi indiqué au considérant 52 RGPD que lorsque le droit de l'Union ou le droit d'un État membre le prévoit, des dérogations

---

[45] « *En premier lieu, à la date de la présente ordonnance, la caméra thermique fixe installée dans des locaux municipaux ne donne lieu à aucun enregistrement, le fournisseur l'ayant, à la demande de la commune, livrée sans capacité mémoire. Elle indique par un code couleur à la personne se plaçant volontairement dans l'espace permettant sa mise en fonctionnement, si sa température corporelle est supérieure à la normale. Aucun préposé du responsable du traitement ne manipule la caméra ni n'a accès aux résultats de son fonctionnement. Aucune conséquence n'est tirée de l'existence ou de l'absence de prise volontaire de température corporelle par les personnes qui s'y prêtent. L'accès aux locaux tant pour les agents que pour les usagers du service est possible sans aucune difficulté en évitant le recours à la caméra thermique. Aucun texte ni information ne permet de considérer comme contraint ou induit ou même suggéré le recours à cette caméra.* »

[46] Le consentement fait partie des conditions énoncées. Toutefois, il ne semble pas approprié au regard de la qualité du salarié, pour qui la liberté de consentement peut être compromise par la subordination qui le lie à son employeur.

[47] Article 9. 2. c) RGPD.

[48] Article 9. 2. i) RGPD.

à cette interdiction peuvent être autorisées « *si l'intérêt public le commande, notamment le traitement des données à caractère personnel dans le domaine du droit du travail et du droit de la protection sociale, y compris les retraites, et à des fins de sécurité, de surveillance et d'alerte sanitaire, de prévention ou de contrôle de maladies transmissibles et d'autres menaces graves pour la santé.* » L'avenir dira si l'expérience, vécue et subie ces derniers mois, incitera l'État français à franchir un nouveau cap.

Les libertés face à la COVID-19 : le débat sur les choix des dispositifs technologiques en France[1]

ADRIEN BASDEVANT
Avocat au Barreau de Paris
CAMILLE GOUTALAND
Juriste

Du « *Click and Collect* » au télétravail en passant par l'école en ligne, la téléconsultation ou les e-festivités sur Zoom, la crise de la COVID aura permis aux outils numériques d'investir l'ensemble des sphères sociales fréquentées par un individu.

Dans son *Point d'étape sur les activités de la CNIL dans le contexte de la COVID-19*[2], l'autorité administrative française dédiée à l'informatique et aux libertés rapporte que le nombre d'utilisateurs sur le service de visioconférence Microsoft Teams est passé de 11 millions à 44 millions en une semaine au cours du mois de mars 2020. Le télétravail devenait alors la norme pour un tiers des personnes en activité, tandis que le temps passé sur internet au mois de mars 2020 augmentait de 36 % par rapport au même mois de l'année 2019. Ces quelques chiffres soulignent la modification profonde de notre rapport à la technologie sous l'effet de la COVID-19.

Cette pandémie constitue plus que jamais l'occasion de nous questionner sur la place occupée et donnée aux technologies de l'information et de communication dans la gouvernance de nos sociétés. En effet, l'intensification de leur usage a mis en exergue leur potentiel tout

---

[1] Date de soumission du texte : 5 avril 2021

[2] V. Peugeot, *Point d'étape sur les activités de la CNIL dans le contexte de la COVID-19*, Rapport présenté en séance plénière le 12 novembre 2020

en accélérant la prise de conscience des risques qui leur sont inhérents. Chaque semaine de nombreuses questions émergeaient : Souhaite-t-on autoriser le traçage des populations ? *Quid* de la surveillance des employés travaillant à distance ou les étudiants passant leurs examens à la maison ? Sous quelles conditions et dans quelles limites ? Quelles sont les conséquences de l'utilisation de dispositifs de surveillance sur l'individu ?

Dans ces circonstances, placer le curseur entre liberté et sécurité, en particulier mais non uniquement sanitaire, représente un continuel défi. La tentation de sacrifier la première au profit de la seconde, en apparence si rassurante, est souvent grande. Seulement, il convient de ne pas perdre de vue que cette préférence s'exerce bien souvent au prix de la potentielle érosion des libertés individuelles. Le développement et la généralisation de l'usage des nouvelles technologies dans les sphères à la fois privée, publique et professionnelle ne doivent pas être réalisés au détriment des droits les plus fondamentaux. C'est dans ce contexte que le présent article reviendra sur les difficiles débats, ainsi que sur certaines illustrations des choix qui ont pu être opérés en France.

I. La société dans tous ses *data*

La crise sanitaire déclenchée par la COVID-19 a mis la société dans tous ses états et l'usage des technologies pour en appréhender la mutation marquait l'existence de nombreux paradoxes, tant au point de vue individuel que collectif. Au niveau des citoyens, paradoxe entre le partage spontané par les internautes de leurs informations sur les réseaux sociaux, d'une part, et le refus d'utiliser les applications de *contact tracing*, d'autre part. Au niveau du gouvernement, paradoxe tout aussi frappant entre l'obstination de développer une application de *contact tracing* qui ne dépende pas du modèle d'API[3] proposé par Google/Apple, au nom de l'ambivalente « souveraineté numérique », tout en confiant à des prestataires américains la plupart des contrats d'infogérance des services publics, ainsi qu'en témoigne la polémique autour de l'entrepôt français des données de santé, le *Health Data Hub* confié à Microsoft. Dans ce contexte, conscient de vouloir éviter tout « techno-solutionisme », l'Hexagone semblait timoré entre une volonté d'éviter une banalisation progressive de l'usage des technologies, notamment de traçage (A), et

[3] *Application Programming Interface* (API) : interface de programmation

l'incitation à l'usage de dispositifs technologiques dans la perspective d'une sortie de crise plus rapide (B).

A. Surveiller et... prévenir : l'atteinte aux libertés individuelles en question

De par leurs conditions d'acceptabilité et de gouvernance, le choix de dispositifs technologiques pour résoudre un problème de société est rarement neutre. Force est de constater que les potentiels abus n'émanent pas nécessairement de la pratique (ii) et peuvent aussi être favorisés par la loi elle-même (i).

(i) Risque d'interconnexion et d'accoutumance : des usages abusifs créés *de juris* ?

Le développement rapide et incontrôlable de l'épidémie de la COVID-19 couplé à la saturation des services de réanimation des hôpitaux a justifié la mise en œuvre de l'état d'urgence au travers de la loi n° 2020-290 du 23 mars 2020. Outre les interrogations que peuvent soulever les nombreuses prolongations de cet état d'urgence sanitaire quant à la définition du concept d'« urgence », il est notamment intéressant de constater qu'une large partie des outils digitaux utilisés par les autorités pour gérer la crise a été mise en place par des décrets publiés au visa de la loi instaurant l'état d'urgence sanitaire ou de celles le prolongeant.

À titre d'exemple, la mise en place des systèmes d'information « Contact COVID » et SI-DEP (pour Système d'Information Dépistage) a été prévue par l'article 11 de la loi de prorogation de l'état d'urgence du 11 mai 2020 qui autorise, à titre exceptionnel, « *le traitement et le partage de données de santé, le cas échéant, sans le consentement des personnes concernées* ». Ces systèmes d'information constituent des bases de données pseudonymisées centralisant les résultats aux examens de dépistage (sérologique ou virologique) réalisés par des professionnels de santé. Ces données sont utilisées à des fins d'identification des personnes infectées et des personnes cas contact, de surveillance épidémiologique et de recherche sur le virus[4]. Quelques jours plus tard, c'est le décret n° 2020-650 du 29 mai 2020, pris au visa de la loi du 23 mars 2020 instaurant l'état d'urgence, qui a autorisé la mise en œuvre de l'application de traçage « Stop COVID », depuis devenue « Tous Anti-COVID ».

---

[4] Article 11.II. de la Loi n°2020-546 du 11 mai 2020

Bien que permis par des lois et des textes réglementaires, certains députés et sénateurs se sont interrogés sur les conditions de mises en œuvre des fichiers SI-DEP et Contact COVID afin de s'assurer de leur pertinence, de leur proportionnalité et du respect de principes essentiels comme le secret médical. Le Conseil Constitutionnel résume une partie des critiques adressées à ce dispositif dans le Considérant 60 de sa Décision n° 2020-800 DC du 11 mai 2020 : « *Selon les députés requérants, certaines des dispositions de cet article méconnaîtraient le droit au respect de la vie privée et seraient entachées d'incompétence négative. À ce titre, ils critiquent notamment l'ampleur et la sensibilité des données recueillies, l'absence de mesure d'anonymisation, le nombre trop élevé de personnes qui auront accès à ces données et le renvoi à un décret pour fixer les règles d'habilitation pour l'accès aux données ou celles d'interconnexion des fichiers. Ils estiment que les garanties dont est entouré le dispositif sont insuffisantes, faute notamment de prévoir le consentement des personnes dont les données sont collectées et partagées ou l'exercice normal des droits d'accès, d'information et de rectification desdites données.* [...] ». De son côté, la Commission nationale de consultation des droits de l'homme a soulevé le risque d'un effet cliquet « *par l'accoutumance dans le contexte de la protection de la santé publique, ouvrant à l'avenir l'usage de ce même type de mesures pour d'autres fins et justifiant une critiquable interconnexion élargie des fichiers* »[5].

(ii) Des usages abusifs créés *de facto* ?

D'autres risques sont issus de nouvelles pratiques. Ainsi, la CNIL mettait en garde contre l'apparition de nouvelles formes de surveillance au travail. En effet, suite à l'augmentation du travail à distance, certains employeurs ont eu recours à divers dispositifs comme les *keyloggers* ou les *webcams* afin de s'assurer de l'effectivité du travail de leurs employés. Par ailleurs, lors du déconfinement, de nombreux employeurs, responsables de la sécurité de leurs employés, se sont questionnés sur la légitimité de la mise en place d'un registre de prise des températures corporelles afin de renvoyer chez eux les employés suspects.

Dans le milieu de l'enseignement, le recours à la technologie a également soulevé de nombreuses questions. La CNIL a ainsi identifié

---

[5]J-M Manach, *SI-DEP et Contact COVID, les deux fichiers du « contact tracing »*, NextInpact, 4 mai 2020 https://www.nextinpact.com/article/30238/108950-sidep-et-contact-COVID-deux-fichiers-contact-tracing

principalement deux atteintes aux droits et libertés fondamentales. Tout d'abord, le recours aux ordinateurs et à Internet pour suivre des cours à distance a posé la question de l'égalité entre les étudiants. De nombreux foyers se trouvent dans une situation de précarité numérique se traduisant de diverses façons : absence totale de connexion Internet (environ 12 % des foyers), débit réduit ne permettant pas l'utilisation d'applications comme Zoom, absence d'ordinateur dans le foyer, manque de connaissances nécessaires à la maîtrise de l'outil informatique... Ces diverses difficultés techniques, associées à l'éloignement des personnes de l'institution scolaire fréquentée et à la précarité économique croissante de nombreux foyers, ont contribué au décrochage scolaire d'une part de plus en plus importante des étudiants.

Ensuite, l'autorité administrative indépendante note que le recours à des solutions de télésurveillance des examens à distance est susceptible de créer, selon ses modalités d'application, un risque d'atteinte à la vie privée. Fin avril 2020, l'Université Paris II Panthéon-Assas avait déclenché une polémique suite à la décision d'un professeur de TD d'anglais d'utiliser un programme de télésurveillance lui permettant d'accéder à l'ordinateur de ses étudiants, messageries personnelles comprises, et d'identifier de potentiels cas de triche grâce à la mise en œuvre de traitement oculométrique (« *eye ball tracking* ») permettant d'analyser le mouvement des yeux des étudiants pendant l'examen[6].

B. Décider et optimiser : l'usage des technologies comme outil de sortie de crise

La présidente de la CNIL, Marie-Laure Denis, lors d'une audition devant la commission des lois de l'Assemblée nationale le 8 avril 2020, rappelait que : « *La continuité d'activité repose en partie sur des outils numériques [...] (télémédecine, télétravail, cours à distance pour les élèves, etc.).* [7]». La difficulté consiste à déterminer quelles pratiques peuvent ou non être déployées dans l'urgence.

---

[6] J. Reix, *La Fac d'Assas tente de surveiller ses étudiants à coup d'eye tracking*, Vice, 04.05.2020 https://www.vice.com/fr/article/884wd4/la-fac-dassas-tente-de-surveiller-ses-etudiants-a-coup-deye-tracking

[7] CNIL, *Audition commission des lois Assemblée nationale : propos liminaires de Madame Marie-Laure Denis,*
présidente de la CNIL, source internet consultée le 3 janvier 2021 :
https://www.cnil.fr/sites/default/files/atoms/files/propos_liminaire-audition_commission_des_lois-assemblee_nationale-8-04-2020.pdf

Le Conseil scientifique COVID-19 a été créé le 10 mars 2020 afin d'aider le gouvernement à se forger une conviction dans les choix difficiles de gestion de la situation sanitaire. En effet, depuis l'apparition de la COVID, le Président de la République et ses ministres doivent prendre des décisions sur une base quasi quotidienne : surveiller l'évolution de l'épidémie, donner des directives aux services d'urgences sanitaires et sociaux, rapatrier les Français à l'étranger, confiner, déconfiner... La prise de ce type de décisions nécessite une bonne connaissance de la situation considérée, de ses enjeux, des options à disposition et de leurs conséquences (positives et négatives).

Ainsi, la création des fichiers Contact COVID et SI-DEP ont permis de servir cette finalité d'aide à la décision. Outre les finalités d'identification des personnes infectées et présentant un risque d'infection, l'article 11 de la loi n° 2020-546 du 11 mai 2020 stipule notamment que les systèmes d'information Contact COVID et SI-DEP doivent servir à la surveillance épidémiologique mais également à la « *recherche sur le virus et les moyens de lutter contre sa propagation* ». Ces fichiers ont notamment permis de modéliser les modes de contamination ainsi que la façon dont circule le virus au sein de la population et d'identifier les populations à risques. Une fois l'ensemble de ces informations modélisées, il était plus facile de prédire les foyers de contaminations et de mettre en œuvre les mesures sanitaires les plus adéquates afin de limiter la propagation du virus. Par la suite, ces mesures peuvent être optimisées grâce à d'autres usages de la technologie.

Le recours à la technologie ne sert donc pas uniquement d'outil d'aide à la décision. Les plateformes de cours et d'examens à distance susmentionnées ne sont d'aucune utilité lorsqu'il s'agit de décider d'un confinement ou d'un couvre-feu. Ce type d'usages de la technologie aura plutôt servi à optimiser les décisions en permettant de réduire les contacts entre les individus ou de prévenir, dans le cas des applications de traçage, que la propagation de l'épidémie ne se développe. En outre, nous soulignons que le recours à la technologie a également permis de contribuer à maintenir, quoique parfois imparfaitement, certains droits fondamentaux comme celui de l'accès à l'éducation ou le droit au travail.

II. Illustrations de choix français

À mesure que les vagues pandémiques affluaient par mouvement de va-et-vient : v1, puis v2, puis v3... les préoccupations des décideurs évoluaient également dans leurs versions. Au départ, c'est avant tout une volonté de connaître l'évolution de l'épidémie pour en prévenir la propagation. La surveillance épidémiologique à un niveau macro était couplée à la surveillance des individus à un niveau micro. Le suivi de contacts a rapidement été complété par la vérification de la bonne application des mesures sanitaires. Puis, ce sont à leur tour les entreprises, et non seulement les institutions publiques, qui se sont penchées sur les enjeux de la surveillance de leurs employés dans le cadre du télétravail, ainsi qu'au gré des confinements / déconfinements, du retour à l'activité professionnelle.

A. La proportionnalité des fichiers Contact COVID et SI-DEP

Dans ce contexte changeant, la détermination des finalités, pour lesquelles est employée une technologie, ne saurait suffire à assurer une juste balance entre les impératifs de sécurité sanitaire et de protection des libertés. Il convient également de vérifier la proportionnalité des usages d'une technologie par rapport à la (les) finalité (s) déterminée (s). Pour être efficace, cette vérification doit être faite non seulement avant la première utilisation de la technologie mais également au cours de son cycle de vie.

Les Systèmes d'information SI-DEP et Contact COVID permettent de collecter des données de santé relatives au dépistage virologique ou sérologique des personnes. Ces données pseudonymisées sont ensuite conservées et réutilisées à des fins de recherches et d'identification des cas contacts, parfois sans le consentement des personnes concernées. Or, les données de santé bénéficient d'un statut particulier, celui de données sensibles, au terme duquel leur accès et leur partage sont strictement encadrés. La nécessité d'endiguer la propagation du virus est venue justifier la création de systèmes d'informations nécessaires à la modélisation des modes de contamination du virus et à l'identification de cas contacts[8].

[8] Dans son avis n°400104 en date du 1er mai 2020, le Conseil d'État note notamment que : « *l'accès de certains professionnels à des données relatives aux personnes avec lesquelles les personnes infectées ont été en contact, alors même que ces dernières n'y auraient pas préalablement consenti, est rendu nécessaire, en dépit de l'atteinte ainsi portée à la vie privée des intéressés, à la réalisation des enquêtes permettant d'identifier de nouveaux cas de contamination.* » - pjl19-414-avis-ce.pdf (senat.fr)

La légitimité et la nécessité de ces dispositifs pour répondre à l'objectif de prévention de la propagation de l'épidémie ne sauraient suffire à caractériser leur caractère proportionnel. Il convient également de vérifier que leurs modalités de mise en œuvre sont adéquates par rapport au but recherché. C'est à cette étape de l'analyse que les exigences du RGPD se sont révélées particulièrement efficaces contre les risques de dérives. Dans le cas des fichiers Contact COVID et SI-DEP, la CNIL s'est concentrée sur les quatre points suivants[9] :

– les modalités d'information des personnes ;

– la sécurité des systèmes d'information ;

– les flux de données et les destinataires ;

– les modalités de conservation des données.

Entre autres choses, la CNIL a notamment demandé :

– l'établissement d'une liste exhaustive des sous-traitants assortie d'une interdiction de transférer les données collectées hors de l'Union Européenne ;

– la formulation d'instructions claires et uniformes aux personnes pouvant consulter, enregistrer ou être destinataires des données ;

– la mise en place d'une politique de gestion des habilitations et de mesures d'authentification fortes conformément à la Politique générale des systèmes d'information de santé (PGSSI-S)[10] ;

Enfin, la CNIL a rappelé que « *le caractère dérogatoire des différents traitements mis en œuvre [...] ne peut être justifié que si leur utilité est suffisamment avérée au regard de l'évolution sanitaire du pays* »[11]. En d'autres termes, le contrôle de proportionnalité des usages de la technologie doit s'effectuer de façon récurrente afin de s'assurer de l'utilité de la technologie considérée au cours du temps, au moment de la mise en œuvre des dispositifs, certes, mais également afin de prendre en

---

[9] Délibération n°2020-004 du 14 janvier 2021 portant avis public sur les conditions de mise en œuvre des systèmes d'information développés aux fins de lutter contre la propagation de l'épidémie de la COVID-19

[10] Pour avoir plus d'information sur l'authentification forte pour l'accès aux données de santé se référer au Rapport d'étude « *Usages et besoins d'identification et d'authentification des professionnels en établissement de santé* » de juin 2017, p.17 et suivantes :
https://esante.gouv.fr/sites/default/files/media_entity/documents/Etude%20Authentification%20V1.0%20Juin%202017.pdf

[11] Délibération n°2020-004 du 14 janvier 2021 - *op. cit.*

compte les évolutions de la situation. À cet égard, le caractère temporaire de toute mesure dérogatoire fait partie intégrante du contrôle de proportionnalité, comme le souligne l'avis du Conseil d'État n° 400104 en date du 1er mai 2020 sur le projet de loi instaurant la possibilité de mettre en place les fichiers Contact COVID et SI-DEP : « *Le Conseil d'État note enfin que le dispositif prévu revêt un caractère temporaire dans la mesure où, à l'issue de la crise sanitaire ou, au plus tard, pour une durée d'un an à compter de la publication de la loi, le traitement ne pourra plus être mis en œuvre et les données collectées devront être effacées.* »

Le contrôle de proportionnalité est un exercice délicat dans lequel entrent de nombreuses considérations : existence d'intérêts généraux justifiant l'atteinte aux droits des personnes, nécessité et adéquation des mesures au regard des finalités recherchées, étendue des mesures attentatoires aux libertés, temporalité... tous les usages de la technologie n'y résistent pas, notamment lorsqu'une alternative moins attentatoire aux droits et libertés existe.

B. L'application StopCOVID

Certains pays, comme Israël, la Chine, la Corée du Sud ou la Pologne, se sont servis des données de géolocalisation afin d'identifier les cas contacts et, dans certains cas, le respect des mesures de confinement et de quarantaine. En France, le choix s'est porté sur l'usage du Bluetooth via le protocole ROBERT. En effet, la finalité de l'application StopCOVID n'était pas de faire du *person tracing* mais bien du *contact tracing*. Ainsi, l'objectif n'est pas tant de connaître les déplacements de la personne que les autres personnes avec qui elle est entrée en contact. L'utilisation du Bluetooth était motivée à la fois par son caractère supposé moins intrusif que l'utilisation de la géolocalisation et plus adéquate par rapport au but recherché[12]. Le débat sur le choix des protocoles, leur interopérabilité,

[12] Audition commission des lois Assemblée nationale, Propos liminaires de Madame Marie-Laure Denis, Présidente de la CNIL, Mercredi 8 avril 2020 : « *Une fois posé l'objectif poursuivi, il faudra pouvoir exposer pourquoi le recours aux données de localisation ou d'interactions est adéquat, nécessaire et proportionné. Adéquat : il faut que l'instrument mis en place apparaisse réellement utile pour traiter la crise sanitaire. Nécessaire : l'utilisation de telles données ne doit pas être une solution de confort. Il faut réellement qu'on en ait besoin pour juguler la crise et qu'il n'y ait pas d'alternatives efficaces. Proportionné : comme l'a rappelé le Comité européen à la protection des*

leur niveau de décentralisation ont fait l'objet d'études approfondies (voir, en particulier, l'étude collective et pluridisciplinaire « Gouverner en temps de crise » que nous avons pu mener pour le réseau OPTIC)[13].

Parmi les multiples questions soulevées, lors des réflexions sur les modalités de mise en œuvre de l'application StopCOVID, certains acteurs ont proposé l'insertion de faux positifs dans les notifications transmises aux utilisateurs afin de limiter les risques de réidentification dans certains types d'attaques[14]. La mise en œuvre de cette pratique a été formellement déconseillée par la CNIL car « *elle aurait pour conséquence d'alerter faussement des personnes n'ayant pas eu de contact à risques, qui seraient dès lors encouragées à se soumettre à des mesures de confinement volontaire consistant en une restriction auto-imposée de leurs libertés individuelles.* » La CNIL note par ailleurs qu'une telle mesure ne répond pas à l'exigence d'exactitude des données, imposée par le RGPD et la loi Informatique et Libertés.

C. La surveillance par drones

En mars 2020, alors que le confinement débute, le préfet de police autorise le recours aux drones pour capturer des images afin de vérifier le respect des mesures de confinement. La légalité de cette pratique a été questionnée par l'association la Quadrature du Net devant le juge des référés du tribunal administratif de Paris puis devant le Conseil d'État[15].

Dans cette affaire, deux grandes questions se sont posées : d'une part, celle de savoir si l'usage de drones équipés de caméras engendrait un traitement de données à caractère personnel et, le cas échéant, la base légale, le traitement sur laquelle devait être fondé le traitement des données ainsi collectées ; d'autre part, celle de savoir si le traitement était adéquat, proportionné et nécessaire à la finalité poursuivie.

---

données (CEPD), les solutions les moins intrusives doivent toujours être privilégiées […] »

[13] Gouverner la technologie en temps de crise, juin 2020, http://optictechnology.org/index.php/fr/news-fr/237-gouverner-la-technologie-en-temps-de-crise

[14] Délibération n°2020-046 du 24 avril 2020 portant avis sur un projet d'application mobile dénommée « Stop COVID »

[15] CE, Ordonnance du 18 mai 2020 n°440442 et 440445 - https://www.conseil-etat.fr/ressources/decisions-contentieuses/dernieres-decisions-importantes/conseil-d-etat-18-mai-2020-surveillance-par-drones. Sur ce point, voir également les réflexions de N. NEVEJANS.

Concernant la première question, le Conseil d'État a constaté que les caméras équipant les drones permettaient de prendre des photos des personnes en haute définition puis de zoomer sur le visage des sujets photographiés afin de les identifier. En conséquence, l'utilisation des drones engendrait un traitement de données à caractère personnel soumis au RGPD. Concernant la seconde question, le Conseil d'État a jugé qu'une telle utilisation de la technologie constituait une « atteinte grave et manifestement illégale au droit au respect de la vie privée », car compte tenu du risque de violation des exigences légales imposées par le RGPD, l'utilisation des drones pour le compte de l'État aurait dû être autorisée par un texte réglementaire.

Alertée par les articles de presse sur ce sujet, la CNIL a également initié une procédure de contrôle à l'encontre du ministère de l'Intérieur en date du 7 mai 2020. La Commission a rendu une délibération le 12 janvier 2021 aux termes de laquelle elle confirme le caractère personnel des données traitées et la nécessité d'appliquer la loi Informatique et Libertés ainsi que le RGPD. La Commission a par ailleurs constaté l'absence de base légale justifiant le traitement et l'absence d'une analyse d'impact devant être réalisée pour tout traitement de données présentant un risque élevé pour les droits et libertés des personnes physiques (articles 89 et 90 de la loi Informatique et Libertés). À ce jour et en l'absence de texte réglementaire l'autorisant, l'utilisation de drones pour vérifier le respect des mesures sanitaires est donc considérée comme illégale.

D. La sphère professionnelle : surveillance des employés par leurs employeurs

Dans son *Point d'étape sur les activités de la CNIL dans le contexte de la COVID-19*, la CNIL fait état de deux types d'usages à bannir de la sphère professionnelle.

Le premier s'inscrit dans le contexte du déconfinement lors de la période estivale. Certains employeurs ont alors souhaité tenir un registre des températures et/ou des résultats de tests virologiques de leurs employés afin d'assurer au mieux leur sécurité. Selon la CNIL ce type de traitement de données à caractère personnel ne peut pas être effectué par les employeurs, d'une part car il s'agit d'un traitement de données de santé soumis au régime spécial des données sensibles. Il est donc préférable que ce type de données soient traitées par des professionnels soumis au secret médical. D'autre part, la CNIL relève que la tenue d'un tel registre ne répond pas au critère de minimisation des données imposé par le RGPD.

Le second type de traitement considéré comme illégal par la CNIL consiste en la mise en place de mesures de surveillance au moyen de *keyloggers* et en obligeant les employés à laisser leur webcam allumée en permanence. Or, la surveillance permanente des employés n'est pas considérée comme étant proportionnée au but recherché que constitue la vérification de l'effectivité du travail de l'employé à distance car une vérification ponctuelle semble apte à servir le même objectif tout en étant moins intrusive. Cette même logique s'applique d'ailleurs aux dispositifs antifraude utilisés pour la surveillance des examens dans la sphère universitaire.

Conclusion

Les dispositifs technologiques déployés pendant la crise sanitaire sont nombreux. L'objet du présent chapitre n'a pas été d'en présenter une recension exhaustive mais, davantage, d'en soulever la variété, tant dans leurs caractéristiques que dans l'impact qu'ils peuvent avoir sur les libertés individuelles et collectives. D'autres dispositifs auraient également pu être cités, comme la création du système d'information Vaccin COVID dont l'objectif est d'identifier les personnes éligibles à la vaccination, le cas de la réutilisation des fichiers de taxe d'habitation par les collectivités territoriales afin d'identifier les foyers éligibles à l'obtention de masques, celui de l'envoi de SMS à la population française par le gouvernement ou encore le débat sur la création d'un passeport vaccinal...

Une question décisive et commune à celle de l'ensemble de ces outils est celle de la temporalité. L'apparente urgence de la situation ne doit pas faire oublier l'accoutumance progressive de citoyens au déploiement de ces dispositifs qui viennent nourrir une infrastructure toujours plus robuste de surveillance, au nom du principe de la précaution. Par ailleurs, cette urgence ne doit pas faire oublier l'indispensable nécessité de déterminer des critères définissant un état d'urgence, les circonstances permettant de lever les mesures d'exception mises en place pendant une crise, et celles permettant de réactiver des mesures d'exception afin de prévenir une nouvelle épidémie, au risque de glisser subrepticement vers une forme d'état d'exception qui deviendrait ou serait perçu comme permanent.

Ce que nous révèle également l'utilisation de la technologie dans le contexte de la crise de la COVID, c'est la complexité technique et juridique qui s'attache à certaines questions technologiques comme, par exemple, celle du choix entre un traçage basé sur le Bluetooth ou sur la géolocalisation dans le contexte des applications de traçage de contacts. Cette complexité, associée à la faible culture numérique des décideurs politiques et de la population dans son ensemble, rebute les citoyens de s'intéresser à de telles questions. Ce phénomène est problématique car il empêche la maturation d'un débat dans l'espace public, fondement du fonctionnement de la démocratie et du respect des libertés individuelles.

Conclusion générale[1]

David Doat et Yves Poullet

La solution à la crise sanitaire liée à la COVID s'est accompagnée de l'implémentation de technologies numériques et de mesures prises dans l'urgence. Il s'agissait en priorité de protéger les populations des risques de santé liés à la pandémie. Le traçage numérique était ainsi destiné à limiter la diffusion virale par l'information aux citoyens sur leur statut de cas contact possible. D'autres technologies numériques furent analysées dans les différents chapitres de l'ouvrage : intelligence artificielle, télétravail, télémédecine, etc.

À l'heure où ces chapitres étaient écrits, la campagne de vaccination débutait mais l'outil numérique du pass sanitaire, dans ses versions européenne et nationales, n'était pas encore d'application. Sa création était destinée, dans l'esprit de la proposition de la Commission européenne, à faciliter la mobilité des citoyens européens à l'intérieur de l'Union. L'outil est rapidement devenu à l'échelle nationale, le sésame d'entrée dans de nombreux lieux publics et privés dont les propriétaires ou les gérants se sont vus attribuer la fonction d'agents de contrôle du respect des exigences sanitaires. Succédant au pass sanitaire en janvier 2022, le « pass vaccinal » a suivi la même logique et l'a remplacée.

Ainsi, nos sociétés se sont dotées pendant la pandémie, à travers la technologie du traçage numérique et du pass sanitaire, le recours au croisement de mégadonnées (big data), l'usage de l'intelligence artificielle et d'algorithmes de sélection des informations pour lutter contre l'infodémie, d'un ensemble d'outils de gouvernance et de contrôle numérique qu'elles ont pu mettre en œuvre pendant la pandémie de COVID au nom de la sécurité des vies à préserver. Mais il est difficile de

[1] La présente conclusion, rédigée en mars 2022, n'engage que la responsabilité de ses auteurs, David Doat et Yves Poullet, directeurs du présent ouvrage.

ne pas s'interroger, en éthicien et juriste : cette implémentation ne s'est-elle pas souvent faite au détriment des principes de légalité et de proportionnalité qu'exige le respect de la vie privée et des libertés individuelles au sein de l'État de droit ?

Si les différentes contributions de l'ouvrage furent écrites à mi-parcours de la lutte contre la pandémie, la plupart révèlent les tendances lourdes de ce qu'il faut bien appeler un état d'exception qui, à l'instar des mesures antiterroristes exceptionnelles entrées aujourd'hui dans la normalité quotidienne, risque d'imprimer à l'avenir sa marque dans notre régime juridique de droit commun (bien des mesures comme le pass sanitaire ou le pass vaccinal, par exemple, n'ont pas été abrogées à ce jour, mais n'ont été que temporairement suspendues). Les analyses de l'ouvrage témoignent en particulier du rôle de plus en plus décisif du numérique dans la gestion des crises. Or, nous voudrions y insister dans le cadre de notre conclusion, si le numérique présente de nombreux intérêts, il constitue aussi un facteur majeur de bouleversement du fonctionnement du droit, sans doute plus insidieux qu'assumé consciemment. Ce bouleversement du droit par le numérique n'est pas propre aux temps de crise. Ce qui, par contre, est propre aux temps de crise, c'est que certaines technologies se voient attribuer la fonction d'apporter un sentiment de sécurité dans ces périodes de troubles, et, par la mission de protection sociale qui leur est associée, une apparente légitimité qui tend à faire oublier au droit ses propres assises.

C'est un fait que le numérique a constitué, depuis les débuts de la crise pandémique, la condition et le moyen de l'effectivité de la plupart des mesures réglementaires prises par les gouvernants pour tenter de réduire l'exposition des populations aux risques de santé liés à l'épidémie de COVID. Ce constat ne peut cependant nous laisser indifférent, dès lors qu'en situation exceptionnelle d'état d'urgence, l'absence de réglementations suffisamment appropriées en matière d'usage du numérique crée une situation de vulnérabilité pour l'exercice de certaines libertés, qui sont parfois réduites de façon disproportionnée au regard des objectifs visés. Ce risque est renforcé par ce que la CNIL appelle le « solutionisme technologique » »[2], « cette tendance à transformer des

---

2. Lors de l'édition 2008 du festival South by Southwest, Mark Zuckerberg, fondateur de Facebook, déclarait : *« Le monde étant confronté à de nombreux enjeux majeurs, ce que nous tentons de mettre en place en tant qu'entreprise, c'est une infrastructure sur laquelle s'appuyer pour en dénouer un certain nombre. »* Dans le même esprit, Eric Schmidt, président exécutif de Google, annonçait lors d'une conférence en 2012 : *« Si*

problématiques humaines, sociales ou encore sociétales en des questions dont la résolution passe essentiellement par des dispositifs techniques, alors que ceux-ci peuvent avoir des effets propres et potentiellement attentatoires aux libertés publiques dans le champ desquelles ils interviennent[3] ».

La question est posée : vu l'état d'urgence et la gravité de la situation pandémique, ne devions-nous pas recourir à l'efficacité des technologies numériques et les mettre au service de la priorité donnée aux droits à la santé et à la sécurité publiques, avant tout autre intérêt, y compris la protection de la vie privée et des libertés individuelles ? Sans doute, mais comme le dit l'adage, l'excès nuit en tout : une confiance démesurée dans les technologies, qui caractérise une approche technosolutionniste des problèmes humains, n'est jamais sans risques. Car toute technologie est un *pharmakon*, au double sens grec de l'antidote et du poison. Pour reprendre l'affirmation d'Evgeny Mozorov, « *[l]» ennemi n'est pas la technologie [comme pharmakon,] mais plutôt la résolution des problèmes, romantique et révolutionnaire, que l'on voit en elle* »[4], ou la confiance exagérée que l'on y investit, en raison de certains intérêts. Face à ces risques, il ne suffit pas, pour les juguler, d'avoir conscience ni de soutenir, dans l'ordre du langage, que les technologies que l'on sollicite ne sont qu'un moyen modeste de résolution de problème, qui doit être nécessairement associé à des actions et des interventions sociales, politiques et culturelles. De tels propos doivent s'accompagner d'un ensemble d'actions et d'outils institutionnels concrets à même de garantir l'indépendance et la rigueur méthodologique des organes d'évaluation publique des dispositifs technologiques mis en œuvre en temps de crise. Une politique concrète de gouvernance des technologies numériques en régime d'exception doit donc être effectivement conçue, pour s'assurer

---

nous nous y prenons bien, je pense que nous pouvons réparer tous les problèmes de monde. » (F. Laugée, *Solutionisme*, Revue eur. des médias et du numérique, n°33, 2014, repris sur le site de la revue le 30 juillet 2021 : https://la-rem.eu/2015/04/solutionnisme/.

[3] CNIL, *La CNIL rend son avis sur la proposition de loi « sécurité globale »*, source internet : https://www.cnil.fr/fr/la-cnil-rend-son-avis-sur-la-proposition-de-loi-securite-globale (3 février 2021). Lire sur ce point les exemples donnés par V. Calay, *L'empire des logiciels, menace pour les démocraties ?,* Cahier n°5 de prospective de l'IWEPS Juillet 2021, p. 18 et par O. Tesquet, *État d'urgence technologique. Comment l'économie de la surveillance tire parti de la pandémie*, Paris, 2021, Premier Parallèle, p. 48 à 52.

4. E Morozov, *To Save Everything, Click Here. The Folly of Technological Solutionism*, Public Affairs, United States, mars 2013.

que leur usage s'inscrive bien dans le respect des idéaux démocratiques, de l'État de droit, des libertés et des droits humains.

Que le numérique soit un vivier formidable d'innovations intelligentes et de solutions pratiques ne fait aucun doute, ni qu'il permette d'innombrables simplifications administratives et réduise un grand nombre de médiations dans les interactions humaines. Mais son risque est coextensif au gain qu'il prodigue : l'absence de médiation qu'il génère expose les sujets à l'omniprésence d'un pouvoir direct sur les corps – d'un *biopouvoir* – qui réduit – quand il ne les détruit pas – les espaces de négociation humaine, de discussion, de libre interprétation des normes et de responsabilité des communautés locales. La question qui se pose alors est celle des modalités d'usage d'un tel pouvoir, de sa légitimité et de ses finalités, mais aussi des processus de « re-médiations » humaines (institutionnelles, juridiques, politiques, sociales et culturelles) et de relativisation du biopouvoir dont nous avons besoin, pour prévenir ou pallier les risques inhérents à l'« immédiation » générée par l'outil numérique. Nous devons plus que jamais exiger la prudence, la transparence et le contrôle démocratique des technologies numériques, et ce, *a fortiori* en temps de crise. Autrement dit une tâche immense nous attend : celle de penser et instituer, à distance des modèles autoritaires, totalitaires ou mercantiles, les conditions d'une intelligence et d'un vivre démocratique préservés – et même renforcés – en temps de pandémie, et plus largement en tout état d'exception à venir (terroriste, sanitaire, environnemental...).

Toute crise majeure, sous des formes plurielles et non sous la seule forme sanitaire, peut nécessiter la promulgation d'un état d'exception et, en particulier dans ce cadre, la mise à disposition d'outils technologiques et de systèmes d'information spécifiques, aptes à faire face aux défis qu'une population doit relever pour son adaptation et sa survie. Mais il importe d'ajouter que cet état d'exception appelle des mesures de protection spécifiques de l'État de droit et du modèle démocratique, compte tenu des limitations et des contraintes propres pesant sur leur exercice en situation d'urgence. Ces mesures devraient être recherchées notamment dans le cadre de l'article 15 de la Convention du Conseil de l'Europe.

Une loi spécifique au régime d'état d'exception devrait par ailleurs imposer *in tempore non suspecto* les balises (en termes de test de proportionnalité *ex ante*, de contrôle indépendant, d'évaluation démocratique *ex post*, etc.) aptes à garantir le maintien maximal des libertés fondamentales, de la justice sociale et de l'état de droit. Dans le cadre de cette loi qui concilierait état d'exception et état de droit[5], des dispositions relatives aux systèmes d'information devront être d'autant plus envisagées que la tentation est forte, au nom de l'urgence et de l'efficacité des mesures prises, d'enjamber les corps intermédiaires et de bâtir, à travers des solutions technologiques, une société de profilages discriminants et de surveillance excessive.

Si la difficulté doit être soulignée, pour nombre de pays, de proclamer la fin de la pandémie et de retirer – non simplement de suspendre – les mesures prises en temps d'exception, il est aujourd'hui temps d'apprendre à vivre avec le virus au-delà de la pandémie. Cette évidence liée au passage de la maladie à l'état endémique – à l'instar des grippes saisonnières par exemple – invite à renoncer aux dispositions de restriction des libertés, de même qu'aux divers traitements mis en place pendant la pandémie. Une endémie ne justifie plus en effet de telles limitations. Gageons donc avec espérance que nous puissions à présent relire la crise pandémique de ces deux dernières années, discriminer l'information de l'infodémie, en tirer les enseignements nécessaires et renforcer les cadres imaginaire, éthique, juridique et politique au sein desquels un usage des nouvelles technologies, conforme à nos valeurs et idéaux démocratiques, prendra la voie d'une heureuse innovation au service d'un projet européen fondé sur la maîtrise collective d'une technologie centrée sur l'humain.

---

5. Sur la difficulté de concilier état de droit et état d'exception, voir la thèse de M.L. Basilien-Gaionche, *États de droit et états d'exception – Une conception de l'État,* PUF, 2013, en particulier p. 263 et s. où l'auteur examine les 11 conditions du respect par les gouvernants de l'état de droit en cas de recours à l'état d'exception. « *L'État de droit renvoie au droit et à la norme, à la normalité et à l'ordinaire : il est une finalité politique de l'État, un horizon de perfection nourri de séparation des pouvoirs et de garantie des droits. Quant aux états d'exception, ils évoquent le dérèglement et l'extraordinaire, la concentration des pouvoirs et la restriction des droits.* »

Table des matières

Structures éditoriales du groupe L'Harmattan

L'Harmattan Italie
Via degli Artisti, 15
10124 Torino
harmattan.italia@gmail.com

L'Harmattan Hongrie
Kossuth l. u. 14-16.
1053 Budapest
harmattan@harmattan.hu

L'Harmattan Sénégal
10 VDN en face Mermoz
BP 45034 Dakar-Fann
senharmattan@gmail.com

L'Harmattan Cameroun
TSINGA/FECAFOOT
BP 11486 Yaoundé
inkoukam@gmail.com

L'Harmattan Burkina Faso
Achille Somé – tengnule@hotmail.fr

L'Harmattan Guinée
Almamya, rue KA 028 OKB Agency
BP 3470 Conakry
harmattanguinee@yahoo.fr

L'Harmattan RDC
185, avenue Nyangwe
Commune de Lingwala – Kinshasa
matangilamusadila@yahoo.fr

L'Harmattan Congo
67, boulevard Denis-Sassou-N'Guesso
BP 2874 Brazzaville
harmattan.congo@yahoo.fr

L'Harmattan Mali
ACI 2000 - Immeuble Mgr Jean Marie Cisse
Bureau 10
BP 145 Bamako-Mali
mali@harmattan.fr

L'Harmattan Togo
Djidjole – Lomé
Maison Amela
face EPP BATOME
ddamela@aol.com

L'Harmattan Côte d'Ivoire
Résidence Karl – Cité des Arts
Abidjan-Cocody
03 BP 1588 Abidjan
espace_harmattan.ci@hotmail.fr

Nos librairies en France

Librairie internationale
16, rue des Écoles
75005 Paris
librairie.internationale@harmattan.fr
01 40 46 79 11
www.librairieharmattan.com

Librairie des savoirs
21, rue des Écoles
75005 Paris
librairie.sh@harmattan.fr
01 46 34 13 71
www.librairieharmattansh.com

Librairie Le Lucernaire
53, rue Notre-Dame-des-Champs
75006 Paris
librairie@lucernaire.fr
01 42 22 67 13

www.ingramcontent.com/pod-product-compliance
Lightning Source LLC
LaVergne TN
LVHW011006061026
849535LV00006B/1734